口絵 1　フタトゲチマダニ（背面）（白藤梨可原図；図 3.1）

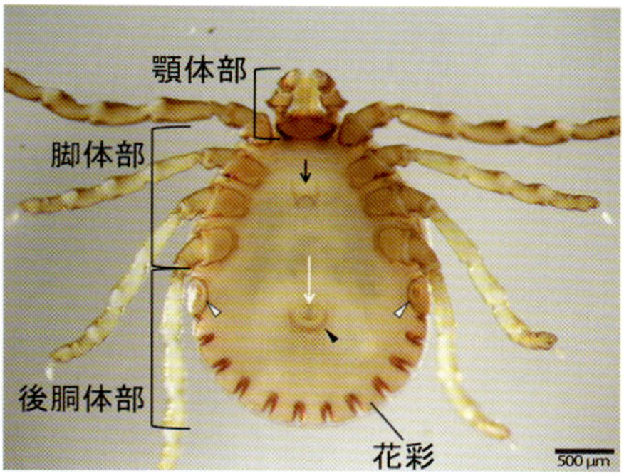

口絵 2　ヤマアラシチマダニ（雌成虫の腹面）（白藤梨可原図；図 3.2）

口絵 3　ヤマトマダニ雌（白藤梨可原図；図 3.8）

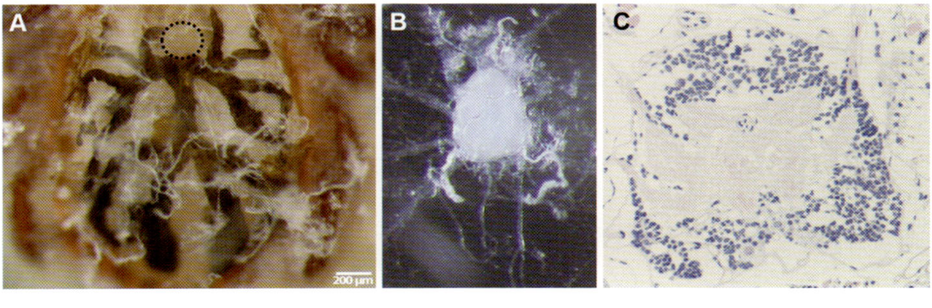

口絵 4　フタトゲチマダニの総神経球（白藤梨可原図；図 3.11）

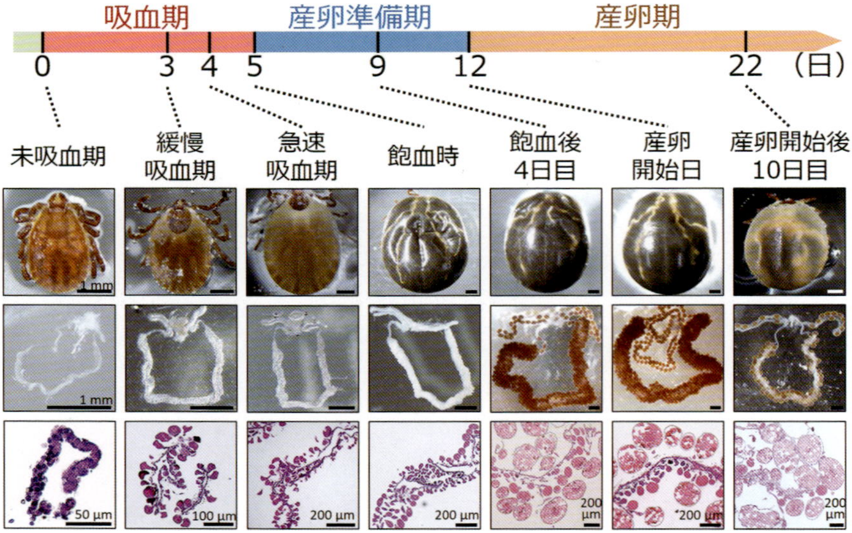

口絵 5　未吸血～産卵期におけるフタトゲチマダニ（単為生殖系統）雌の卵巣
（白藤梨可原図；図 3.25）

口絵 6　左：産卵中のフタトゲチマダニ雌．内径 3 cm のガラス製サンプル瓶内に多数の卵が認められる．右：産卵中のシュルツェマダニ雌．腹側の生殖門付近に卵が 1 つ認められる（白矢頭）．産下卵を抱え込むように第 I 脚を前方に伸ばしているため，多数の卵により第 I 脚が見えない．（白藤梨可原図；図 3.29）

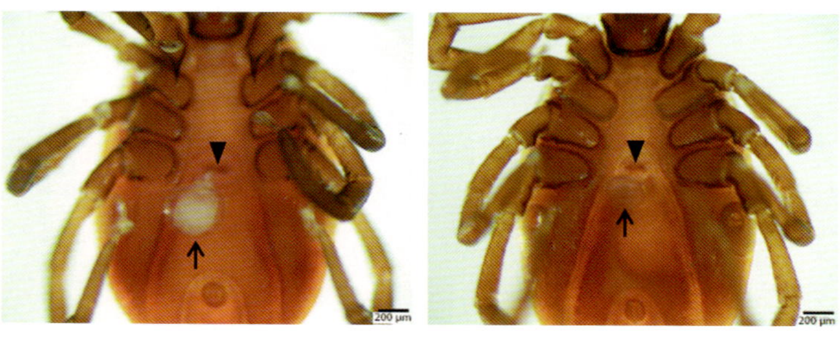

口絵 7　左：交尾後のシュルツェマダニ雌，右：ヤマトマダニ雌の腹側
（白藤梨可原図；図 4.6）

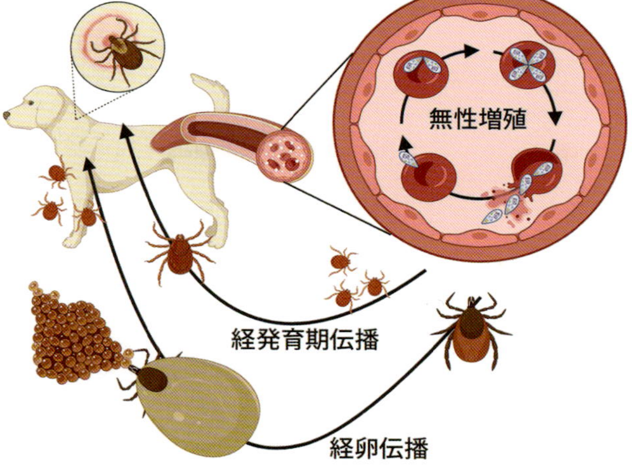

口絵 8　マダニによる原虫の媒介様式（経発育期伝播と経卵伝播）
（八田岳士原図；図 5.1）

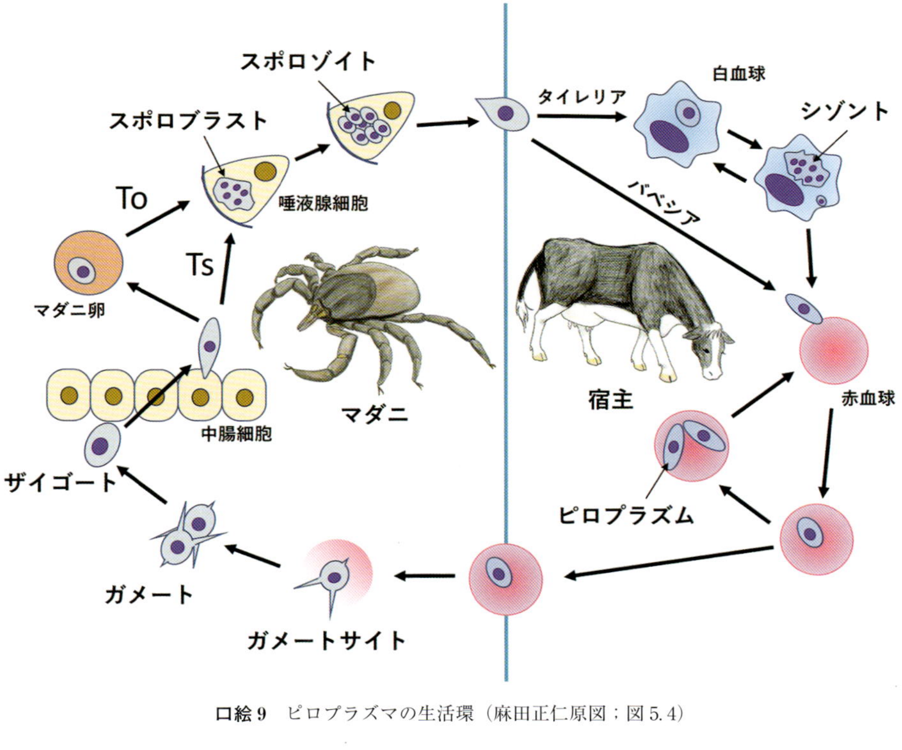

口絵 9　ピロプラズマの生活環（麻田正仁原図；図 5.4）

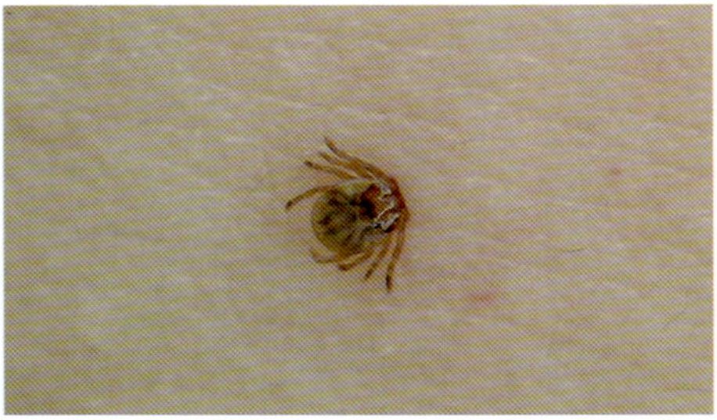

口絵 10　ヒト皮膚表面に寄生するタカサゴキララマダニ若虫（夏秋優原図；図 6.2）

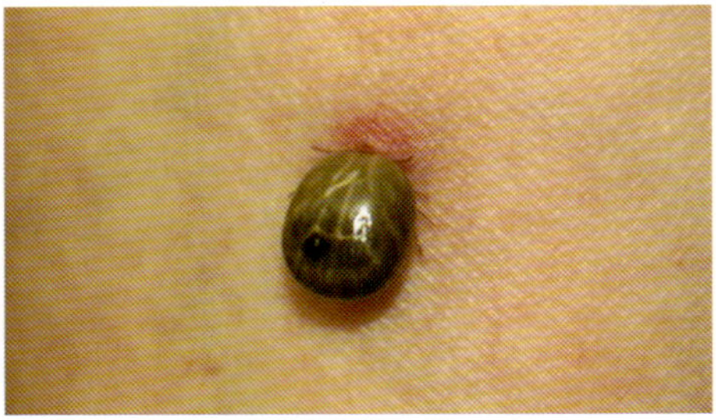

口絵 11　飽血に近い状態のタカサゴキララマダニ若虫（夏秋優原図；図 6.3）

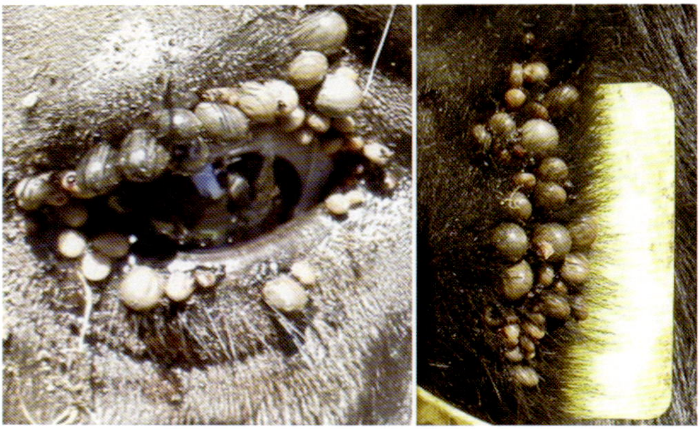

口絵 12　顔面に多量のマダニが寄生した牛（猪熊壽原図；図 6.9）

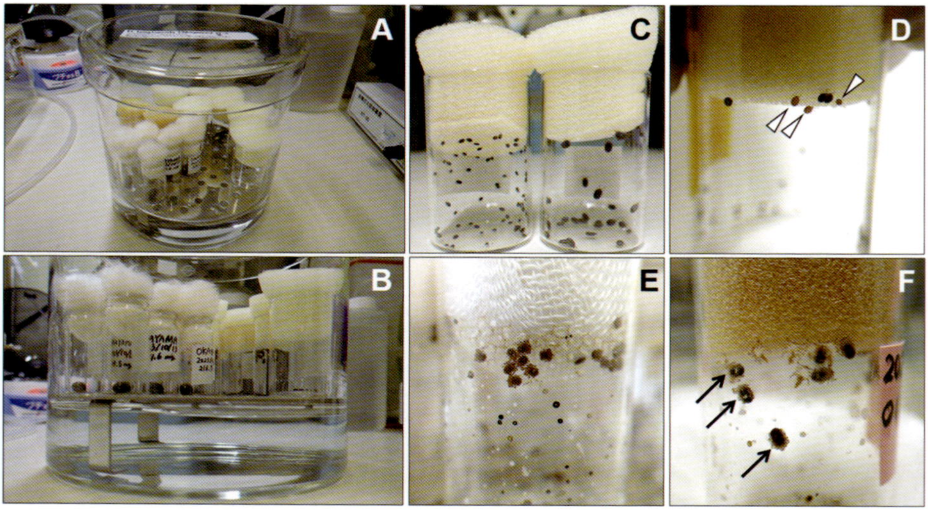

口絵 13　マダニ飼育の様子（A～C，E，F はフタトゲチマダニ，D はヤマトチマダニ）（白藤梨可原図；図 7.9）

マダニの科学

知っておきたい感染症媒介者の生物学

白藤梨可・八田岳士
中尾　亮・島野智之
[編集]

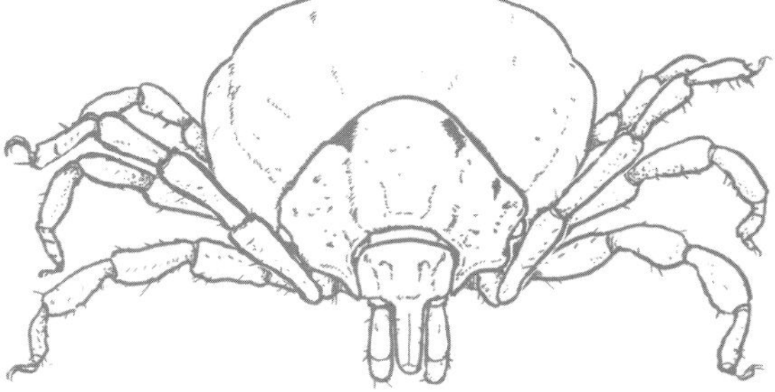

Foundations of Tick Biology

朝倉書店

本書の引用文献リストは，紙幅の都合によりデジタル付録としています．
下の QR コードからご参照ください．

はじめに

皆さんは「マダニ」についてどのようなイメージをもっているでしょうか？「血を吸って病気を運ぶ気持ち悪い嫌な虫」のマダニがどのような生物か，その生態をどのくらいご存じでしょうか？

マダニは吸血性の節足動物です．成虫の体長は吸血前では約2 mm以上であり，ダニ類の中では大型です．マダニの栄養源は宿主（脊椎動物）の血液のみで，吸血の機会を逃してしまうと発育・繁殖ができません．マダニが栄養分を獲得できるチャンスは，“hard ticks”に分類されるマダニでは，幼虫期に1回，若虫期に1回，成虫期に1回……つまり，一生で3回だけなのです．マダニの吸血期間は発育期や種によって異なりますが，数日〜数週間かけて大量の血液を宿主から摂取し，自身を成長させながら必要な栄養分を獲得します．満腹になると自ら離れ，地上に落下します．吸血せずに，飢餓状態で数ヶ月から数年以上生存できるという側面もあります．

マダニの吸血行動そのものが人・動物に対する直接的な加害になることはもちろん，とりわけ問題となるのは，吸血時にさまざまな病原体を媒介するという間接的な加害です．2013年にマダニ媒介性感染症が西日本で報告され，人々のマダニに対するリスク認知のレベルが一気に高まりました．マダニ（tick）は身近な「衛生害虫」として社会的に定着しましたが，実際は，昆虫や小型のダニ（mite）とは何が違うのか，どのように発育・繁殖するのか，そしてどのような仕組みで病原体を媒介するのかなど，マダニの「中身」で起きているさまざまな事象については，あまり知られていません．また，牛などの産業動物におけるマダニ媒介性感染症対策の重要性については，獣医畜産関係者以外にはほとんど知られていない状況です．

マダニによる刺咬とマダニ媒介性感染症の予防のためには，マダニの生物特性を理解することが重要です．これまでは，医学・獣医学の寄生虫学・衛生動物学関連科目の教科書において「外部寄生虫」としてマダニが取り上げられており，病原体媒介の観点から，その重要性に関する説明があるものの，マダニの「生物学・生理学」に関する記述はごく限られたものでした．また，そのほとんどが10年以上前に出版されたものだったのです．

この間，新たなマダニ媒介性感染症が発見され，また，吸血生理や卵形成，病原体媒介の仕組みといったマダニの生物学・生理学が分子レベルで説明できるようになってきました．病原体–マダニ–宿主，この三者の関係についても研究が活発化し，「ワンヘルス（One Health）」という概念に基づくマダニ対策の重要性も説かれています．しかし，初学者でも容易に読めるマダニの生物学・生理学を盛り込んだマダニ学専門書はきわめて少なく，最新の知見を盛り込んだ手頃な教科書が求められています．

このような背景から，マダニの生物学的特徴を正しく，わかりやすく解説する日本語のマダニ学専門書が必要と考え，本書を企画しました．「マダニとは」という基本的解説から入り，マダニ生物学・生理学の基礎を説明し，国内外のマダニによる被害とその対策法の実際に加え，マダニ研究に関する最新の知見を盛り込みました．マダニを専門とする研究者15名の熱い思いが詰まっており，紙幅の都合でやむをえず割愛した部分もありますが，マダニの「外面」も「中身」もまるごと知り尽くす「マダニ学」の教科書として，この度の刊行に至りました．

まずは，マダニの危険にさらされる一般読者の皆さんはもちろんのこと，医療・獣医療・農林畜産業などに関わる方々，そして，医学・獣医学・農学教育における寄生虫学とその関連学問の初学者，専攻・専門とする方々，あるいは，野外活動などが行われる小中学校の教育現場，自然活動団体等の皆さんにもお手に取っていただき，本書を活用していただけましたら幸いです．

本書が，マダニ学，特にマダニ生物学・生理学研究のますますの発展と新たな学問体系の構築の基礎，さらには分野横断的研究のシーズとなることを強く期待するとともに，本書との出会いによりマダニ学に興味をもち，将来のマダニ生物学・生理学研究者が一人でも増えてくれることを心から願います．

また，血を吸って病気を運ぶマダニの不思議に満ちた生き様を，ユーモラスで素敵なイラストに表現して下さった西澤真樹子様に，心より感謝申し上げます．

2024年10月

白藤梨可・八田岳士・中尾　亮・島野智之

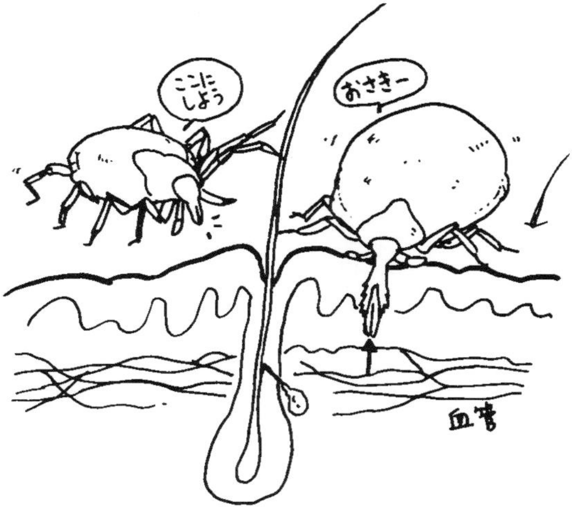
ここにしよう
おさきー
血管

編集委員

白藤梨可　帯広畜産大学
八田岳士　北里大学
中尾　亮　北海道大学
島野智之　法政大学

執筆者（五十音順）

麻田正仁　帯広畜産大学
猪熊　壽　東京大学
小方昌平　北海道大学
尾針由真　北海道大学
草木迫浩大　北里大学
佐藤（大久保）梢　国立感染症研究所
島田瑞穂　自治医科大学
島野智之　法政大学
白藤梨可　帯広畜産大学
土井寛大　森林総合研究所
中尾　亮　北海道大学
夏秋　優　兵庫医科大学
八田岳士　北里大学
松野啓太　北海道大学
山内健生　帯広畜産大学

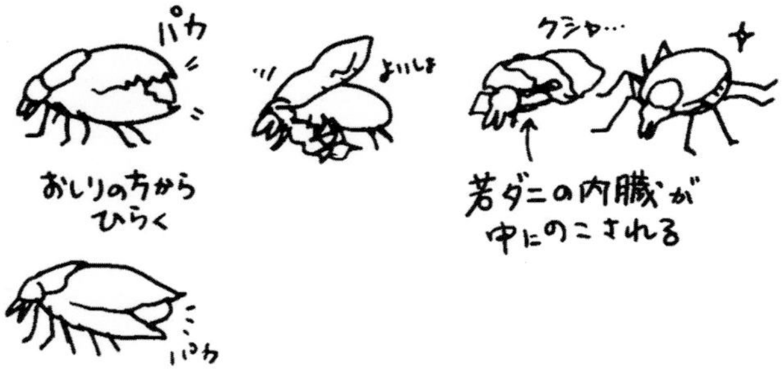

目　　次

旗振り

ヒッチハイカーマダニ
のせてよ

おねがいダンス

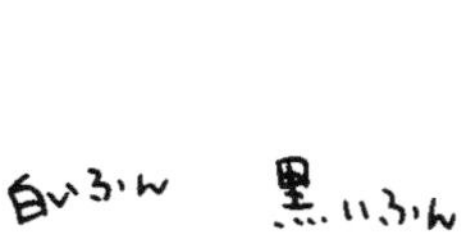

白いふん
黒いふん

1 Q & A

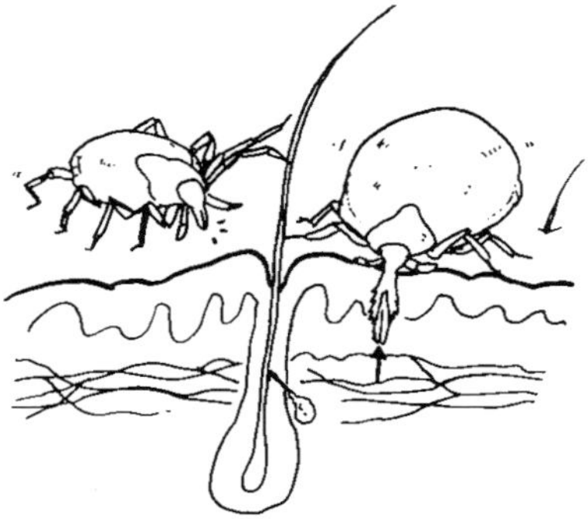

本書では，マダニの生物学的側面に焦点を当てた専門書として，初学者にもわかりやすい説明を心がけました．マダニについて知りたい・学びたい内容に素早くたどり着けるようにQ&Aを用意しましたので，ご活用ください．

Q. **マダニって何？**

A. 寄生性のダニ類で，動物で吸血します．（→**2.1 節**）

Q. **マダニはどれくらいの大きさ？**

A. 発育期や種によって差はありますが，成虫では数 mm なので肉眼で確認できます．（→**2.1 節**）

Q. **マダニは何種いるの？**

A. 世界では約 960 種，国内では約 50 種が報告されています．（→**2.2 節／2.3 節**）

Q. **マダニ種ごとに違う特徴があるの？　みんな同じ？**

A. 種ごとに体の形，寄生する動物の種類，もっている病原体などが異なります．（→**2.2 節／2.3 節**）

Q. **ほかの生き物の遺伝子がマダニで発見されることはある？**

A. 遺伝子の研究で，アフリカに生息するマダニから水平伝播で爬虫類（時代的に恐竜ではないかと考えられている）の遺伝子が発見されました．マダニが血を吸いやすいように，宿主の血管を拡張するホルモンとして利用されています．（→**コラム 1**）

Q. **マダニはどんな形をしているの？**

A. 未吸血時には扁平で，顎体部，胴体部，歩脚で構成されています．(→**3.1節**)

Q. **脚に感覚器があるの？　昆虫の触覚との違いは？**

A. 第Ｉ脚にはハーラー器官という特殊な感覚器があり，化学物質などを感知します．(→**3.2節**)

Q. **マダニは集団で行動する？**

A. フェロモンを出して，動物体表の特定の場所に集まって吸血するなど集団行動をとることがあります．(→**3.3節**)

Q. **マダニには脳があるの？**

A. 脳はありませんが総神経球という神経細胞の「集塊」があり，生理活動を司っています．(→**3.4節**)

Q. **どうやって呼吸しているの？**

A. 体表側面にある１対の気門板（体中の臓器に直接張り巡らされた気管の開口部）で，空気が出し入れされます．(→**3.5節**)

Q. **どうやって寄生して血液を吸い始めるの？**

A. 動物の皮膚内に鋏角と口下片という口器を差し込んで吸血します．(→**3.6節**)

Q. **血液を吸っているマダニが簡単に取れないのはなぜ？**

A. セメント物質という固まる性質の唾液成分を分泌するからです．(→**3.6節**)

Q. **マダニの唾液中には何が入っている？**

A. 血液を固まりにくくする成分や，宿主の免疫細胞の働きを抑える成分などいろいろ入っています．(→**3.6節**)

Q. **吸血した血液の一部を吐き戻すって本当？**

A. 血液中の余分な水分やナトリウムイオンが，唾液成分として宿主体内へと戻されます．(→**3.6節／3.7節**)

Q. **血液はどこで消化される？**

A. 中腸の管腔内で一部消化されますが，おもに中腸の消化細胞内で分解されます．(→**3.7 節**)

Q. **ウンチはするの？**

A. 吸血中は血液の未消化物を含む黒い糞，孵化後や脱皮後はグアニンなどを多く含む白い糞を排泄します．(→**3.8 節**)

Q. **心臓はあるの？**

A. 体の真ん中付近の背側に短い管状の心臓があり，血リンパを循環させています．(→**3.9 節**)

Q. **長期間吸血しなくても大丈夫？**

A. おもに脂肪体という器官に蓄えた栄養源を使って，飢餓状態をしのいでいます．(→**3.10 節**)

Q. **卵を外環境中で守る工夫はしている？**

A. 産卵時に卵表面にワックス成分を塗り，乾燥や微生物感染から卵を守ります．(→**3.11 節**)

Q. **雌1個体が産む卵の個数は？**

A. マダニの種によっても異なりますが，数日～数週間かけて数千個の卵を産みます．(→**3.12 節**)

Q. **マダニに共生菌はいるの？**

A. マダニ体内でビタミン類を供給する役割がある共生菌が報告されています．(→**3.13 節**)

Q. **吸血ごとに違う動物に寄生するの？　同じ動物なの？**

A. ずっと同じ動物に寄生する種と，吸血ごとに動物を変える種がいます．(→**4.1 節**)

Q. **マダニはどうやって動物を探すの？**

A. 植物の上などで第I脚を「バンザイ」しているかのように持ち上げ，近づく

動物の体臭などをハーラー器官によって感知します．（→**4.2 節**）

Q. **動物の体にはマダニが寄生しやすい部位はあるの？**

A. 一般に毛の少なく柔らかい部分に好んで寄生します．（→**4.2 節**）

Q. **幼・若虫期のマダニが吸血した後はどうなる？**

A. 脱皮ホルモンの作用で，幼虫は若虫に，若虫は成虫に変態します．（→**4.3 節**）

Q. **交尾はいつするの？**

A. マダニの種により，吸血前，あるいは吸血中に交尾します．（→**4.4 節**）

Q. **雌だけで卵が産まれるの？　雄は不要？**

A. フタトゲチマダニなど雌だけで単為生殖を行う種がいます．（→**4.4 節**）

Q. **マダニは冬眠するの？**

A. 寒冷な地域では宿主動物体表や地中で越冬する種が確認されていますが，研究はまだ十分に進んでおらず，ほとんどの種は未知のままです．（→**4.5 節**）

Q. **マダニは暑くなると活発になるの？**

A. マダニの種や発育期によって活発な季節は異なります．意外に思われるかもしれませんが，冬季に活発なマダニもいます．（→**4.6 節**）

Q. **マダニの寿命は？**

A. 数年から最大で数十年も生きることが可能です．（→**4.7 節**）

Q. **地球温暖化はマダニに影響があるの？**

A. マダニの生息地が変わりつつあることが指摘されています．（→**コラム 5**）

Q. **マダニの親から子に病原体が感染する？**

A. 吸血した雌成虫の体内で，卵巣に移行し次世代に感染する病原体がいることが知られています．（→**5.2 節**）

Q. **どのマダニも同じ病原体を媒介するの？**

A. 種によって媒介する病原体の種類は異なります．（→**5.2 節／5.3 節**）

Q. マダニがもっているウイルスはすべて人に病気を起こす？

A. ヒトに病気を起こすのかどうか不明なウイルスがたくさん見つかっています．（→**5.3 節**）

Q. マダニが媒介する細菌感染症とは？

A. リケッチアという細菌が原因となる日本紅斑熱などが知られています．（→**5.3 節**）

Q. マダニが媒介する原虫には何がある？

A. マラリア原虫と同じグループのバベシアやタイレリアなどが知られています．（→**5.3 節**）

Q. マダニ自身の微生物感染への対抗策は？

A. 微生物を認識して抗菌ペプチドを作る自然免疫系という仕組みが知られています．病原体に対抗する自然免疫系を備えていますが，免疫系が病原体に敗けると，死んでしまうことがあります．たとえ死を免れた場合でも，吸血ができなくなることがあります．（→**5.4 節**）

Q. すべてのマダニが人を刺すの？

A. すべての種が人を刺すわけではありませんが，人を好んで刺すマダニ種はいます．（→**6.1 節**）

Q. 野外でマダニに刺されないようにするには？

A. 肌の露出の少ない衣類を着用して，虫除け剤などを使用します．（→**6.1 節**）

Q. マダニに刺されて食物アレルギーになるって本当？

A. 牛肉や豚肉に対するアレルギーを発症することがあります．（→**6.1 節**）

Q. ペットのマダニ寄生を予防する方法は？

A. マダニ生息密度の高い場所を避け，マダニ駆除薬などを使用します．（→**6.2 節**）

Q. 家畜のマダニ寄生を予防する方法は？

A. 飼養環境におけるマダニの生息密度を抑えることで，マダニの寄生を防ぎます．たとえ寄生された場合でも，事前に殺ダニ剤を処方しておくことで吸血を防ぎます．（→**6.2 節**）

Q. **野生動物を減らせばマダニも減る？**

A. オジロジカを駆除してもマダニの数は減らなかったことが過去に報告されています．（→**6.2 節**）

Q. **マダニを食べる動物がいる？**

A. 鳥（→**コラム 2**）や犬（→**5.3 節**）はマダニを食べることがあります．また，ハクビシン（→**6.2 節**）などは体についているマダニを取って食べて体をきれいに保っていることがわかっています．タヌキなどは，自分でマダニを取ることはできません．ちなみに，カニムシに人為的にマダニを与えれば食べることは知られていますが，実際に野外で捕食している例は知られておらず，通常はトビムシなどを捕食しているため，マダニを好んで食べるとは考えられていません．

Q. **ダニを殺す薬，殺ダニ剤は万能薬？**

A. 殺ダニ剤が効かない抵抗性マダニが世界中で報告されています．（→**6.3 節**）

Q. **マダニを撲滅することは可能なの？**

A. 約 30 年かけて沖縄県からオウシマダニを撲滅させた事例があります．（→**コラム 7**）

Q. **マダニはただの悪者？　動物に有益なことはないの？**

A. 動物に寄生して血を吸ったマダニを捕食する鳥が知られています．（→**コラム 8**）

Q. **マダニは体が小さいから，そのゲノムも小さい？**

A. 体とゲノムの大きさに関係はなく，ヒトの 2 倍以上大きいゲノムをもつ種もいます．（→**7.1 節**）

Q. **草むらにいるマダニはどうやって捕まえるの？**

A. 植物の上で待ち伏せしているマダニは布（フランネル）を振って絡め取ります．（→**7.2節**）

Q. **マダニって飼えるの？**

A. いろいろな研究の目的で実験室内でマダニが飼育されています．（→**7.2節**）

Q. **マダニに注射を打てるって本当？**

A. マイクロインジェクターを使って微量の液体をマダニに注入する実験があります．（→**7.2節**）

Q. **マダニの研究にトレンドってあるの？**

A. 解析技術の進歩によって，マイクロバイオームなど新しい研究分野も出てきています．（→**7.3節**）

Q. **マダニはただの悪者？　人に有益なことはないの？**

A. マダニの生理活性物質の研究から，新しい薬の開発につながる可能性があります．（→**7.3節**）

（白藤梨可・八田岳士・中尾　亮・島野智之）

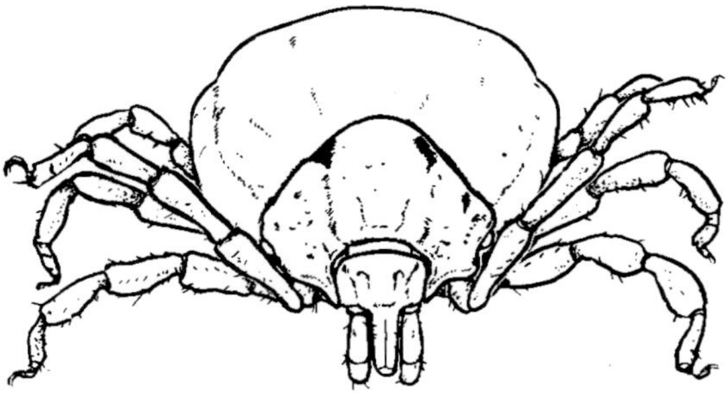

2 分　類

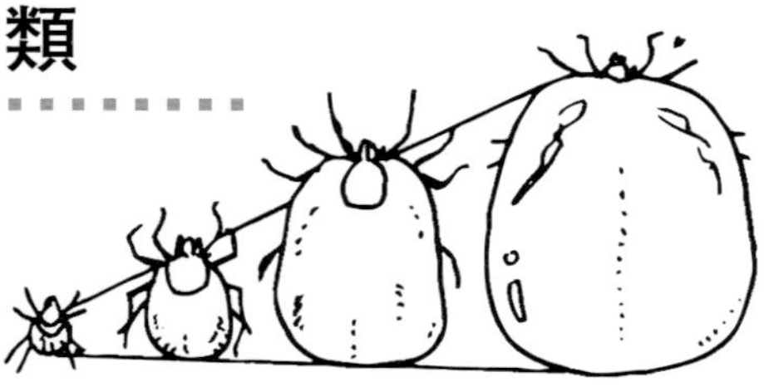

2.1 概　要

マダニ類（tick）は，寄生性のダニ類で，全種が宿主動物から吸血する．動物の体表に寄生して血液を吸うことにより成長・繁殖する．世界中に広く分布し，3科約960種が知られている．

マダニ類は，ダニ類の中ではずば抜けて大型である．多くのマダニ種の成虫の体長は未吸血でも2 mm以上であり，肉眼ではっきり認識できる．さらに，雌成虫が吸血して飽血状態（最大限まで吸血した状態）になると黒豆のように膨らみ，中には体長が30 mmに達する種も存在する（図2.1B）．江戸時代に使用された豆板銀という銀貨は，膨らんだマダニ類に形が似ていることから「ダニ」とも呼ばれていたという．膨らんだマダニ類は目立つので，当時の庶民はマダニという

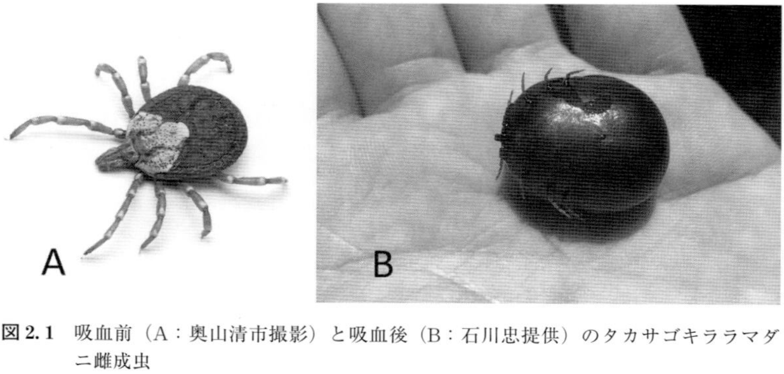

図2.1　吸血前（A：奥山清市撮影）と吸血後（B：石川忠提供）のタカサゴキララマダニ雌成虫

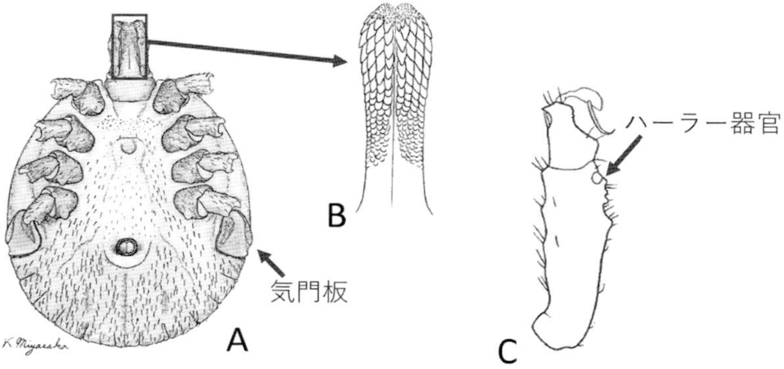

図 2.2　カメキララマダニ雌成虫（Yamaguti *et al.*, 1971）（A：体の腹面，B：口下片，C：第Ⅰ脚先端）

寄生虫のことをよく認識していたわけである．一方で，現代においては人体に寄生して大きく膨らんだマダニ類が，経験の浅い医師によってイボと誤診された例も少なくない．なお，吸血前のマダニ類は，宿主動物の毛の中を移動するのに適した扁平な体をしている（図 2.1A）．

形態学的な専門用語を用いて述べると，マダニ類は，①逆棘状の歯状突起を備えた口下片（吸血の際に皮膚へ挿入される部位；図 2.2B），②第Ⅰ脚の先端付近のハーラー器官（図 2.2C），③第Ⅲまたは第Ⅳ脚の基部付近に位置する気門板（図 2.2A）などの形態的特徴（3.1 節参照）により，その他のダニ類（mite）から識別できる．英語でもマダニ類とその他のダニ類を区別する単語が存在することから，西洋ではマダニ類がほかのダニ類とは「べつもの」として古くから認識されていたことがうかがえる．

宿主動物の体表にはマダニ類のみならずさまざまな外部寄生虫がみられるため，それらを正確に分類する必要がある．慣れればたやすいことなのだが，はじめは戸惑うことが多いかもしれない．寄生性のダニ類（たとえば，ケモチダニ類，ツツガムシ類など）の多くは，体のサイズが非常に小さいため，マダニ類とは容易に識別可能である．ただし，大型のトゲダニ類は，一見するとマダニ類のように見えることもあるが，上記の形態的特徴（特に気門板の位置がわかりやすい）によって識別可能である．また，翅を失い腹部が伸長したシカシラミバエ類（宿主動物：シカ類）や大型のイノシシジラミ *Haematopinus apri*（宿主動物：イノ

シシ *Sus scrofa*）なども一見するとマダニ類の成虫のように見える．しかし，これらは昆虫なので脚が6本であり，容易にマダニ類（成虫と若虫は脚が8本，幼虫は脚が6本で非常に小型）と識別できる．

2.2 ● マダニ目の分類

2.2.1　マダニ目の概要

節足動物門鋏角亜門クモ綱ダニ亜綱(ダニ目とされることもある. 以下, ダニ類)の一グループであるマダニ目（Ixodida；マダニ亜目とされることもある．以下，マダニ類；コラム1参照）は，世界に3科約960種が記録されている（表2.1）．そのうちの約760種がマダニ科 Ixodidae で，約200種がヒメダニ科 Argasidae である．残り一つの科はニセヒメダニ科 Nuttalliellidae で，ナマカニセヒメダニ *Nuttalliella namaqua* というアフリカ産の1種のみが知られる．日本ではヒメダニ科とマダニ科の2科約50種と数種の学名未決定種が知られている．

マダニ類は，感染症を媒介する重要な衛生害虫であり，大型でよく目立つことから，分類学的な研究の進んだ一群である．マダニ類は吸血により外部形態が著しく変化するため，慣れないうちは形態による種同定の難しい分類群である．とりわけ，幼若虫ではわずかな形態差が重要な識別形質となる場合が多く，難易度が高い．

マダニ科は，上記3科のうち最も種数が多く，17属（化石のみが知られる2属を含む）が認められている（表2.2）．属よりも高次のレベルで，マダニ科は Prostriata と Metastriata という2つのグループに分けられる．Prostriata は，肛溝（anal groove）が肛門の前方にあることで特徴づけられ，マダニ属 *Ixodes* のみを含む（265種）．一方，Metastriata は，肛溝が肛門の後方にある

表2.1　マダニ上科の分類体系と世界の科，属，種数（Guglielmone *et al*., 2010, 2021；Zhang, 2013）

Order **Ixodida**	マダニ目
Superfamily **Ixodoidea**	マダニ上科（3科）
Family **Argasidae**	ヒメダニ科（5属，約200種）
Family **Ixodidae**	マダニ科（17属，約760種）
Family **Nuttalliellidae**	ニセヒメダニ科（1属，1種）

表 2.2 マダニ科の属名，種数（Guglielmone *et al.*, 2021）

属名	種数	属名	種数
Africaniella	2	*Haemaphysalis*（チマダニ属）	176
Amblyomma（キララマダニ属）	136	*Hyalomma*（イボマダニ属）	27
Anomalohimalaya	3	*Ixodes*（マダニ属）	265
Archaeocroton	1	*Margaropus*（ジュズマダニ属）	3
Bothriocroton	7	*Nosomma*	2
Compluriscutula	1（化石のみ）	*Rhipicentor*（モモネマダニ属）	2
Cornupalpatum	1（化石のみ）	*Rhipicephalus*（コイタマダニ属）	87
Cosmiomma	1	*Robertsicus*	1
Dermacentor（カクマダニ属）	42		

ことで特徴づけられ，マダニ属以外の 16 属が含まれる（約 500 種）．Prostriata と Metastriata では，幼虫の剛毛（毛，seta）の分類群ごとに決まっている配列である剛毛式（毛式，毛序，chaetotaxy）にも相違があり，Prostriata の剛毛式には多くの種類が存在するが，Metastriata のそれは 1 種類のみである（Clifford and Anastos, 1960）．つまり，Prostriata では，幼若期に形態の多様性が高く，成虫期には相互によく似た形態となる．一方，Metastriata では，幼若期の形態が互いに似ているが，成虫期には形態が多様となる．Metastriata の中に，キララマダニ亜科 Amblyomminae（キララマダニ属 *Amblyomma* のみ），Bothriocrotoninae（*Bothriocroton* 属のみ），チマダニ亜科 Haemaphysalinae（チマダニ属 *Haemaphysalis* のみ），コイタマダニ亜科 Rhipicephalinae（*Anomalohimalaya* 属，*Cosmiomma* 属，カクマダニ属 *Dermacentor*，イボマダニ属 *Hyalomma*，ジュズマダニ属 *Margaropus*，*Nosomma* 属，モモネマダニ属 *Rhipicentor*，コイタマダニ属 *Rhipicephalus*）という亜科を設ける場合もある．Prostriata と Metastriata は，姉妹群関係にあり，外部形態のみならず，交尾（本書では精包譲渡の意味で用いる；4.4 節参照）に吸血を必要とするか否かなどの生理学的な特徴も異なっている．

（山内健生）

2.2.2 マダニ目とマダニ科の系統

Beati and Klompen（2019）によれば，マダニ目 113 種を用いた 18S rRNA 遺伝子の塩基配列解析に基づく系統樹で，マダニ目の単系統を支持していた（図 2.3）．ニセヒメダニ科はほかのマダニ類の姉妹群となり，マダニ科とヒメダニ科はそれぞれ単系統となった（Mans *et al.*, 2011 と同様な結果：2.2.3 項参照）．また，ヒメダニ科は，Argasinae（ヒメダニ亜科）と Ornithodorinae（カズキダニ亜科）の２つの強固なクレードを形成した（2 亜科と扱うことがある：Durden and Beati, 2013）．マダニ科は Prostriata（マダニ属のみで構成）と Metastriata（マダニ属以外の属で構成）の２つのグループを構成した．Prostriata の単系統性は不安定であったが，Metastriata については強固な単系統性が支持された．Wang *et al.*（2019）は，ミトコンドリアの全配列を用いて，マダニ目全体の系統樹を報告した．ここでは Prostriata は強固な単系統性を示したが，ヒメダニ科がほかの２科のマダニ類との姉妹群となり，ニセヒメダニ科はマダニ科と強固なク

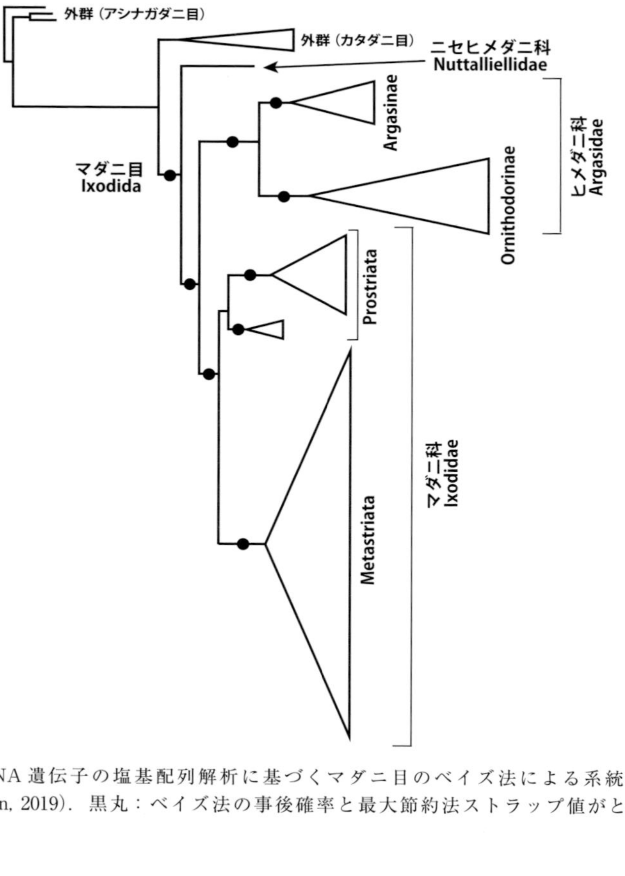

図 2.3　18S rRNA 遺伝子の塩基配列解析に基づくマダニ目のベイズ法による系統樹（Beati and Klompen, 2019）．黒丸：ベイズ法の事後確率と最大節約法ストラップ値がともに 80 以上．

レードを形成した．ヒメダニ科のうち，カズキダニ属 *Ornithodoros* の多系統性は両方の報告から指摘されたが，Wang *et al.*（2019）の結果はヒメダニ属 *Argas* の多系統性も指摘した．

2.2.3　ヒメダニ科とニセヒメダニ科の系統

ヒメダニ科のダニは soft ticks とも呼ばれる．世界で 193 種（Guglielmone *et al.*, 2010）が知られているが，属は定まらず，ロシアや米国など学派ごとに変化してきた（Durden and Beati, 2013）．現在は，5 属とされている（Keirans, 2009；Guglielmone *et al.*, 2010）（表 2.3 参照）．乾燥した亜熱帯から熱帯地域の鳥，小さな哺乳類，爬虫類の巣，あるいは洞窟，集団繁殖地，巣穴などから見つかる．一部の分類群はより大きな哺乳類にも外部寄生する．カズキダニ属は，ダニ媒介性回帰熱（tick-borne relapsing fever：TBRF）を媒介する．また，ハリゲカズキダニ属 *Otobius* の一種 *Otobius megnini* は Q 熱を媒介することでも知られている（Keirans, 2009）．

ニセヒメダニ科は，ナマカニセヒメダニの 1 種のみが知られており，南アフリカ，ナミビア，タンザニア（南アフリカ南部）のケープハイラックスと呼ばれる *Procavia* 属の動物の巣とツバメの巣から見つかった（Keirans, 2009）．しかしながら，標本は若虫と雌成虫のみで，最初に発見されたときには，18 個体しか得られなかった．2021 年，新たに若虫と雌成虫の標本が動物の巣から得られ（動物から直接得られた例はない），核の 18S rRNA 遺伝子とミトコンドリア 16S rRNA 遺伝子に基づいて系統解析が行われた．その結果，ほかの 2 つの科の姉妹群であることがわかり（2.3 節参照），マダニ目は単系統ながら，形態などからヒメダニ科の祖先的形質をもっているのではないかと考察された（Mans *et al.*, 2011）．この標本を合わせても，現在，合計 51 個体の標本しか見つかっていない．また，ナマカニセヒメダニの消化管内容物からは爬虫類の血液が見つかっている（Mans *et al.*, 2014）（コラム 1 参照）．（島野智之）

2.2.4　マ ダ ニ 科

マダニ科 17 属のうち，種数が多く，医学・獣医学的に重要なのは，キララマダニ属，カクマダニ属，チマダニ属，イボマダニ属，マダニ属，およびコイタマダニ属の6属である．以下に，これら6属を順に解説する．

a.　キララマダニ属

キララマダニ属は，世界から136種，日本から3種が記録されており，特に熱帯地域において多様性が高い．化石種の記録も複数知られており，最古のものは中生代白亜紀の琥珀中から発見された *Amblyomma birmitum* である（Chitimia-Dobler *et al*., 2017）．本属には多くの感染症媒介種が含まれ，中でもエーリキア症などの媒介種である *Am. americanum* が世界的に有名である．本属のタイプ種は *Am. cajennense* である．近年，キララマダニ属の分類学的な再検討が進んでいる．その結果，従来キララマダニ属に含まれていた *Am. sphenodonti* に基づいて *Archaeocroton* 属が独立の属として設立された（Barker and Burger, 2018）．また，*Am. elaphense* に基づいて *Robertsicus* 属が独立の属として設立された（Barker and Burger, 2018）．分子系統学的な研究から，従来キララマダニ属の亜属として扱われていた *Africaniella* が属に昇格した（Hornok *et al*., 2020）．かつて独立属とみなされていたオオハバマダニ属 *Aponomma* の多くの種は，現在ではキララマダニ属に含められることが一般的である（残りのオーストラリア・ニューギニア産の種は *Bothriocroton* 属に含められる）．

b.　カクマダニ属

カクマダニ属は，世界から42種，日本から2種が記録されている．本属には多くの感染症媒介種が含まれ，中でもロッキー山紅斑熱の媒介種である *Dermacentor andersoni* と *D. variabilis* が世界的に有名である．本属のタイプ種は *D. reticulatus* である．かつて独立属とみなされていたメリケンカクマダニ属 *Anocentor* は，現在ではカクマダニ属の亜属として扱われることが一般的である．

c.　イボマダニ属

イボマダニ属は，世界から27種が記録されているが，日本には分布しない．本属の種はクリミア・コンゴ出血熱などの感染症の病原微生物を媒介することでよく知られている．本属の幼虫と若虫の形態には種差が乏しいため，形態による種同定は困難である．中央アジアの乾燥地域ではイボマダニ属の多様性が高い．本属のタイプ種は *Hyalomma aegyptium* である．

d.　チマダニ属

チマダニ属は，世界から176種，日本から17種が記録されており，特にアジアの熱帯～温暖地域では本属の種数と個体数が多い．本属には*Alloceraea*亜属（日本産種ではヒゲナガチマダニ *Haemaphysalis kitaokai* が属する）など複数の亜属が存在するが，現在では用いられることが少ない．化石種としては，中生代白亜紀のミャンマー産琥珀中から発見された *Ha. cretacea* が知られている（Chitimia-Dobler *et al.*, 2018）．本属において全発育ステージが記載されている種は属全体の 60%に満たない（Estrada-Peña *et al.*, 2017）．本属のタイプ種はイスカチマダニ *Ha. concinna* である．

e.　マダニ属

マダニ属は，世界から 265 種，日本から約 20 種が記録されており，特に北方の寒冷な地域では本属の種数と個体数が多い．本属には *Trichotoixodes* 亜属（日本産種ではアカコッコマダニ *Ixodes turdus* が属する）など多くの亜属が存在し，それらの亜属が属として扱われたこともあるため，文献検索には注意が必要である．本属には多くの感染症媒介種が含まれ，北米でライム病の媒介種として知られる *I. scapularis*（*I. dammini* は異名）などが有名である．本属のタイプ種は *I. ricinus* である．

f.　コイタマダニ属

コイタマダニ属は，世界から 87 種，日本から 2 種が記録されている（Guglielmone *et al.*, 2021）．本属のタイプ種はクリイロコイタマダニ *Rhipicephalus sanguineus* であるが，クリイロコイタマダニ種群は分類学的に混乱している．かつて独立属とみなされていたウシマダニ属 *Boophilus* は，現在ではコイタマダニ属の亜属として扱われることが一般的である．したがって，有名な畜産害虫であるオウシマダニの学名は，かつては *Boophilus microplus* とされたが，現在では *R.* (*Boophilus*) *microplus* とされるため，文献検索には注意を要する．

2.2.5　ヒメダニ科

ヒメダニ科の属の扱いについては古くから議論が続いており，非常に混乱している．そこで，ここでは Guglielmone *et al.* (2010) に従って暫定的に本科を 5 属とみなして解説する（表 2.3）．これら 5 属のうち，種数が多いのはヒメダニ属とカズキダニ属で，日本に分布するヒメダニ科もこの 2 属である．

表2.3　ヒメダニ科の属名とそれらの種数
(Guglielmone *et al.*, 2010)

属名	種数
Antricola	17
Argas（ヒメダニ属）	61
Nothoaspis	1
Ornithodoros（カズキダニ属）	112
Otobius（ハリゲカズキダニ属）	2

a.　ヒメダニ属

ヒメダニ属は，世界から61種，日本から2種が記録されている．本属のタイプ種は *Argas reflexus* である．ヒメダニ属の中には「マルヒメダニ属 *Carios*」のタイプ種であるコウモリマルヒメダニ *Arg. vespertilionis*，「*Microargas* 属」のタイプ種である *Arg. transversus*，「*Ogadenus* 属」のタイプ種である *Arg. brumpti* なども含まれる．

b.　カズキダニ属

カズキダニ属は，世界から112種，日本から2種が記録されている．本属のタイプ種は *Ornithodoros savignyi* である．カズキダニ属の中には，「エリタテカズキダニ属 *Alectorobius*」のタイプ種である *Or. talaje*，「*Alveonasus* 属」のタイプ種である *Or. lahorensis* なども含まれる．

2.3 ● 日本産マダニ種の特徴

日本からは2科約50種のマダニ類が記録されている．日本産マダニ類の分類学的研究はよく進んでいるが，近年，ベルルスカクマダニ *D. bellulus* の確認（Apanaskevich and Apanaskevich, 2015；高田ほか，2022），*I. kerguelenensis* の日本からの発見（Kotani *et al.*, 2022），コウモリ寄生マダニ属3種の新種記載（Takano *et al.*, 2023）など，新たな動きも生じている．また，上記の既知種のほかに少数の不明種がマダニ属で知られている．

本節では，日本で比較的普通にみられるマダニ類2科15種について解説を行う．

2.3.1　ヒメダニ科

a.　ツバメヒメダニ *Arg. japonicus*（図 2.4A）

(1)　宿主動物

全発育期がコシアカツバメ *Hirundo daurica* とイワツバメ *Delichon urbica* の巣にみられ（高田，1990；山内，2001），巣の割れ目などに多数生息している（山口，1984）．本種は，中部地方以東ではイワツバメを，関西地方～九州ではおもにコシアカツバメを利用している（山内，2001）．若虫と成虫は，吸血時間が短いため（北岡，1977），宿主鳥類の体表から見つかることは少なく，通常は巣内から発見される．

(2)　地理的分布

北海道，本州，九州；韓国，中国北部．タイプ産地（ホロタイプ（学名の拠りどころとなる 1 個体の標本）の採集地）は岡山県新見市．

(3)　人体寄生・感染症

宿主であるツバメ類は山間部にある小都市の建物に好んで営巣するため，本種も人の生活環境の付近に生息している．ただし，人攻撃性は弱く，本種がヒトを襲うという確証を得るのは難しい（内川・仲間，2001）．

(4)　その他

イワツバメの渡り後の巣内にはおびただしい数の本種の幼虫～成虫が残され，越冬する（内川・仲間，2001）．本種は数年間の絶食に耐えることができる（山口・北岡，1980）．

日本には類似種が分布していないため，種同定は容易である．染色体数は $2n$

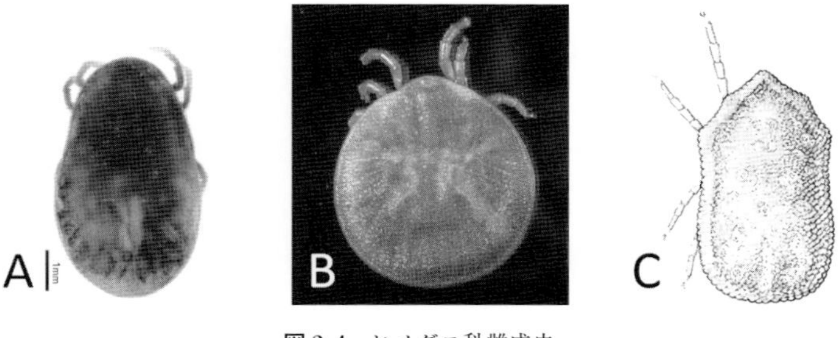

図 2.4　ヒメダニ科雌成虫

A：ツバメヒメダニ，B：コウモリマルヒメダニ（山内・渡辺，2010），C：クチビルカズキダニ（Yamaguti *et al.*, 1971）．

＝26.

b. コウモリマルヒメダニ *Arg. vespertilionis*（図 2.4B）

(1) 宿主動物

日本において，キクガシラコウモリ *Rhinolophus ferrumequinum*，カグラコウモリ *Hipposideros turpis*，アブラコウモリ *Pipistrellus abramus*，オオアブラコウモリ *Hypsugo alaschanicus*，ヤマコウモリ *Nyctalus aviator*，ヒナコウモリ *Vespertilio sinensis*，ウサギコウモリ *Plecotus auritus*，ユビナガコウモリ *Miniopterus fuliginosus* の8種のコウモリ類から記録されている（Yamauchi and Funakoshi, 2000）．人家付近に住むイエコウモリやヒナコウモリにも寄生するため，コウモリマルヒメダニによる人体刺症も発生しやすいと考えられる．

(2) 地理的分布

世界中に広く分布し，日本では，北海道，本州，四国，九州，琉球（詳細不明）．

(3) 人体寄生・感染症

本種はしばしば屋内に出現し，ヒトから吸血する．神社の天井裏に群生するヒナコウモリ由来のコウモリマルヒメダニが，神社で集会を開く人々を吸血した事例も知られている（高田ほか，1978）．本種による人体刺症の多くは屋内で発生していることから，家屋へのコウモリ類の侵入に伴ってコウモリマルヒメダニも屋内へ持ち込まれるものと考えられる．

本種による刺咬局所は水疱状を呈し，しつこい痒みが残り，百円玉大の色素沈着が残ることが知られているが（上村，1986；上村・近藤，1977），ヒトへの感染症の媒介は報告されていない．

(4) その他

日本には類似種が分布していないため，種同定は容易である．染色体数は $2n=20$.

c. クチビルカズキダニ *Or. capensis*（図 2.4C）

(1) 宿主動物

本種はさまざまな海鳥に寄生し，日本において，クロアシアホウドリ *Diomedea nigripes*，オオミズナギドリ *Calonectris leucomlas*，カツオドリ *Sula leucogaster*，ウミネコ *Larus crassirostris*，ウミスズメ *Synthliboramphus antiquus* から記録されている（鶴見ほか，2002；山内，2001）．また海外では哺乳類への寄生記録も少数知られている（Amerson, 1968）.

(2)　地理的分布

本州，本州周辺の離島，尖閣諸島；中部太平洋を中心とした世界各地の主として熱帯・亜熱帯地域．本種は長距離移動をする海鳥に寄生し，大洋をまたぎ広域に分布する．

(3)　人体寄生・感染症

海外では回帰熱を媒介することが知られている（高田，1990）.

(4)　その他

海鳥の営巣地のある乾燥した岩の割れ目，砂礫中，巣穴などに生息する．染色体数は $2n=20$.

2.3.2　マダニ科

a.　タカサゴキララマダニ *Am. testudinarium*（図 2.5A）

(1)　宿主動物

成虫はイノシシなどの大型哺乳類，および中型哺乳類に寄生する．幼若期は鳥類や爬虫類を含む中・小型動物へ寄生する．両生類からの採集記録も知られているが，例外的な寄生例だと考えられる．

(2)　地理的分布

本州（関東地方以西），四国，九州，南西諸島；台湾，中国，インド，ミャンマー，スリランカ，インドネシア，ボルネオ，マレーシア，インドシナ半島，フィリピン．明らかに南方系の種であるが，近年，分布域が拡大傾向にあり，北陸地方や房総半島南部のようにこれまで本種がみられなかった地域での定着が報告されている．こうした本種の分布拡大には，イノシシの増加や分布拡大が関係していると考えられる．本種は北海道産のヒグマ *Ursus arctos* から採集されているが（Nakao *et al.*, 2021），寒冷な北海道における定着の有無は不明である．

(3)　人体寄生・感染症

もともと本種は西日本の暖地における主要な人体寄生種であるが（山口，1994），近年，栃木県南部，富山県，岐阜県などでも刺症の報告が増加しており，上述した本種の分布拡大の結果であると考えられる．本種は，生殖器や肛門付近など下半身の陰湿部に好んで寄生する．とりわけ雌成虫では寄生期間が長い場合

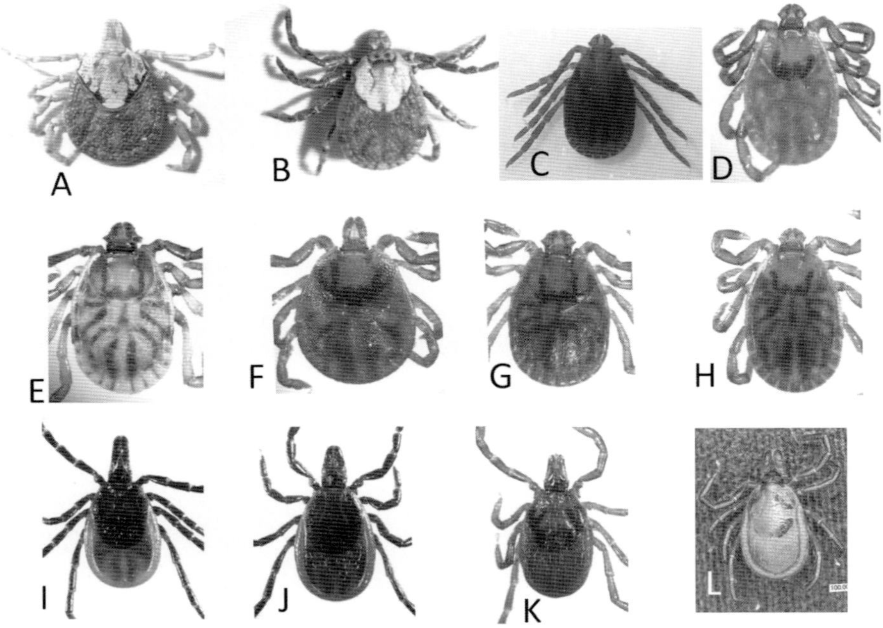

図 2.5　マダニ科雌成虫

A：タカサゴキララマダニ，B：ベルルスカクマダニ，C：イスカチマダニ，D：キチマダニ，E：ヤマアラシチマダニ，F:ヒゲナガチマダニ，G:フタトゲチマダニ，H:オオトゲチマダニ，I:ヒトツトゲマダニ，J：タネガタマダニ，K：ヤマトマダニ，L：シュルツェマダニ（C 以外は山内・高田，2015）

が多く，1ヶ月以上も食いついたままであったという記録もある．本種は寄生期間中でないと雌雄の交尾ができないが，雌雄が同時に人体に寄生することは稀であるため，人体に寄生した雌成虫は雄成虫を長期間待ち続けることになるからである．

本種の幼若虫もよく人体に寄生する．幼若虫はマレーシアのウル・ゴンバック（Ulu Gombak）の住民に「痛いダニ」としてよく知られている（Yamauchi *et al*., 2012）．日本におけるタカサゴキララマダニ幼若虫の症例では，患部の刺咬部の痒みは記録されているが（和田ほか，2000；Tsunoda, 2004），刺されるとすぐに痛みがあるという事例はみられない．したがって，唾液の中の痒み・痛みを抑える物質に地域的な変異がみられる場合があるのかもしれない（Yamauchi *et al*., 2012）．

本種は紅斑熱群リケッチアである *Rickettsia tamurae* を特異的かつ高率に保有するほか（Fujita *et al.*, 1996），重症熱性血小板減少症候群（SFTS）ウイルスの媒介可能性も指摘されている．わが国におけるアナプラズマ症病原体の媒介マダニ種である可能性も指摘されている（Gaowa *et al.*, 2013）．また，本種からは脊椎動物寄生性と考えられるトリパノソーマ科原虫も発見されている（藤田ほか, 1999）．本種の寄生部位の周囲にライム病に類似した直径 50 mm を超える遊走性紅斑が生じる場合が多く，これは TARI（tick-associated rash illness）と呼ばれる（夏秋ほか，2013）．日本産の本種からヒト病原性のダニ媒介性ウイルスである Jingmen tick virus が検出されている（Kobayashi *et al.*, 2021）．

(4) その他

分子系統解析の結果，中国，日本，タイの本種の個体群間でミトコンドリアゲノムに大きな違いがあることが示された（Nakao *et al.*, 2021）．染色体数は $2n=21, 22$.

日本最大のマダニ種であり，飽血した雌成虫では体長が 20 mm を超える場合もある．吸血した若虫も他種の成虫と同じくらいの大きさである．

本種の幼虫，若虫，成虫は，いずれも地表で宿主動物を待ち伏せするため，旗振り法（7.2 節参照）で採集できる．ほかのマダニ類と比べて歩行速度が速く，待ち伏せをして宿主に寄生するだけでなく，狩りもする．つまり，潜伏場所から宿主へ向かって素早く歩行し，食いつくのである．

b. ベルルスカクマダニ *D. bellulus*（図 2.5B）

(1) 宿主動物

成虫はイノシシやツキノワグマ *Ursus thibetanus* などの大型動物に，幼若虫はネズミ類などの小型哺乳類に寄生する．

(2) 地理的分布

本州，四国，九州，南西諸島；台湾，中国．タイプ産地は台湾.

(3) 人体寄生・感染症

本種の人体寄生例の報告は非常に少ない（Apanaskevich and Apanaskevich, 2015）.

わが国において本種の体内から SFTS や日本紅斑熱などの病原微生物が記録されている（Yano *et al.*, 1993；高田ほか，1992；Fujita *et al.*, 1999；Fournier *et al*., 2002；安藤・藤田，2013；石畝ほか，2014).

(4) その他

近年まで本種はタイワンカクマダニ *D. taiwanensis* と混同されていたため，文献検索には注意を要する．なお，タイワンカクマダニは，台湾，海南島，ベトナムに分布し，日本には産しない（Apanaskevich and Apanaskevich, 2015）．現在，日本で採集されるカクマダニ属の種は本種のみである．

c. イスカチマダニ *Ha. concinna*（図 2.5C）

(1) 宿主動物

宿主範囲は広く，さまざまな哺乳類と鳥類から記録されている．爬虫類からの採集記録も知られているが，例外的な寄生例だと考えられる．日本で記録された本種の宿主動物は，牛，馬，犬である（Yamaguti *et al*., 1971）.

(2) 地理的分布

旧北区に広く分布し，日本ではこれまでに北海道，本州，九州で記録されている．

(3) 人体寄生・感染症

海外では本種の成虫と若虫による人体寄生例が報告されているが，日本では報告されていない．

本種は，*R. heilongjiangensis* が原因となる極東紅斑熱の主要な媒介種であり，宮城県の極東紅斑熱患者発生地で採集された本種からこのリケッチアが分離されている（Ando *et al*., 2010）．ロシアにおいて北アジアマダニチフスの媒介者で，中国ではダニ媒介脳炎を伝播すると考えられている（Yoshii *et al*., 2017）.

(4) その他

Haemaphysalis 亜属に分類される．海外ではさまざまな環境に生息するが，日本では河川敷などの明るい草むらに生息する（高田・藤田，2019）.

d. キチマダニ *Ha. flava*（図 2.5D）

(1) 宿主動物

哺乳類・鳥類への寄生記録がきわめて多いが，本種の幼若虫が小型哺乳類を嗜好することはない（藤田ほか，1981）．一方，本種の幼若虫は鳥類を好み，日本では5目36種の鳥類から記録されている（山内，2001）.

(2) 地理的分布

北海道，本州，四国，九州，南西諸島；朝鮮半島，中国，沿海州．タイプ産地は日本.

(3) 人体寄生・感染症

本種による人体寄生例は多くはないが報告されている．四国の日本紅斑熱患者発生地において *R. japonica* の分離例がある（藤田・高田，2007）．*R. canadensis* の分離例や *Ehrlichia muris* の保有例も知られている（高田・藤田，2019）．東北地方では本種の野兎病媒介の可能性が指摘され，病原菌の分離例もある（高田・藤田，2019）．本種から SFTS ウイルス遺伝子も検出されている．韓国ではダニ媒介脳炎を媒介すると推定されている（Yoshii *et al.*, 2017）.

(4) その他

Haemaphysalis 亜属に分類される．徳之島で記録された *Haemaphysalis* sp. T は本種とみなされる（高田・藤田，2019）．染色体数は $2n=21, 22$.

本種の幼虫，若虫，成虫は，いずれも地表で宿主動物を待ち伏せするため，旗振り法で採集できる.

e. ヤマアラシチマダニ *Ha. hystricis*（図 2.5E）

(1) 宿主動物

宿主動物の範囲は幅広い．幼虫・若虫は小～大型哺乳類，鳥類に寄生する．成虫は小～大型哺乳類に寄生する．特に，わが国ではイノシシからの採集記録が多い．家畜やペットでは，牛や犬などから記録されている．標準和名と学名が示すとおり，海外ではヤマアラシからも採集されている.

(2) 地理的分布

南方系の種で，本州，四国，九州，南西諸島に分布する．四国や九州などの温暖地域では普通にみられる種である．日本国内では，ここ数十年間で分布域が明らかに拡大している．海外では，台湾，中国南部，インドシナ半島，インドネシア，ボルネオ，インド，スリランカに分布する．タイプ産地はミャンマー.

(3) 人体寄生・感染症

本種による人体刺症の記録は多くはないが，日本のみならず，台湾，中国本土，インドシナ半島でも報告されている（Guglielmone and Robbins, 2018).

本種は日本紅斑熱の主要な媒介者であると考えられている（佐藤ほか，2019).
またトリパノソーマ科原虫の保有例も知られている（Thekisoe *et al.*, 2007).

(4) その他

Kaiseriana 亜属に分類される．ヤマアラシチマダニは *Ha. bispinosa*（タイプ産地はインド）などの近縁種と長い間混同されていたため，同定方法が確立された1965年以前の本種の記録には疑わしいものも混在しており，注意が必要である．石垣島から記載されたイワサキマダニ *Ha. iwasakii* と台湾から記載されたニシヤマママダニ *Ha. nishiyamai* は，ヤマアラシチマダニの異名（新参シノニム：新参異名あるいはジュニアシノニムともいう）である（Hoogstraal *et al.*, 1965）．染色体数は $2n=20, 21$.

本種の幼虫，若虫，成虫は，いずれも地表で宿主動物を待ち伏せするため，旗振り法で採集できる．

f. ヒゲナガチマダニ *Ha. kitaokai*（図2.5F）

(1) 宿主動物

成虫は牛，馬，ニホンカモシカ *Capricornis crispus*，ニホンジカ *Cervus nippon* などに寄生し，特にニホンジカとの関わりがきわめて深い．西南日本などでは晩秋に放牧牛への寄生が多数みられる．本種の雌成虫が鳥類から採集された記録が知られるが，例外的な寄生例だと考えられる．幼虫はノネズミ類に寄生する（高田・藤田，2019）．

(2) 地理的分布

本州（東北地方以西），四国，九州，種子島，屋久島．台湾にも分布すると推測されている（高田・藤田，2019）．タイプ産地は島根県三瓶山（Hoogstraal, 1969）．

(3) 人体寄生・感染症

非常に稀ではあるが，人体寄生例も報告されている（山根ほか，1994）．わが国では本種からSFTSウイルス遺伝子が検出されている．

(4) その他

Alloceraea 亜属に分類される．日本には類似種が分布していないため，雄成虫の種同定は容易であるが，雌成虫は一見するとタカサゴキララマダニの若虫に似るため眼の有無などといった細部の観察をすることが好ましい．本種は，1969年に新種記載される以前は，欧州〜中東に分布する *Ha. inermis* と同種であるとみなされていた．染色体数は $2n=19$.

本種の幼虫，若虫は，地表で宿主動物を待ち伏せしないので，旗振り法で採集できない．また，幼虫と若虫の吸血期間は非常に短く，幼虫が最短で1時間50分，若虫が最短で3.5時間で吸血を完了する（Kitaoka and Morii, 1967）．そのため，本種の幼虫と若虫が宿主から得られることは非常に稀である．

ニホンジカの個体群密度が高い地域に多く生息することが知られている（Yamauchi *et al.*, 2009）．本種の成虫は，冬季0℃以下になっても植生上で活発に活動する．

g. フタトゲチマダニ *Ha. longicornis*（図2.5G）

(1) 宿主動物

ニホンジカなどの大型哺乳類，中型哺乳類に寄生する．鳥類（スズメ目）への寄生記録も知られているが，珍しい事例である．ネズミ類などの小型哺乳類にはほとんど寄生しない．

(2) 地理的分布

北海道，本州，四国，九州，南西諸島；東アジア，オーストラリア，太平洋諸島，米国．タイプ産地はオーストラリア．現在オーストラリアに分布する本種（単為生殖系統）は，19世紀に牛に寄生したまま日本から導入されたと推定されており，その後，ニュージーランドや太平洋上の小島にまで牛とともに分布域を拡大した（Hoogstraal *et al.*, 1968）．米国でも近年になって本種の定着が確認されており，分布は現在も拡大しつつある（Egizi *et al.*, 2020）．

(3) 人体寄生・感染症

西日本における主要な人体寄生種である（山口，1994）．牧野環境に多く，放牧牛のピロプラズマ病（*Theileria orientalis* による小型ピロプラズマ病，*Babesia ovata* による大型ピロプラズマ病）とQ熱，犬のバベシア症を媒介するきわめて有害な外部寄生虫である．ヒトの日本紅斑熱，SFTSを媒介する．韓国ではダニ媒介脳炎の媒介種であると推定されている（Yoshii *et al.*, 2017）．また，*E. chaffeensis*，*Anaplasma bovis* などの病原体が本種から検出されているほか，ポワッサンウイルスなどといった病原ウイルスを媒介する可能性もある．

(4) その他

Kaiseriana 亜属に分類される．本種は1960年代まで *Ha. bispinosa*（タイプ産地はインド）と誤認されていた．日本から記載された *Ha. neumanni* は，フタト

ゲチマダニの異名（新参シノニム）である.

本種には，単為生殖系統（全国的に分布）と両性生殖系統（主として西日本，朝鮮半島南部，ロシア南部に分布）の互いに交雑できない2系統が存在する（Oliver *et al.*, 1973）（4.4節参照）．単為生殖系統の染色体は3倍体（$n=30\sim35$）で，基本的に雌しか存在せず，単為生殖で増殖する．一方，両性生殖系統の染色体は2倍体（雌が$n=22$，雄が$n=21$）で，雄と雌が存在し，両性生殖（有性生殖）で増える．単為生殖系統の雌成虫は両性生殖系統よりも大きな卵を産み，そこから大型の幼虫が孵化する．単為生殖系統は両性生殖系統に比べて各発育ステージともわずかに大型であり，発育期間，温度に対する抵抗性などにも明らかな差が認められる（Fujisaki *et al.*, 1976）．単為生殖系統は宿主である牛の移動によって世界的に分布を拡大している．

放牧地のほか，ニホンジカの個体数密度が高い地域に多く生息する．また，単為生殖系統は，都市部においても犬を宿主として定着可能である．本種の幼虫，若虫，成虫は，いずれも地表で宿主動物を待ち伏せするため，旗振り法で採集できる．

h. オオトゲチマダニ *Ha. megaspinosa*（図2.5H）

(1) 宿主動物

主として大型動物に寄生し，特にニホンジカとの関わりがきわめて深い．

(2) 地理的分布

北海道，本州，四国，九州，屋久島，奄美大島．タイプ産地は神奈川県．

(3) 人体寄生・感染症

ヒト寄生例も知られている．北海道の個体からSFTSウイルス遺伝子が検出されている（高田・藤田，2019）．北海道ではエゾウイルス感染症のウイルスゲノムRNAが本種から検出された（Kodama *et al.*, 2021）．日本紅斑熱発生地では *R. japonica* の検出例があるほか，紅斑熱群の *R. tamurae* と *R. kotlanii* の分離例がある（高田・藤田，2019）．わが国におけるアナプラズマ症病原体の媒介マダニ種である可能性が指摘されている（Gaowa *et al.*, 2013）．

(4) その他

Haemaphysalis 亜属に分類される．Takano *et al.*（2014）によると，16S rRNA遺伝子を用いた分子系統解析では，日本産のオオトゲチマダニとヤマトチマダニ

Ha. japonica を区別できなかったと報告されている．しかし，両種の成虫の形態は明確に異なっており，生態も異なっていることから，明らかな別種であると考えられる．染色体数は $2n=21, 22$.

オオトゲチマダニは，ニホンジカの個体群密度が高い地域に多く生息することが知られている．本種の成虫は，冬季0℃以下になっても植生上で活発に活動する．本種の幼虫，若虫，成虫は，いずれも地表で宿主動物を待ち伏せするため，旗振り法で採集できる．

i.　ヒトツトゲマダニ *I. monospinosus*（図 2.5I）

(1)　宿主動物

ニホンカモシカとニホンジカに寄生することが知られている．

(2)　地理的分布

本州，四国，九州，屋久島．本種のホロタイプは新潟県北蒲原郡の飯豊連峰で登山中の男性（22歳）に寄生していた雌成虫である．したがって，本種のタイプ産地は飯豊連峰とみなされる．

(3)　人体寄生・感染症

ヒト嗜好性も強い（山口，1994）．紅斑熱群の *R. helvetica* の保有率が高い分布域があり，本種による媒介が示唆されている（高田・藤田，2019）.

(4)　その他

Ixodes 亜属に分類される．

j.　タネガタマダニ *I. nipponensis*（図 2.5J）

(1)　宿主動物

成虫は大・中型哺乳類へ寄生する．幼若虫は小型哺乳類と鳥類からも得られるが，好んでニホンカナヘビ *Takydromus takydromoides* に寄生することが知られている（藤田ほか，1981；Fujita and Takada, 1978；Fujimoto, 1990a）．実験的に本種の幼若虫をニホンカナヘビ，マウス *Mus musculus*，カイウサギ（アナウサギ）*Oryctolagus cuniculus* に寄生させても死亡率はいずれも低く，3種類の間に宿主適合性の差はないと考えられている（Fujimoto, 1990b）.

(2)　地理的分布

北海道，本州，四国，九州，南西諸島；朝鮮半島，中国東北部，ロシア沿海州．タイプ産地は新潟県の角田山.

(3) 人体寄生・感染症

若虫は野兎病菌の媒介能が高く，実験的には2年間も保持できた記録があり，野外の個体から野兎病菌の検出例もある（高田・藤田，2019）．紅斑熱群の *R. monacensis* を高率かつ特異的に保有している（Shin *et al.*, 2013）．韓国ではライム病の病原体が本種から分離されたほか（Lee *et al.*, 2002），ダニ媒介脳炎を媒介すると推定されている（Yoshii *et al.*, 2017）.

(4) その他

Ixodes 亜属に分類される．本種がシュルツェマダニ *I. persulcatus* から分離され，新種として記載された1967年以前には，シュルツェマダニと同定された標本の中に本種がかなり混在していたと思われるので，文献検索には注意を要する（高田，1990）．染色体数は $2n=28$.

k. ヤマトマダニ *I. ovatus*（図2.5K）

(1) 宿主動物

本種の幼若虫は穴居性の強い小型哺乳類に普通で，成虫は地上性の中・大型獣に寄生する（藤田ほか，1981）．鳥類ではヤマドリ *Syrmaticus soemmerringii* とシジュウカラ *Parus minor* からも記録されているが（山内，2001），例外的な寄生例だと考えられる.

(2) 地理的分布

北海道，本州，四国，九州，屋久島；朝鮮半島，ロシア，中国，台湾，タイ，ミャンマー，ネパール，インド北部.

(3) 人体寄生・感染症

本種による人体寄生例は，日本のマダニ目の中で最多で，特に東日本での被害が多い．人体では顔面，特に眼瞼を選択して吸血する傾向がみられる.

北海道において致死率の高いロシア春夏脳炎型のダニ媒介脳炎ウイルスを媒介することが確認されている（Takeda *et al.*, 1998）．北海道ではエゾウイルス感染症のウイルスゲノムRNAが本種から検出された（Kodama *et al.*, 2021）．さらに，本種からは紅斑熱群リケッチアやエーリキア症病原体の一種も分離されている（Shibata *et al.*, 2000；藤田・高田，2007）．わが国におけるアナプラズマ症病原体の媒介マダニ種である可能性が指摘されている（Gaowa *et al.*, 2013）．また，古くから野兎病菌の媒介可能性が指摘されてきた.

(4) その他

Partipalpiger 亜属に分類される．日本には類似種が分布していないため，種同定は容易である．従来，ヤマトマダニと近縁種の分類は混乱しており，古い文献に登場するマダニ *I. japonensis*，北海道から記載されたエゾマダニ *I. frequens*，東京から記載されたヒサシマダニ *I. carinatus* は，本種の異名（新参シノニム）である．また，台湾から記載されたタイワンイヌマダニ *I. taiwanensis* とシンチクイヌマダニ *I. shinchikuensis* も本種の異名と考えられる．世界的に見ると本種には形態の変異が知られており（Hoogstraal *et al.*, 1973），単一種ではなく種群とみなすのが妥当なのかもしれない（Guglielmone *et al.*, 2014）．タイから記載された *I. siamensis* も本種の異名とされる場合がある．

本種の幼虫，若虫は，地表で宿主動物を待ち伏せしないので，通常は旗振り法で採集できない．

l. シュルツェマダニ *I. persulcatus*（図 2. 5L）

(1) 宿主動物

本種の幼若虫は小型哺乳類と鳥類に，成虫は中・大型哺乳類に寄生する（藤田ほか，1981）．両生類と爬虫類からの採集記録も知られているが，例外的な寄生例だと考えられる．

(2) 地理的分布

北海道，本州，四国，九州（西日本では山地のみ）；朝鮮半島，千島列島，サハリン，ロシアのモスクワ西方域から極東（南限：北緯 33～34 度）．寒冷地域に適応した種で，南西日本では大きな山塊の標高約 1000 m 以上の寒冷地域に限って分布することから，それらは氷河期の残存個体群であると考えられる（高田，1994）．東北地方以北では平地にも分布する．

(3) 人体寄生・感染症

本種による人体刺症の報告は多く，わが国では特に北海道と長野県での被害が目立っている．

ライム病，ダニ媒介性回帰熱（ボレリア感染症），ダニ媒介脳炎，バベシア症，そしておそらくヒト顆粒球性アナプラズマ症も伝播する．本種からは紅斑熱群リケッチアの一種も分離されている（Fujita *et al.*, 2002）．東北地方では野兎病を媒介する可能性も指摘されている．日本では本種によるダニ媒介脳炎の媒介例は確認されていないが，ロシアにおいては主要な媒介種であり，致死率も高いため注意が必要である．北海道ではエゾウイルス感染症のウイルスゲノムRNAが本種から検出された（Kodama *et al.*, 2021）．

(4) その他

Ixodes 亜属に分類される．本種は1930～1940年代まで *I. ricinus*（当時はこの和名をタネガタマダニとした）と誤認されていたが，1960年代までには修正された（高田・藤田，2019）．

ニホンジカの個体数密度が高い地域では高密度となる．雌雄成虫の交尾の際に雄から雌へボレリア属 *Borrelia* 細菌（ライム病の病原体）が渡されるため，交尾によっても感染個体が増加する（Alekseev and Dubinina, 1996；Dubinina, 2000）．また，交尾の際，片方または両方のマダニ個体にボレリア属細菌が感染していると，感染していない場合に比べて交尾時間が長くなる（Dubinina, 2000）．ボレリア属細菌には雌成虫から卵へ垂直伝播するものがあるため，未吸血の幼虫にもボレリア属細菌をもつ個体が見つかることがある．　　（山内健生）

コラム1　ダニは単系統か，多系統か―マダニがもつ恐竜の遺伝子

近年まで長い間，ダニ類 Acari はダニ目として，節足動物門 Arthropoda，鋏角亜門 Chelicerata，クモガタ綱 Arachnida に所属してきた．現在もクモガタ綱には，ダニ類以外のほかの分類群は，同じ目レベルで，クモ目，サソリ目，ザトウムシ目，クツコムシ目，カニムシ目として所属している．しかしながら，Krantz and Walter（2009）は，クモガタ綱の中に，ダニ類をダニ亜綱としてランクを上げて設定し，それを2つの上目，すなわち胸板ダニ上目 Acariformes と胸穴ダニ上目 Parasitiformes に分ける体系を提案した（島野，2018）．ダニ類内部の分類群階級が多数あるために，目から上目へと分類階級を上げたのだろう．

胸穴ダニ上目には，アシナガダニ目 Opilioacarida，カタダニ目 Holothyrida，マダニ目，トゲダニ目 Mesostigmata が所属している（アシナガダニ目とカタダニ目は日本では未発見）．胸板ダニ上目には，汎ケダニ目 Trombidiformes，汎ササラダニ目 Scarcoptiformes が所属している．

Zhang（2013）は，この体系から「ダニ類」という分類単位そのものを排除した．つまり，ダニという分類群はないとしたのである．代わりに，クモガタ綱に，胸板ダニ上目と胸穴ダニ上目の2つの上目のみを残した（下位分類群の体系はそのまま）．ダニ類を除外した理由は，ダニ類が単系統か多系統かについていまだに議論があり，決定していないためである（たとえば，Nolan *et al*., 2020；Lozano-Fernandez *et al*., 2020；Howard *et al*., 2020）．教科書などで，一般的な節足動物分類体系を示すときにはクモガタ綱の体系のうちダニ類については，この Zhang (2013) の体系に従っているようである（Brusca *et al*., 2016 など）．

胸板ダニ上目の化石は約 4 億 1000 万年前にすでに現生のものに近い姿のダニが見つかっている．一方，胸穴ダニ上目に含まれるいずれの分類群にも 1 億年よりも古い化石は見つかっていない（Dunlop, 2010）．このことも，2 つの上目の分類群の関係がどのようなものなのか，ダニ全体の進化の歴史そのものがよくわかっていない原因となっている．

さて，マダニ目は胸穴ダニ上目に所属し，すべての種が，動物の血を吸うダニ種である．マダニ目はマダニ科（hard ticks），ヒメダニ科（soft ticks），そしてニセヒメダニ科で構成されている．

マダニは唾液を宿主動物の体内に注入しながら血を吸うが，唾液中には血管を拡張するホルモンが含まれる．アフリカに生息するヒメダニ科カズキダニ属（*Or. moubata*，*Or. parkeri*，*Or. coriaceus*）の唾液腺の遺伝子を解析したところ，脊椎動物にしか存在しない血圧降下ホルモン「アドレノメデュリン」の遺伝子構造とよく似ていた．分子系統解析の結果，血圧降下ホルモンの遺伝子は，2 億 3400 万年前（三畳紀）から 9400 万年前（白亜紀）の間に獲得されたと推定された．マダニ目のうち，最も原始的な分類群であるニセヒメダニ科は，その一種ナマカニセヒメダニの宿主がヨロイトカゲ科（爬虫類）であることが示されたため（Mans *et al*., 2011），この遺伝子も，当時生息した爬虫類もしくは恐竜から水平伝播によって獲得されたのではないかと考察されており（Iwanaga *et al*., 2014），絶滅した恐竜の遺伝子がマダニの中で，今も生きていると考えるとワクワクする話題である．

（島野智之）

3 形態と生理・生化学

3.1 形　　態

マダニの体は昆虫とは異なって頭・胸・腹の区別がなく，顎体部（capitulum），胴体部（idiosoma），歩脚（leg）からなる．未吸血時は扁平である．顎体部は口器を形成しており，顎体部に続いて胴体部がある（図 3.1）．胴体部は，歩脚が存在する脚体部（podosoma）と後胴体部（opisthosoma）からなる（図 3.2）．顎体部と脚体部をあわせて肢体部（prosoma）という．触角，翅はない．マダニの外皮（integument）の基本構造はほかの節足動物と同様であり，表皮（cuticle）と真皮（epidermis）からなる．表皮は，厚さ約 1～2 μm の上表皮（epicuticle）と，厚さ 50 μm 以上に及ぶ内表皮（procuticle）からなり，その下に真皮がある

図 3.1　フタトゲチマダニ（背面）．左から幼・若・成虫（雌）（口絵 1）．

(マダニの形態用語についてはSonenshine (1991) とSonenshine and Roe (2014) を参照). 上表皮は防水性のワックス層で覆われており, 生存に必要な体内水分の維持において重要な役割を果たしている. マダニ科Ixodidaeは背側に硬い背板 (scutum) を有するため, 英語ではhard ticksと呼ばれる (ヒメダニ科Argasidaeは背板を欠き, soft ticksと呼ばれる). 背板は, 幼・若・雌成虫では背側前半部のみ覆い, 雄成虫では背側全体を覆う (図3.1, 図3.3). 幼・若・雌成虫の背板後方の表皮部分は胴背面露出部 (alloscutum) と呼ばれ, 背板よりも

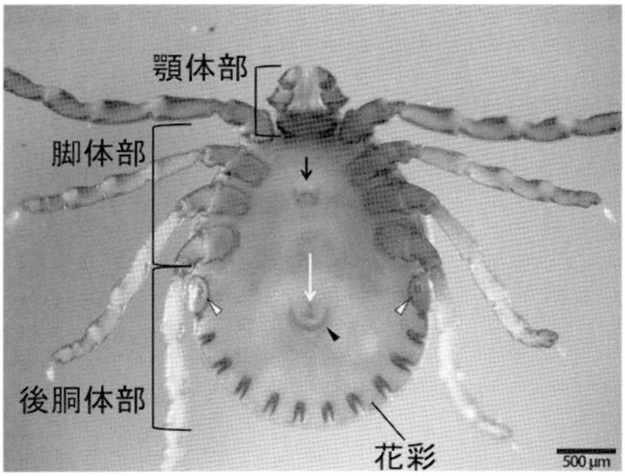

図3.2　ヤマアラシチマダニ (雌成虫の腹面)
胴体部は脚体部と後胴体部からなる. 生殖門 (黒矢印) は脚体部に, 肛門 (白矢印), 肛溝 (黒矢頭), 気門板 (白矢頭) は後胴体部にある. 胴体部腹側後縁に花彩がある (口絵2).

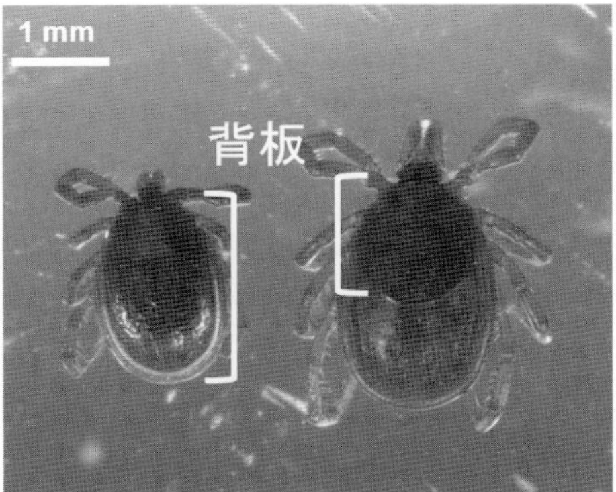

図3.3　ヤマトマダニ (背面). 左から成虫の雄, 雌.

柔らかく，伸縮性がある．吸血すると表皮の厚さが増し（Umemiya-Shirafuji *et al.*, 2012a），つまり成長しながら体を拡大させ飽血に至る．顎体部，背板，歩脚の形態は吸血しても変形しないが，胴体部の色，形状，大きさ，歩脚の間隔などは吸血により大きく変化する．一方，雄は背板が体全面を覆っているため吸血しても少し膨らむ程度である．ほとんどの種において雄は雌より小さい．なお，国内における重要なマダニ種のほとんどがマダニ科に属するため，特に断わりのない限り，本章以降における「マダニ」は，マダニ科について説明するものである．

3.1.1 顎体部

顎体部（capitulum［複 capitula］）は空洞（顎体窩）を介して胴体部と連結しており，腹側に屈曲することができる．顎体部は，顎体基部（basis capituli），1対の鋏角（chelicera［複 chelicerae］；2節からなる），歯状構造を有する口下片（hypostome），1対の触肢（palp［複 palpi, palpsl］；4節からなる）で構成される（図3.13参照）．顎体基部は咽頭と鋏角の基底領域を取り囲んでいる大きな環状構造物である．顎体基部の前側縁に触肢があり，口下片はその中央部分から出ている（図3.4）．マダニ科の雌の顎体基部には，多孔域（porose areas）と呼ばれる多数の小さな孔を有する1対のくぼみがある（図3.8，3.11.1項参照）．鋏角は顎体部の背側，触肢の内側に位置する．鋏角の前方には2節からなる鋏角

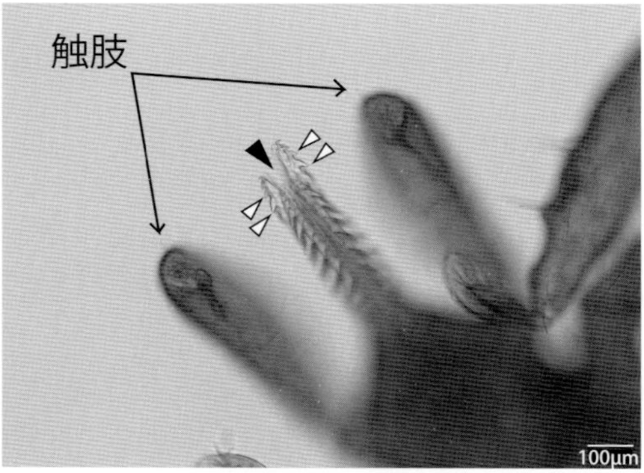

図3.4 シュルツェマダニ若虫の顎体部（腹側）
口下片（黒矢頭）と1対の鋏角があり，その前方には鋸歯状突起（白矢頭）を有する鋏角指が突出している．

指（cheliceral digits）が突出しており，横向きの鋸歯状突起を有する（図 3.4）．鋏角の左右交互の動きによって宿主動物の皮膚を切り裂き，宿主の皮膚に鋏角と口下片を挿入する．口下片は顎体部の腹側に位置しており，口下片の腹側には逆向性の歯状突起が正中線を挟んで左右に 2 列ずつ（2/2），3 列ずつ（3/3）などの配置で並んでいる（図 3.9，図 3.13 参照）．触肢は 4 節から構成されるが，マダニ科では第 4 節は小型で，第 3 節の空洞内に収納されており，付属器官のように見える（図 3.9 参照）．

3.1.2　胴体部

a.　脚体部（podosoma）

胴体部（idiosoma）のうち脚体部には歩脚（leg；触肢と区別するために脚を歩脚ともいう），生殖門（成虫のみ；図 3.2）がある．歩脚は，幼虫では 3 対，若・成虫では 4 対存在する（図 3.1）．雌の生殖門は U 字型あるいは V 字型の溝になっているのに対し，雄の生殖門は可動板で覆われ，交尾の際に動かすことができる．眼（単眼）をもつ種では，背板の側縁，第 II 脚と第 III 脚の中間付近に眼が存在する（図 3.5）．

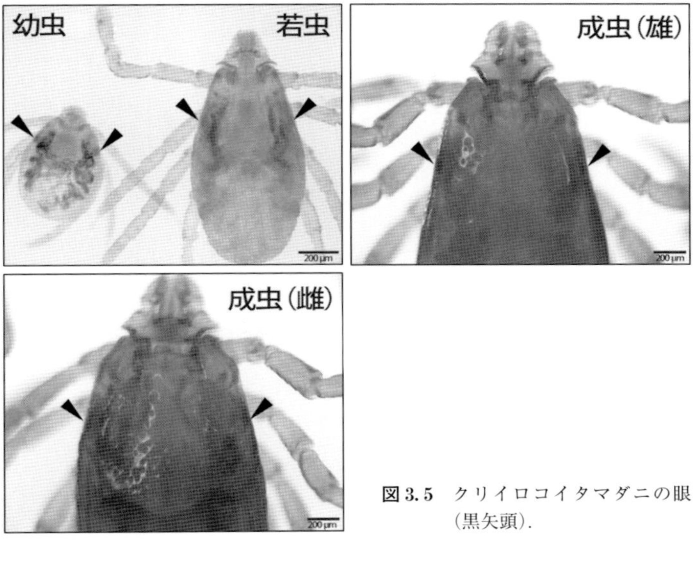

図 3.5　クリイロコイタマダニの眼（黒矢頭）．

マダニの歩脚は6つの節，すなわち，基部より基節（coxa［複 coxae］），転節（trochanter［複 trochantera］），腿節（femur［複 femora］），脛節（patella［複 patellae］），前末節（tibia［複 tibiae］），末節（tarsus［複 tarsi］）に分かれている（図3.6）．歩脚の各節には屈筋と伸筋があり，一方の脚節から柔らかい関節を通って次の脚節まで，また，基節から胴体内へとつながっている．これらの筋肉の働きにより，歩脚全体の回転運動が可能になっている．したがって，マダニが背面を下にして地面に落下しても，自ら体を起こすことができる．基節以外の脚節は伸展と屈曲のためにのみ動くことができ，歩脚を伸ばして歩いたり，折りたたんで体を保護したりする．各脚の末節には，上下に動かすことができる爪（claw）と細長い吸盤状の爪間体（pulvillus）があり（図3.10参照），マダニ科は滑らかな面を歩いたり登ったりすることができる（ほとんどのヒメダニ科の若虫と成虫には爪間体がないため，そのような面をよじ登ることはできない）．

b.　後胴体部（opisthosoma）

幼・若・雌成虫の胴背面露出部を顕微鏡で観察すると，無数のひだを表す細かい縞模様が見え，微小な孔も多数認められる．背板のすぐ後方には1対の小孔があり（マダニ属 *Ixodes* にはない），雌成虫では揮発性の性フェロモンがそこ

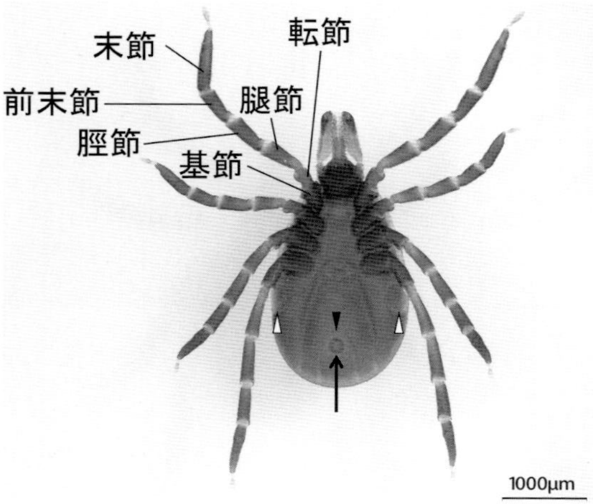

図3.6　シュルツェマダニ雌の肛溝（黒矢頭）と気門板（白矢頭）と歩脚
矢印は肛門を示す．胴体部後部に花彩はない．

から分泌される（3.3節参照）．肛門開口部は1対の可動板で覆われている．マダニ属では顕著な逆U字型の肛溝が肛門周囲にあるが（図3.6），マダニ属以外のMetastriataでは肛溝は肛門の後方にある（図3.2）．第IV脚基節後方の体側縁には1対の気門板がある（幼虫には存在しない；図3.2，図3.6）．多くのMetastriataには胴体部腹側後縁に花彩（festoons）と呼ばれる切れ込みが，通常11個存在する（図3.2）．

3.1.3 内部形態

マダニの体の内部は空洞になっており（血体腔，hemocoel），体液（血リンパ，hemolymph）で満たされている（3.9節参照）．多数の筋肉が存在するが，重要なものとしては，血体腔，顎体部，歩脚にある筋肉があげられる．血体腔では，腹側体壁と背側体壁の間に背腹側筋が伸びている．背腹側筋の収縮は，体液循環に関与する静水圧を発生させ，歩いたり，よじ登ったりする動きを促進する．胴体部前方にある筋群は，顎体部を曲げたり伸ばしたりし，鋏角やジェネ器官（3.11節参照）をもとの位置に戻す動きをする．顎体部の顎体基部から咽頭壁には横紋筋が伸びており，その横紋筋の収縮が咽頭を拡張させる．筋の収縮と拡張は咽頭弁の開閉と同期しており，血液を摂取するための強力なポンプとして機能する．なお，吸血により体が膨満するのは，血液流入の圧力によるものではなく，上述のとおり成長しながら血液を蓄えていることによる．若・成虫にはガス交換を担

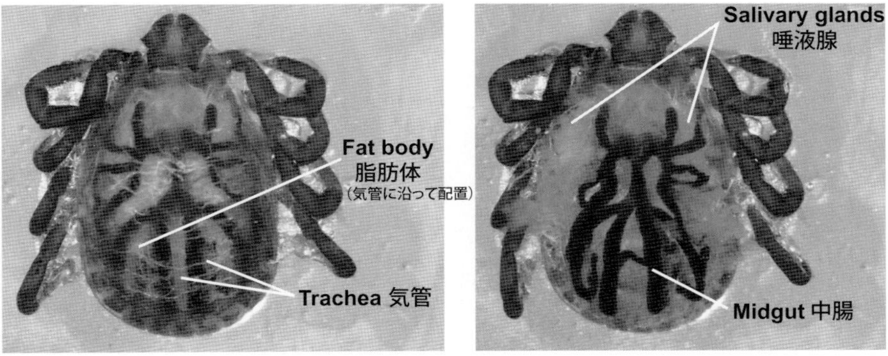

図3.7　背側の外皮を除去したフタトゲチマダニ
左：気管を除去すると，右：唾液腺，中腸などの臓器をよく観察できる．

う気管（trachea［複 tracheae］）がある（3.5 節参照）．気管は血体腔内に広がっており，消化器，排泄器，生殖器などすべての器官を固定する結合組織のように見える（図 3.7）．脂肪体は気管に沿って配置されている．中枢神経系は中腸前方に位置する総神経球（synganglion）に融合しており，そこから末梢神経が体のあらゆる部位や付属器官へと伸びている（3.4 節参照）．各臓器の詳細は該当の節を参照されたい．

3.2 ● 感　覚　器

マダニは外部環境の情報を，味覚，嗅覚，視覚，触角，聴覚などの感覚刺激として受け取るためのさまざまな感覚子を有する．感覚子は全身に散在しているほか，第Ⅰ脚末節，触肢第 4 節，鋏角指，眼などのような特殊化した器官としても存在する．

3.2.1 毛

マダニの最も一般的な感覚子は，体全体の表皮にある多数の毛（剛毛，seta［複 setae］）である（毛状感覚子（感覚毛），trichoid sensillum［複 sensilla］）．顕微鏡でマダニを拡大観察すると，顎体部，胴体部，歩脚の表面には多くの

図 3.8 ヤマトマダニ雌
A：葉の上を歩く様子，B：背面の毛がはっきりと見える．C：顎体基部には多孔域（3.1.2 項，3.11.1 項参照）が存在する（口絵 3）．

毛があるのがはっきりとわかるが，長く太いものは肉眼でも十分に見える（図3.8）．表皮には毛のほかに多数の小さな孔があり，これらも感覚を司ると考えられている（Walker *et al.*, 1996）．体全体に存在する毛のほとんどは無孔性の感覚毛で，振動などの機械的変化を感知する触覚として機能する（機械受容毛（mechanosensilla）あるいは触覚毛（tactile setae））．一部の毛は化学受容毛（chemosensilla）であり，嗅覚受容毛（olfactosensilla）と味覚受容毛（gustatory sensilla）がハーラー器官（3.2.2 項）などに存在する．嗅覚受容毛は多数の小孔を有する多孔性感覚毛であり，マダニの微小環境中の化学物質を受容する．小孔より匂い分子が入り，その中の受容細胞が刺激を受け取ることによって感知する（嗅覚，olfaction）．味覚受容毛は先端に 1 つの小孔を有する単孔性感覚毛であり，水溶液中や脂質中の化学物質を感知する．この味覚感覚毛は触肢第 4 節（図 3.9）にも多数存在しており，宿主動物の体毛や皮膚上の化学物質を受容し，宿主を認識する．この宿主認識の後，マダニは口下片を皮膚に挿入する行動に移る．鋏角指は皮膚を切開するための付属器官であるが（3.1 節参照），味覚と触覚の機能も担う．つまり，鋏角指では，皮膚切開のための機械的情報のみならず，宿主血液成分，性フェロモンをも認識ができる．また，触肢第 2 節腹側の内側には，長くて太い感覚毛（内側毛）が生えており，繊細な口器を保護する役割を果たしている（図 3.9）．

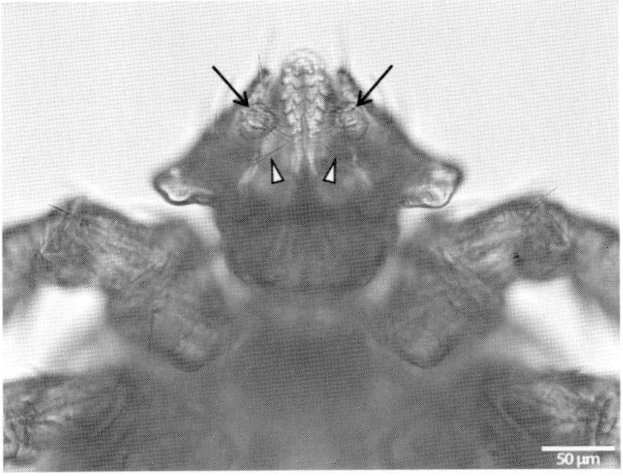

図 3.9　イスカチマダニ幼虫（腹側）に見える触肢第 4 節（黒矢印）と触肢第 2 節内側毛（白矢頭）

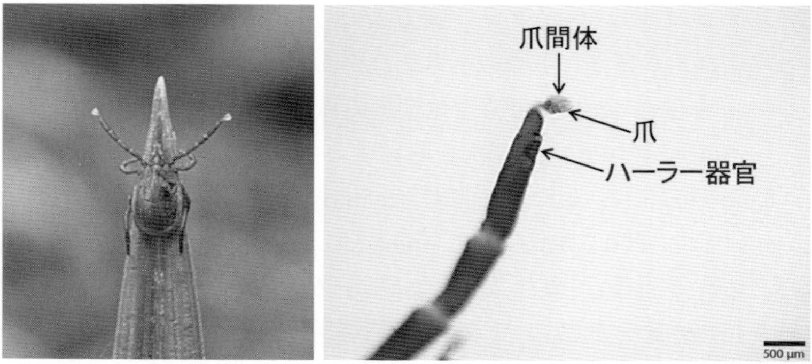

図 3.10　左：第Ⅰ脚を伸ばし宿主動物を待ち伏せする雌成虫，右：第Ⅰ脚末節にあるハーラー器官.

3.2.2　ハーラー器官

第Ⅰ脚末節背面にはハーラー器官（Haller's organ）と呼ばれる感覚器が存在する（図 3.10）．マダニの「感覚」を司る器官の中で最もよく研究されている．前方にあるくぼみと後方の嚢から構成され，多孔性と単孔性の感覚毛が多数存在し，嗅覚と味覚の両方が備わっている．第Ⅰ脚には温度を感知する感覚毛も多く存在する．よって，第Ⅰ脚を昆虫の触角のように振り動かし（図 3.10 左），宿主動物由来の化学物質（短鎖脂肪酸，フェノール，二酸化炭素，硫化水素，アンモニアなど）を感知するほか，機械的刺激，つまり振動などの物理的な刺激も受容する（Sonenshine and Roe, 2014）．ハーラー器官の微細構造観察により，このような機能が知られているが，化学・機械受容の分子機構についてはほとんどわかっていない．Carr *et al.* (2017) と Josek *et al.* (2018) は，第Ⅰ脚と第Ⅳ脚の比較トランスクリプトーム解析を行い，*Dermacentor variabilis* と *Ixodes scapularis* における化学受容に関与する候補分子を，それぞれ見出した．今後，各分子の機能解析が行われることにより，ハーラー器官の分子化学受容の理解がさらに進むと期待される．ちなみに，第Ⅰ脚のハーラー器官を含む領域を切断すると，マダニの動きは途端に異常になり，上手く歩行することができなくなる．

3.2.3　眼

いくつかの属には1対の単眼（ocellus［複 ocelli］）がある（第2章，3.1節参照）．マダニの視覚については，海外に生息するイボマダニ属 *Hyalomma* やキ

ララマダニ属 *Amblyomma* を用いて研究されてきた（Bergermann *et al.*, 1997；Kaltenrieder *et al.*, 1989）．眼（eye）は透明なクチクラの滑らかな凸レンズからなり，光を感知する（可視光を通すが有害な紫外線を遮蔽する）．一般的に，マダニは明暗に反応するが，色を識別する能力はない（Kopp and Gothe, 1995）．また，種によって眼の形態や情報の感知に違いがあり，たとえば，待ち伏せタイプではない種では，明暗に加え，形を識別できると考えられている（4.2 節参照）．

ところで，多くのマダニ種には眼がない．Sonenshine（1991）によると，「何らかの光感覚器があり，視神経節もある」とのことだが，その詳細は不明である．これらのマダニがどのようにして明暗に反応しているのか，今後の研究が待たれる．

3.3 フェロモン

フェロモンは同種個体間の行動を制御する化学物質である．マダニの行動は少なくとも以下の 3 種類のフェロモンによって制御されることが知られている．ここではマダニ科のフェロモンについて概説する．

3.3.1 集合拘束フェロモン

未吸血期のマダニは，宿主から離れた場所で「群れ」のような行動をとることがある．実験室内で飼育をしていると，飼育容器の中である程度まとまった集団として観察される（7.2 節参照）．この行動は集合拘束フェロモン（arrestment pheromone；古い文献には集合フェロモン（assembly pheromone）と記載されている）により制御されている（Sonenshine, 2004, 2006）．Metastriata の集合拘束フェロモンの成分はプリン体（グアニンとキサンチン）であり，マルピーギ管と直腸嚢で産生される（3.8 節参照）．集合拘束フェロモンは幼･若虫の脱皮殻，未吸血ダニの排泄物などに含まれ，さらされたマダニは移動を停止して一ヶ所に集まる（Sonenshine *et al.*, 2003；Yoder *et al.*, 2008）．個体群として存在することにより，乾燥などの環境ストレスを軽減させるとともに，宿主に接触する可能性を高めている．なお，クリイロコイタマダニ *Rhipicephalus sanguineus* では，グアニンによる集合拘束活性が乾燥条件下で高くなることが示されており，それゆえに住居や犬舎内の低湿度の微小環境においても生存が可能である（Yoder *et al*., 2013).

3.3.2　集合-誘引-付着フェロモン

集合-誘引-付着フェロモン（aggregation-attraction-attachment (AAA) pheromone）は，同種のマダニの行動を制御し，宿主動物上で集合して吸血するよう誘導する．AAAフェロモンは吸血した雄成虫のみから分泌される（Sonenshine, 2006）．未吸血の若・雌・雄成虫はこのフェロモンに感受性があり誘引されるが，吸血を開始したマダニはAAAフェロモンに反応しない．AAAフェロモンは，2つのフェノール（サリチル酸メチルとo-ニトロフェノール），液体脂肪酸であるペラルゴン酸（ノナン酸），2,6-ジクロロフェノール（DCP），不飽和アルコールの1-オクテン-3-オールを成分とする（Hess and De Castro, 1986；Lusby *et al*., 1991；Norval *et al*., 1992a, 1992b；Yunker *et al*., 1992）．これらの成分組成の違いにより，AAAフェロモンはマダニ種特異的に働く．同種のマダニが密になって吸血する様子がみられるのは，AAAフェロモンにより制御された集団行動によるものである．この行動は，マダニの吸血効率を高め，病原体の伝播を促進すると考えられている（Wang *et al*., 2001）．

3.3.3　性フェロモン

マダニのフェロモンのうち最もよく研究されているのは，雄成虫の交尾行動を制御する雌成虫の性フェロモンである．性フェロモンは以下の3種類が報告されている（Kiszewski *et al*., 2001；Sonenshine, 1985, 2004, 2006）．一つは，誘引性フェロモン（attractant sex pheromone, ASP）で，雌成虫の吸血開始後2日以内に，後胴体部の胴背面露出部背側にある小孔より分泌される．ASPの主成分は2,6-DCPと2,4-DCPであり（Borges *et al*., 2002），雌成虫の近くで吸血している雄成虫を刺激し，雌成虫を探すよう誘導する．フェロモンを感知する側の雄成虫は十分に吸血している必要があり，未吸血の雄成虫はこのフェロモンには反応しない．雄成虫が雌成虫に接触すると，次いで，雌成虫由来の交尾性フェロモン（mounting sex pheromone, MSP）を感知し，雄成虫は雌成虫の腹側に移動し，生殖門を探す（Hamilton *et al*., 1994；Sonenshine, 2006）（4.4節参照）．MSPはコレステリルエステルを含む種特異的なフェロモンで，非揮発性であり，体表から分泌される（Sonenshine, 2006）．なお，雌成虫と雄成虫を離れた場所で吸血させ，十分に吸血した雄成虫を吸血中の雌成虫の背面にそっと置くと，タイミングが良ければ雄成虫は雌成虫の腹側に移動し，交尾をする（4.4 節参照）．しかし，タイミングが悪いと雄成虫は雌成虫から離れてしまう．その場合は雌雄いずれかの吸血が不十分であり，もうしばらく待たねばならない．カクマダニ属 *Dermacentor* のある種では，雄成虫が交尾を開始するためには，雌成虫の膣内から分泌される生殖腺性フェロモン（genital sex pheromone, GSP）が必要である．GSP は種特異的であり，長鎖飽和脂肪酸とエクジステロイドホルモンの 20-ヒドロキシエクジソンがおもな成分である（Allan *et al.*, 1989；Sonenshine *et al.*, 1984）．なお，吸血前に交尾する Prostriata の性フェロモンについての報告はまだ少ない（Carr *et al.*, 2016）．

3.4 ● 神　経　系

マダニには独立した「脳」がない．マダニの胴体部前方に神経節が融合した「塊」が存在しており，中枢神経系全体を表す単一の構造をしている（総神経球，synganglion）．この器官は，マダニの生存，繁殖，発育に不可欠な生理的プロセスの神経統合を行う主要な部位である．

マダニを解剖すると黒色の中腸のすぐ上に総神経球が見える（図 3.11A）．これは，食道が総神経球を貫通しているため，総神経球と中腸があたかも連結して

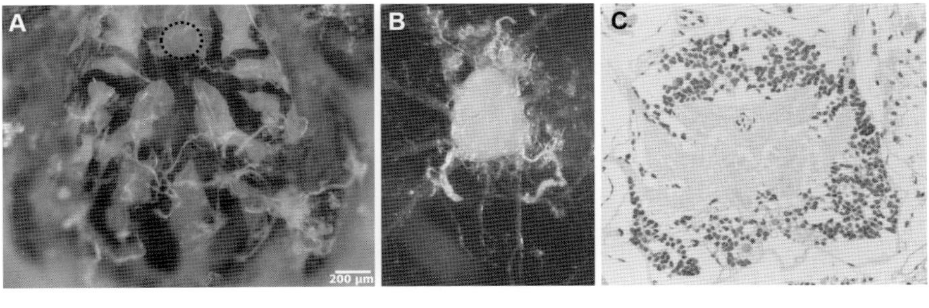

図 3.11　フタトゲチマダニの総神経球

A：中腸上部に位置する総神経球（点線で示す部分に位置しているが，薄白く，小さいため見えにくい）．B：摘出した総神経球．C：総神経球の組織切片（神経細胞の核が青色に染まる）（口絵 4）．

いるかのように見えているだけである．太い神経が総神経球周辺から分岐しており（図3.11B），唾液腺，咽頭，食道，眼などの各臓器，ハーラー器官，歩脚などあらゆる部位に伸び，支配している．総神経球は厚い不定形の神経周膜に囲まれている．組織学的には，神経細胞の核を含む部分（核周部，perikarya）の塊が末梢に認められ，皮質を形成している．その部分は強く染色され，多数の核が観察される(図3.11C)．総神経球の中央部分には核周部は認められず，密に詰まった，枝分かれした軸索と樹状突起の神経線維の大きな塊が神経網を形成している．

総神経球は，生理機能を有するホルモンや神経ペプチド（neuropeptide）など，さまざまな器官を標的とするシグナル分子を合成・放出する神経分泌系として機能している（Lees and Bowman, 2007；Šimo and Park, 2014；Wulff *et al.*, 2022）．昆虫の神経ペプチドは，神経ホルモン，神経伝達物質，神経調節物質として作用し，昆虫の社会行動に影響を与えることがよく知られている．それに対し，マダニの神経ペプチドについてはほとんどデータがない状況であったが，2009年，北米に生息するライム病のベクターである *I. scapularis* の総神経球について，MALDI-TOF質量分析法による網羅的な神経ペプチド解析（neuropeptidomic analysis）が実施された．その結果，RFアミドペプチド，利尿ホルモン，コラゾニン，オルコキニン，SIFアミドペプチド，タキキニンペプチド，プロクトリンを含む20の神経ペプチドが同定された（Neupert *et al.*, 2009）．その後のトランスクリプトーム解析により，神経ペプチドだけでなく，神経ペプチド前駆体，神経ペプチド受容体，神経伝達物質受容体，プロタンパク質転換酵素（前駆体を成熟ペプチドに変換する酵素）の転写産物も発見された（Egekwu *et al.*, 2014）．また，神経ペプチドとその受容体の遺伝子発現は，雌成虫の吸血段階（未吸血，部分飽血，飽血）によって異なることが明らかにされた（Bissinger *et al.*, 2011）．近年，オウシマダニ *R. microplus* の発育期別・臓器別の神経ペプチド解析が行われ，32のタンパク質の機能カテゴリーが同定され，最も豊富な転写産物は，分泌，エネルギー代謝，酸化物質代謝／解毒であることが示された．この研究では，52の神経ペプチド前駆体が同定された（Waldman *et al.*, 2022）．また，*I. scapularis* の培養細胞株（ISE6）は神経細胞様の細胞株であるとのことから，この細胞を用いたトランスクリプトーム解析が行われ，37の神経ペプチド転写物が検出された（Mateos-Hernández *et al.*, 2021）．さらに，

同細胞株を用いた *Anaplasma phagocytophilum* 感染細胞と非感染細胞との比較解析により，タキキニンペプチドの発現が変動したと報告された．しかし，病原体感染とマダニの総神経球構成分子がどのように相互作用しているのかはまだ不明である．

一方，総神経球の神経細胞にはさまざまなチャネルや受容体があり，これらは殺ダニ剤の標的分子である（6.3 節参照）．殺ダニ剤はこれらのチャネル，受容体の機能を阻害し，神経毒性活性を示す．殺ダニ剤抵抗性が問題となっている国々では，抵抗性のマダニにおいてこれら分子のアミノ酸配列の変異が見出されている（Vudriko *et al.*, 2017, 2018）．

3.5 呼 吸 器 系

若・成虫では，酸素の取込みと二酸化炭素の排出に気管が使われている．気管系への入口は 1 対の気門であり，第 IV 脚基節の後方にある腹側表面の気門板に開口している（図 3.12A）．気門板はコンマ状，円形などをしており，種，発育期によって形態が異なる．血リンパの流れによる静水圧と筋肉の収縮（3.1 節

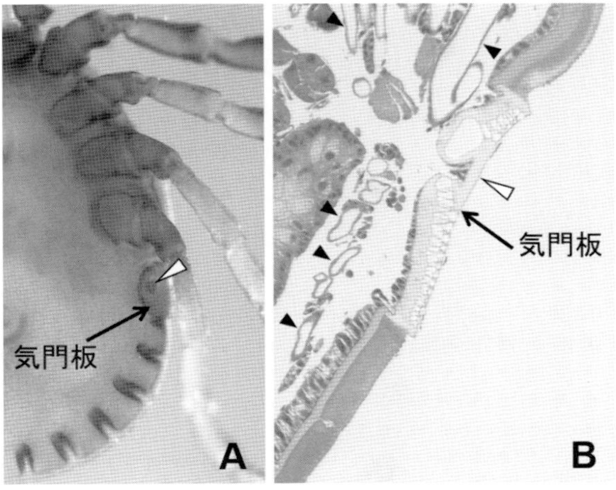

図 3.12 チマダニ属雌成虫の気門板
白矢頭は気門を指す．A（ヤマアラシチマダニ）：気門板は第 IV 脚基節の後方に位置している．B（フタトゲチマダニ）：気門の周辺には多数の孔がある．黒矢頭は気管を示す．

参照）により気門が開閉する．気門板には気門のほかに多数の小さな孔（ostia；図3.12B）があるが，それらの孔はガス交換には関与せず，気門開口部に微粒子などのゴミが入らないようにするフィルターとしての役割がある．また，気門板は，水中からも酸素を取り込める構造（plastron）になっており，水中でのマダニの生存を可能にしている．たとえば，未吸血 *D. variabilis* 成虫の水中生存期間は15日であったとの興味深い報告がある（Fielden *et al.*, 2011）．plastron は，撥水性の表皮の毛の存在によって気門板を覆うようにしてできる空気の薄い膜であり，これが，気門から体内への水の侵入を阻止している．マダニが水中に沈むと，気門板は水をはじき，酸素のみを取り込む．なお，気門板をアルコールで処理すると疎水性が除去され，マダニは生存を維持できなくなる（Fielden *et al.*, 2011）．

血体腔内から見ると，気門開口部のすぐ内側には気管の「束」がある．マダニ科の気管の数は種によって異なるが，12本以下である．気管は細長く，表皮（taenidium）で覆われた単層上皮細胞からなる．表皮は特徴的なひだ状を形成しており，この形状が気管の崩壊を防いでいる．枝状に血体腔内に広がる気管（図3.7参照）は，その内部に空気を含み，その末端は微小の気管支となって，直接的に細胞へ酸素を運び，炭酸ガスと交換する．すなわち，流入空気中の濃度勾配に沿って標的組織へと酸素が移動し，二酸化炭素は各組織と血リンパ中に維持され，その濃度が高くなると気管系を通って気門から排出される．このガス交換の過程では，水蒸気も気管から排出される．代謝に必要な酸素の獲得と，体内水分量の維持のバランスをうまくとることが，マダニの生存において重要となる．気門の開口頻度は種によって異なり，1時間に数回開口するものから，1〜3時間に1回開口するものまで，さまざまである．吸血時は未吸血時に比べ，気門の開口頻度が増加する．特に，大量の血液を摂取する急速吸血期においては，代謝が活発になるため連続的なガス交換が必要となる．未吸血時のマダニの代謝は著しく低下しているが，この非寄生期間においては，気門からの体内水分の損失を減少させ，生存を維持できるよう，うまく呼吸していると考えられている（Needham and Teel, 1991）．水中に沈んだ際も代謝が抑制されているようだが，そのメカニズムは不明である．なお，幼虫には気管系はなく，ガス交換は体表を通して行われる．

気管系はガス交換を可能にするだけでなく，マダニのさまざまな器官を固定する結合組織としても機能する．そのため，マダニを解剖して臓器別に回収する場合は，まず気門の下に見える気管の束をピンセットでつまみ取り（ほかの臓器が崩れないよう注意），体全体に分布する残りの気管を丁寧に取り除く作業が発生する（図 3.7 参照）．（白藤梨可）

3.6 ● 吸 血 生 理

3.6.1 吸 血 行 動

マダニは偏性の吸血性節足動物であり，宿主動物から搾取した血液を唯一の栄養源とする生命体である．宿主（吸血源）の探索から始まり，宿主体表への取り付き，吸血に適した皮膚表面の探索，刺咬，吸血，飽血・落下で終わる一連のプロセスを広義の吸血行動とすると，刺咬，吸血，飽血・落下に至る過程は，狭義の吸血行動といえよう．本節では後者に着目し，成虫では数 mL ともいわれる大量の血液を搾取するマダニの吸血メカニズムを解説する．

a. 刺咬から吸血の開始

マダニの口器は，マダニ科，ヒメダニ科ともに，鋏角，触肢，口下片で構成され，顎体基部とともに顎体部を構成する，吸血に必須の器官である．マダニ科では顎体部が前方に突出していることから，口器を視認することはたやすい（図 3.13）．吸血においては，顎体部背側に位置する鋏角と腹側に位置する口下片が特に重要である．鋏角は，左右 1 対並列し，交互に伸長または収縮させることで皮膚を傷つけ，後に続く口下片の刺入部位を確保する．また，鋏角には触覚（機械受容）系と味覚（化学受容）系神経細胞が分布しており，吸血部位の適否や吸血開始を動機づける重要なプロセスを担っている感覚器でもある．皮膚に挿入された口下片は，マダニが皮膚に付着した状態を維持するための係留装置となり，顎体基部の中央表面から前方に向かって突出し複数列の反り返った微小な棘を表面に備える．他方，触肢は皮膚の表面で広がったままである．多くのマダニは，皮膚を切り裂いてから 5〜30 分以内に，傷口に唾液の一種であるセメント物質を分泌する．このセメント物質は分泌後すぐに固まり，口器の周囲をラテックスのように覆うことでマダニの付着をより強固なものとする．この初期に分泌されるセメント物

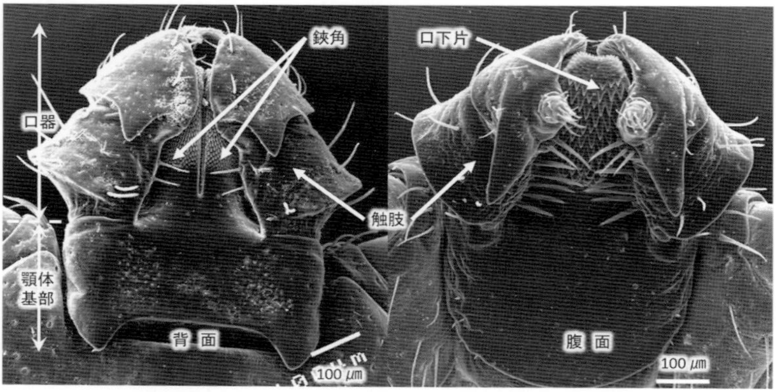

図 3.13　フタトゲチマダニ顎体部の走査電子顕微鏡画像

質は，脂質を多く含んでおり，芯部を形成する．一方，付着後48〜72時間をかけて断続的に分泌される炭水化物を多く含むセメント物質は，芯部の外殻を形成する皮質層となり，一体となったこれらはセメント・コーンと呼称される（Bullard *et al.*, 2016）．セメント・コーンは，マダニの刺咬部位を中心に，水平方向では皮膚表面に広がり，鉛直方向では宿主表皮の角質から基底細胞層に達する．こうして，強固な係留装置を形成したマダニは，咽頭周囲の筋肉を収縮することで，咽頭内を陰圧にし，これを駆動力として宿主からの血液・体液の吸引，すなわち吸血を開始するのである．

b.　feeding lesion の形成

マダニ科の吸血は，3.7節にて解説するように，数日から数週間に及び，なおかつ単調ではなく，初期の緩慢な吸血期（数日間）と飽血間際に大量の血液を摂取する急速な吸血期（24時間以内）とに分けられる．マダニの吸血は，蚊が口吻を微小な血管に差し込むことで血液を吸引する吸血様式とは異なり，長期間かつ大量の吸血を完遂するための特殊な出血状態を構築する必要がある．マダニの刺咬部位皮膚に形成されるこのような出血部位は，feeding lesion といい，マダニの唾液や宿主の免疫反応を含む多様な応答により複雑な病理像をなす（図3.14）．

feeding lesion が位置する真皮内では，好中球，マクロファージ，肥満細胞，リンパ球などの多様な免疫細胞の集簇（しゅうぞく）が認められる（図3.14）．この病理像は，

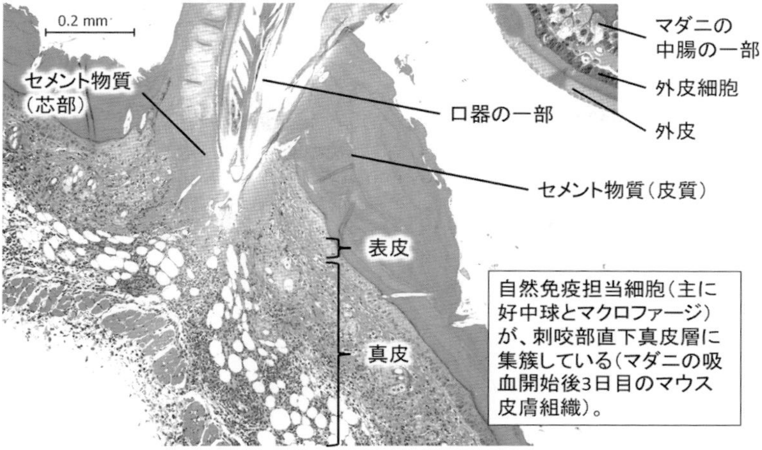

図 3.14 feeding lesion，ヘマトキシリン・エオジン（H&E）染色像（100 倍）

宿主がマダニに刺咬された経験を有するか，免疫学的に類似した抗原に暴露された経験を有する場合と，あるいはまったくのナイーブな宿主がマダニに刺咬された場合では状態が異なる．顕著な出血像は，急速吸血期から観察されるようになり，特に飽血直前の 24 時間においては，口器直下に「blood pool（あるいは hemorrhagic pool）」と呼称される血溜まりを含む空洞様変化も観察される．

feeding lesion が形成されるためには，マダニの唾液物質（3.6.3 項参照）による毛細血管の拡張，出血の拡大，組織破壊，血液凝固阻害などが必要となる．注意すべきは，マダニの唾液物質だけが feeding lesion 形成に関わるのではなく，唾液に対する免疫反応などの宿主応答もその役割を担っていることである．実験的に好中球数を激減させた犬を吸血するクリイロコイタマダニの刺咬部位では，feeding lesion に集簇する好中球数が減じるだけでなく，空洞様変化が観察されなくなる（Tatchell and Moorhouse, 1968）．すなわち，空洞様変化は，マダニの唾液物質による組織破壊ではなく，宿主好中球による自己組織の破壊によるものとされるのである．興味深い点は，このような状況であってもマダニは吸血を成し遂げられる（Tatchell and Moorhouse, 1970）ことである．マダニは，自身が作った blood pool より血液を搾取するが，空洞様変化がマダニの吸血に必須か否か，さらなる研究が必要である．

3.6.2　唾液腺の構造と役割

a.　解剖と組織

前述のように，吸血において重要な feeding lesion の形成において，マダニの唾液物質の存在は欠かせない．唾液を合成・分泌する唾液腺（図 3.15）は，胴体部に左右 1 対存在し，ブドウの房状を呈する唾液腺房とこれより生じる導管で構成され，体長のおよそ 2/3 の長さを有する白色半透明の器官である．唾液腺房より発して集合しつつ前方に伸びる主導管は，顎体基部を経て唾液憩室で開口する．唾液腺房は，総神経球からの緻密な神経支配を受け，非寄生期における体液浸透圧の調節，寄生期における唾液物質の生産と分泌および余剰水分とイオンの排泄を担う．マダニ科の雌では，無顆粒性の I 型腺房と顆粒性の II および III 型腺房（雄には生殖に関わる IV 型腺房も存在する）で構成される．

b.　唾液腺房の種類と役割

(1)　無顆粒腺房（I 型腺房）

I 型腺房は，マダニ科のダニではすべての発育期で認められる．唾液腺主導管に隣接しており，これに直接開口する．少なくとも 4 種類の細胞で構成されており，腺房の内腔に接している単一の薄板状の中央細胞，基底部にある複数の錐体細胞，主導管につながる短い管を取り囲む管周囲細胞と収縮細胞などがある．これら細胞には分泌顆粒が含まれないことが特徴であるが，エネルギー源あるいは

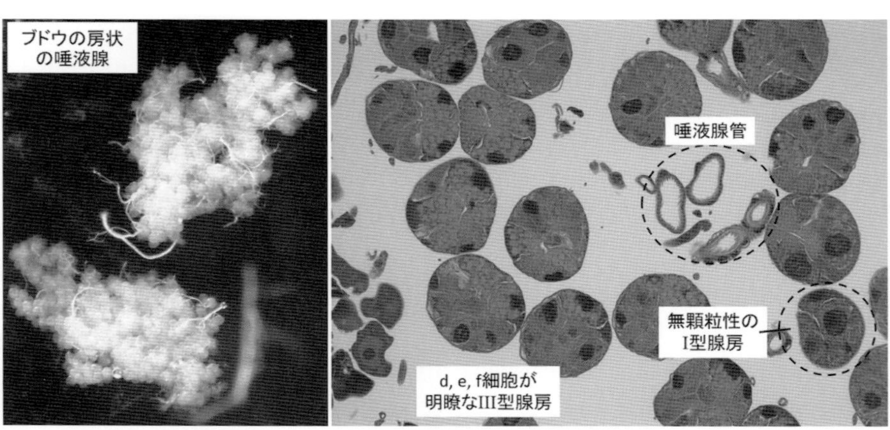

図 3.15　唾液腺の外観とヘマトキシリン・エオジン（H&E）染色像（400 倍）

セメント物質ともいわれる脂肪顆粒は存在する．体腔側の基底領域は，細胞外膜が高度に屈曲した構造をしており，内部に多数のミトコンドリアや液胞を包含する．これらは輸送に関わる上皮細胞の特徴であり，吸血期と非吸血期における水分と塩類の輸送を介して体液浸透圧の調節を行っている（Sonenshine and Šimo, 2022)．

(2) 顆粒腺房

II 型腺房

II 型腺房には，6 種類の顆粒細胞（a, b, c1〜4）（Coons and Roshdy, 1973）と 3 種類の支持細胞（1 個の内腔細胞，複数個の非内腔細胞と頸細胞）があり，内腔細胞は吸血により発達し腺房から導管への唾液放出に関わり，非内腔細胞は基底陥入（basal infoldings）の形成に寄与する（Fawcett *et al.*, 1981a)．未吸血の雄および雌のダニでは，腺房近位部に，大小不定形の密度の異なる顆粒が充満した大型の a 細胞がみられる．これらの細胞はマダニが宿主に付着する際に分泌されるセメント物質前駆体の産生に関係している（Binnington, 1978)．b 細胞は，宿主免疫反応の制御や，a 細胞と同様，セメント・コーンの形成に関わる糖タンパク質を産生・分泌すると考えられる（Walker *et al.*, 1985)．吸血期間中，a 細胞は顆粒を放出・減少させるが，b および c 細胞は細胞数を変えることなくサイズと分泌顆粒の数が劇的に増加する．

III 型腺房

III 型腺房は唾液腺の遠位側に局在しており，3 つの腺房タイプの中では最も多く観察できる．III 型腺房の組織構造は II 型腺房と類似し，支持細胞のほか，3 種類（d, e, f）の顆粒細胞で構成される．d 細胞の形態は，II 型腺房の a 細胞に似ている．e 細胞とともに，マダニの宿主への付着時に沈着するセメント物質の形成に寄与していると考えられている（Jaworski *et al.*, 1990)．f 細胞は通常，腺房の遠位部に位置し，d 細胞と e 細胞に挟まれている．この細胞は未吸血のマダニでは無顆粒状であるが，吸血が進行するにつれて徐々に顆粒が生じ，大きさも増加する（雄では，f 細胞の大きさは変わらない）（Fawcett *et al.*, 1981b)．支持細胞とともに基底陥入の形成に寄与し，吸血中の過剰な水分やイオン類の排泄を行うことで，浸透圧を調整している．

3.6.3 唾液物質の機能と分子

a. 吸血に伴う唾液腺遺伝子の発現変化

マダニは，数日間緩慢に吸血した後に，約24時間という短時間で急速かつ大量の吸血を行い飽血・脱落に至る．この期間中，唾液腺では分泌量が増加し，それとともに新規に産生された多種多様な唾液分子がfeeding lesionへと送り込まれる．最近，次世代シーケンサーによるトランスクリプトーム解析により，differentially expressed gene（DEG）解析を安価に行えるようになったことから，唾液腺発現遺伝子（シアローム）について俯瞰できるようになった．しかし，feeding lesionの変化に対応したDEG解析は，直近では*D. nuttalli*（Ma *et al.*, 2023）などで報告はあるが，ほとんどのマダニ種では行われていない．Ma *et al.* (2023) のDEG解析は，約11日かけて飽血・脱落する*D. nuttalli*雌成虫の吸血前，吸血開始24, 48, 72, 96時間後の発現遺伝子の比較であり，急速吸血期のDEGが含まれていないことには注意が必要である．これによると，唾液腺で発現する遺伝子は，吸血前に発現量が多いグループ，吸血に応じて発現上昇するグループ，逆に低下するグループなどに分類することができ，腺房やそれを構成する細胞のタイプの違いが，発現遺伝子の種類や発現動態の多様性に関連しているものと考えられる．

b. おもな唾液物質

マダニの唾液には，種ごとに異なる多種多様な生物活性物質が存在し，いまだ全容は明らかになっていない．本項目では，feeding lesionにおいて作用するマダニ唾液分子に着目し，そのおもなものについて紹介するにとどめる．

(1) セメント物質

IIおよびIII型腺房のa, d, e細胞などで合成・分泌されるセメント物質は，口下片が小型であるマダニ種（オウシマダニや*D. andersoni*など）では，刺咬部位を中心に皮膚表面を大きく覆うように形成される物質である．前述のように，芯部と皮質部で構成成分に若干の違いを認めるが，タンパク質が主成分である．たとえば，クモの糸（Tokareva *et al.*, 2014）や植物細胞壁（Sachetto-Martins *et al.*, 2000）に多く含まれ，不溶性を付与するグリシンリッチプロテインや，血液凝固阻害や血管新生に関わるセリンプロテアーゼインヒビターや金属プロテアーゼなどがある（Bullard *et al.*, 2016）．そのほかにもマダニの細胞内タンパク質（ヒストンやCytochrome P450など）が含まれるとされる（Bullard *et al.*, 2016）が，口下片の一部が混入している可能性や，非典型的な分泌やエクソソームによるものなど諸説あり，不明な点が多い．興味深いことに飽血に至ったマダニは，少量の唾液を分泌することで，宿主皮膚に強固に接着しているセメント物質から自身の口器を抜去し脱落する（Bullard *et al.*, 2016）．脱落は数分とかからない現象であり，この少量の唾液にはプロテアーゼが含まれているなどとされるが，少量ゆえに分析は難航しており，今後の研究が望まれる．

(2) 止血阻害物質

傷害を受け損傷した皮膚では，これを再構築するための組織反応，すなわち創傷治癒（受傷後の出血・凝固期，炎症期，合成・増殖期，肉芽組織の形成を経て上皮再形成へと至る過程）が起こる．出血・凝固期において重要な宿主の止血機構は，血管損傷に続く出血制御と血流回復のための重要なプロセスであり，血管収縮，血栓形成，血液凝固，および線溶からなる一連の反応のことで，血小板が関与する一次止血と，セリンプロテアーゼなどのカスケード反応が関与する二次止血に大別される．

これまでに止血反応の異なる段階で作用する多様性に富む分子群が報告されている（表3.1）．たとえば血小板の活性化と凝集を阻害する唾液分子だけでも，ADP分解酵素であるアピラーゼ（Field *et al.*, 1999），血小板表面や血管内皮細胞などのリガンドが血小板受容体に結合することを阻止する，分子内にインテグリン認識モチーフRGDをもつdisintegrin-様ペプチドのsavignygrin（Mans *et al.*, 2002），monogrin（Mans and Ribeiro, 2008），およびvariabilin（Wang *et al.*, 1996）などがある．二次止血においては，Kunitz型プロテアーゼインヒビター分子ファミリーが最も主要な酵素（Chmelar *et al.*, 2012）として凝固阻害に関与している．

(3) 抗免疫物質

炎症期とは，複数の自然免疫細胞が創内に出現する時期のことであり，正常な合成・増殖期に進むための重要なステップである．炎症期の創内では，受傷直後より好中球が最初に出現し，脱顆粒や貪食によって殺菌や異物の除去を行う．その後24時間以内に単球がリクルートされマクロファージへと分化し，組織の分解物などを貪食しつつ，EGF，IFN-α，IL-1などのサイトカインやケモ

表3.1 代表的なマダニ唾液分子の名称と由来マダニ種（Šimo *et al.* (2017) Table 1を改変）

作用点	分子名	由来マダニ種	文献
血管拡張または血管収縮	prostacyclin	*I. scapularis*	Ribeiro and Mather, 1998
	tick histamine release factor (tHRF)	*I. scapularis*	Dai *et al.*, 2010
	prostaglandin	*Am. americanum*	Bowman *et al.*, 1996
創傷治癒または血管新生	金属プロテアーゼ	*I. ricinus*	Decrem *et al.*, 2008
	haemangin	*Ha. longicornis*	Islam *et al.*, 2009
	troponin I-like molecule (HlTnI)	*Ha. longicornis*	Fukumoto *et al.*, 2006
	PGE2	*D. variabilis*	Poole *et al.*, 2013
血小板凝集	apyrase	*I. scapularis*	Ribeiro *et al.*, 1985
	moubatin	*Or. moubata*	Waxman and Connolly, 1993
	monogorin	*Arg. monolakensis*	Mans and Ribeiro, 2008
	variabilin	*D. variabilis*	Wang *et al.*, 1996
血液凝固	ornithodorin	*Or. moubata*	van de Locht *et al.*, 1996
	tick anticoagulant peptide (TAP)	*Or. moubata*	Waxman *et al.*, 1990
	ixolaris	*I. scapularis*	Francischetti *et al.*, 2002
	amblyomin-X	*Am. cajennense*	Batista *et al.*, 2010
	hyalomin-1	*Hy. marginatum rufipes*	Jablonka *et al.*, 2015
自然免疫機構	macrophage migration inhibitory factor (MIF) homolog	*Am. americanum*	Jaworski *et al.*, 2001
	Ixodes ricinus salivary LTB4-binding lipocalin (Ir-LBP)	*I. ricinus*	Beaufays *et al.*, 2008
	Salp16 Iper1, Salp16 Iper2	*I. persulcatus*	Hidano *et al.*, 2014
	Evasin-1, Evasin-3, Evasin-4	*R. sanguineus*	Frauenschuh *et al.*, 2007；Déruaz *et al.*, 2008
補体系	*Or. moubata* complement inhibitor (OmCl)	*Or. moubata*	Nunn *et al.*, 2005
	soft tick lipocalins (TSGP2, TSGP3)	*Or. savignyi*	Mans and Ribeiro, 2008
	I. scapularis salivary anticomplement (Isac)	*I. scapularis*	Valenzuela *et al.*, 2000
	I. ricinus anticomplement (Irac I, Irac II)	*I. ricinus*	Daix *et al.*, 2007
獲得免疫機構	Salp15	*I. scapularis*	Anguita *et al.*, 2002；Ramamoorthi *et al.*, 2005
	Sialostatin L, Sialostatin L2	*I. ricinus*	Kotsyfakis *et al.*, 2006
	japanin	*R. appendiculatus*	Preston *et al.*, 2013
	B-cell inhibitory factor (BIF)	*Hy. asiaticum*	Yu *et al.*, 2006

カインを放出することで線維芽細胞やリンパ球を誘導し，合成・増殖期へと進む．マダニの唾液中には，これら自然免疫細胞が創内へとリクルートされることを強力に阻害する分子を複数保有している．たとえば，好中球の遊走に関わるCXCL8やCCL-2などのケモカインに対して結合活性を有するEvasin-1, -2, -3（Frauenschuh *et al.*, 2007）やSalp16 Iper1およびSalp16 Iper2（Hidano *et al.*, 2014），マクロファージの遊走を抑制するMIF（Umemiya *et al.*, 2007）などがある（表3.1）．

自然免疫細胞に対する制御物質のほかにも，自然免疫と獲得免疫を橋渡しする補体系を阻害する唾液分子Isac-1（Valenzuela *et al.*, 2000）やIRAC I, IRAC II（Daix *et al.*, 2007），樹状細胞におけるT細胞への抗原提示能を抑制することで獲得免疫応答を阻害するSialostatin（Kotsyfakis *et al.*, 2006）なども見つかっており，きわめて多彩なシアロームがマダニの唾液腺には存在する．

(4) 血管新生・組織再構築の阻害物質

血流の回復は，合成・増殖期における酸素や栄養素の送達，組織の再構築において必須であり，創内では血管新生や組織のリモデリングが活発となる．マダニの唾液分子には，このような新生血管の再構築や線維芽細胞に対する抑制的効果を有するものが複数報告されている．たとえば，HlTn1（Fukumoto *et al.*, 2006）やhaemangin（Islam *et al.*, 2009）は，ヒト臍帯静脈内皮細胞の増殖や管腔形成を阻害することから，血管新生抑制に関与している．*D. variabilis*の唾液には，血小板由来成長因子PDGFの刺激による線維芽細胞の遊走やextracellular signal-regulated kinase（ERK）活性を抑制する物質が含まれており，組織再構築の妨害と創傷治癒の遅延を引き起こしているとされる（Kramer *et al.*, 2008）．

(5) その他の唾液物質

以上のように，マダニの唾液には強い生理活性を示す多様な生物活性物質が含まれている．紙面の都合ですべてを解説できないが，興味のある読者は，Šimo *et al.*の総説（Šimo *et al.*, 2017）を手掛かりに各種文献を参考としていただきたい．

（八田岳士）

3.7 血液消化

3.7.1 中腸ー血液の貯留と消化を両立する器官

昆虫の消化管は，口から肛門に向けて体軸に並行する一本の管で示され，機能的には前腸，中腸，後腸の明確な3部位に区別できる．一方，マダニの消化管は，前腸は存在せず，中腸と後腸に分けられる（図3.16）．クモ類と異なり口外消化（捕獲した対象生物の体内に消化液を注入すること）を行わないマダニにとって，食物である血液の消化は中腸で完結する．

雌成虫の大きさは，吸血前後で大きく変化する．たとえばフタトゲチマダニ *Haemaphysalis longicornis* は，吸血前の体重が数mgであるのに対し，飽血時には数百mgに到達する．口器先端より胴体尾端に至る体長は，数mmの状態から1cmを超えるほどに巨大化する．非摂食期間となる脱皮や産卵時に必要な栄養源を吸血により取り込まなければならないため，吸血直後のマダニの胴体部は，血液で充満した中腸が占有することになる．飽血後のマダニがアズキのように膨らんで見えるのは，背景にこのような理由がある．

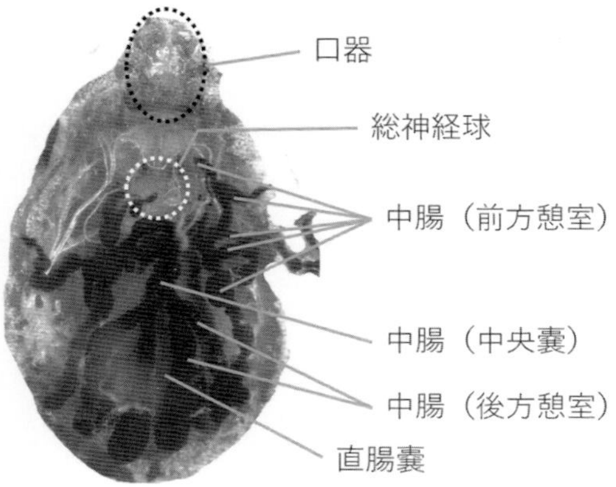

図3.16 マダニ中腸の形態（背側外皮，気管，唾液腺は除かれている）

3.7.2 中腸の形態学

a. 消化管としての中腸

消化管の顎体部側は，咽頭および総神経球で囲まれた食道からなり，食道は中胚葉由来の中腸に開口する．中腸は，左右対称性に数対の手指状の盲嚢状を呈しており，マダニの体腔全体に空間を埋めるように配置されている（Sonenshine, 1991）．咽頭，食道を経て中腸に取り込まれた血液は，中腸表面に付着している微小な筋肉細胞の収縮に伴う蠕動運動により，盲嚢全体に行きわたる．血液消化の大部分は，盲嚢の部位によることなく，中腸上皮全体の基底膜上に単層で配置された消化細胞で行われる．

b. 細胞内消化

マダニの血液消化様式は，蚊やサシガメ等のほかの吸血性昆虫とはまったく異なる．後者では，摂取した血液は中腸管腔内で迅速に分解されるのに対し，マダニでは，消化細胞内でゆっくりと分解される．この特徴は，中腸内に発現するタンパク質分解酵素の生化学的特徴の違いとしても現れており，吸血昆虫の中腸に発現するトリプシン様プロテアーゼの至適 pH が，管腔内と同様のアルカリ側にあることに対し，マダニでは酸性側に存在する．マダニの中腸内腔の pH は中性であることから，細胞内消化は，エンドソーム-リソソーム系タンパク質分解経路によって行われているのである．

c. 吸血に伴う消化システムの変遷

多くの吸血昆虫は，血液中の余分な水分とナトリウムイオンを除去する「血液濃縮」を行う．マダニも同様で，吸血期間中，特に飽血に至る直前の短期間に顕著な血液濃縮を行う．マダニの血液濃縮は特殊であり，余分な水分とイオンは，まず中腸上皮を通過して体液（血リンパ）に入り，唾液腺より唾液を介して宿主へと戻される．この血液濃縮により，ある種の幼虫と若虫は摂取した血液を約2～3倍に濃縮しているとされる．

マダニの吸血と消化の過程は，時間軸により厳密に区別できないが，いくつかの段階で構成される．特に雌成虫の吸血・交尾・飽血プロセスに伴う中腸組織・細胞，生理学的変化は著しく，(1) 準備期，(2) 緩慢吸血期（成長期），(3) 急速吸血期（膨張期），および (4) 飽血後において特有の変化を伴う（図 3.17）．

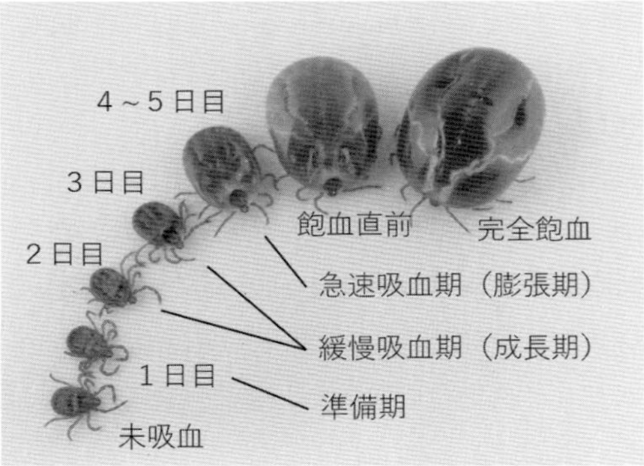

図 3.17　フタトゲチマダニ単為生殖系統の雌成虫の吸血に伴う外観の変化

(1) 準備期

口器を刺入してから数時間～36時間後の期間のこと．血液の摂取がないため消化も行われておらず，中腸組織は未吸血期と大差がない．この時期では，マダニは宿主皮膚へ口器を刺入し，セメント物質を含む唾液を分泌することで自身を皮膚へと固着させるなど，長期吸血を可能とする準備を行う．

(2) 緩慢吸血期（成長期）

交尾を終えた雌成虫の場合，付着後数日間，宿主より血液やその他の体液を緩やかに摂取し，徐々に膨張する．この時期から血液消化が始まる（第1段階）．未交尾雌成虫や未成熟ダニも緩やかに吸血を行い，中腸上皮も同様の反応を示す．血液を含む体液が中腸内腔に入ると，中腸上皮の未分化細胞が増殖を始め，分泌細胞や消化細胞に分化する．吸血開始後数日間は，細胞の成長は緩やかで，中腸管腔はわずかに広がる程度である．消化細胞では，ミトコンドリアが増加し，多数の大小不同なエンドソームと脂肪滴が出現し，残渣小体が蓄積する．当初わずかに存在した微絨毛が増殖し，目立つようになる．またクラスリン被覆ピットやクラスリン被覆小胞などが顕著に認められる．脱皮以前の発育期において血液消化を行った消化細胞は，退化しているため，この時期に上皮層から取り除かれる．中腸の消化細胞は，受容体を介するエンドサイトーシスと液相エンドサイトーシスおよび貪食によって，血液成分，特にヘモグロビンを取り込む（ヘテロファジー）．蓄積した血液成分の消化が進むにつれ，老廃物が発生し，消化細胞から排泄される．ヘモグロビンの分解過程で生じたヘムは，ヘモソームと呼ばれるヘム蓄積のための細胞小器官に隔離されることで無毒化されるか，あるいはヘマチン結晶としてリソソーム消化によって生じる残渣小体内に蓄積し，エキソサイトーシスによって排出，あるいは細胞の断片化や細胞全体が基底膜から剝離して崩壊し，中腸内腔に蓄積する老廃物に加わることもある．脱落した細胞が存在した空間は新しい細胞が分化することで埋められる．このような細胞形態の周期的変遷は，中腸上皮全域において生じるが同調はしておらず，未分化状態から基底膜より離脱する細胞までが同時に存在するため，この段階における中腸の組織像は非常に多様である．管腔内の老廃物は，中腸の蠕動性収縮の波により後方に追いやられ，直腸嚢に蓄積することとなる．この時期に排便が始まり，種によっては未消化のヘモグロビン，ほかの栄養素，グアニン排泄物と混ざった大量のヘマチンが体外に排出される．これらの暗赤色または黒色の半固形排泄物は摂食中のマダニの周囲に蓄積し，宿主の毛皮を汚染する．このように血液の摂取，消化，老廃物の排泄はすべて，この期間中におおよそ連続的に行われることとなる（細胞内消化の第 1 相）．消化細胞はおもにヘモグロビンを取り込むが，無傷の赤血球や白血球も取り込むことがある．しかし組織液などほかの血液成分はあまり利用されない．この時期に，血液消化によってマダニが得るエネルギーの多くは，クチクラの多層構造（外クチクラ層と原クチクラ層）のうち，原クチクラ層の合成に向けられ，マダニ種によってはこの期間（交尾に至るまでの期間）に 20 倍近くにまで層の厚みが増す．マダニ属では，この時期に囲食膜（3.7.4 項参照）が形成されるが，他種マダニでは解明が待たれる．

(3) 急速吸血期（膨張期）

緩慢吸血期を終えて緩やかに成長を遂げた交尾後の雌成虫では，精子と飽血因子（後述）が生殖管に徐々に放出されることにより，急速（およそ 12〜36 時間）かつ大量の吸血（たとえばフタトゲチマダニ単為生殖系統雌成虫では，およそ 3 mg という未吸血時体重が飽血時には 300 mg を超えることがある）により飽血へと至る急速吸血期（膨張期）が始まる．*Amblyomma hebraeum* では，雄成虫特異的 cDNA ライブラリーより見出された engorgement factor alpha/beta と呼ばれるヘテロダイマータンパク質である精巣・精管分泌ペプチドが，飽血因子であると示された（Weiss and Kaufman, 2004）．一方，*D. variabilis* では，

engorgement factor alpha/beta が飽血因子であるとする有力な証拠が得られず，むしろ雄成虫の精巣・精管・付属腺の抽出物混合物中の膜分画成分に飽血因子が存在することが示されており（Donohue *et al.*, 2009），雌成虫における飽血トリガーの正体については，今後の研究が待たれる．

膨張期では，中腸内腔はいわゆる血液貯留装置となり，消化細胞は，血液成分，特にヘモグロビンをエンドソームに蓄える．急速に吸血が進行する一方，細胞内消化の速度は低下する．この時期は血液消化の第2段階に相当し，中腸上皮には，卵黄タンパク質前駆体ビテロジェニン（vitellogenin, Vg）を産生する細胞（好塩基細胞）が認められるようになる．

(4)　飽血後の血液消化

この段階は，十分に吸血した幼虫や若虫，または交尾した雌が飽血して宿主から離脱した後に始まる．この期間の血液消化の目的は，幼・若虫であれば脱皮，雌成虫であれば産卵の準備とその後の死に至るまでの期間継続する産卵のためである．

消化細胞では，細胞内に蓄積したヘモグロビンやその他の血液成分の分解が進行する．これは，血液消化の第3段階であり，継続的な細胞内消化の第2相でもある．エンドサイトーシスやその他の血液成分の取込みは，急速（あるいは緩慢とする研究者もいる）な速度で進行する．ヘモグロビンのリソソーム消化が再活性化し，多数の大型のエンドソームはリソソームと膜融合し，2次リソソームを

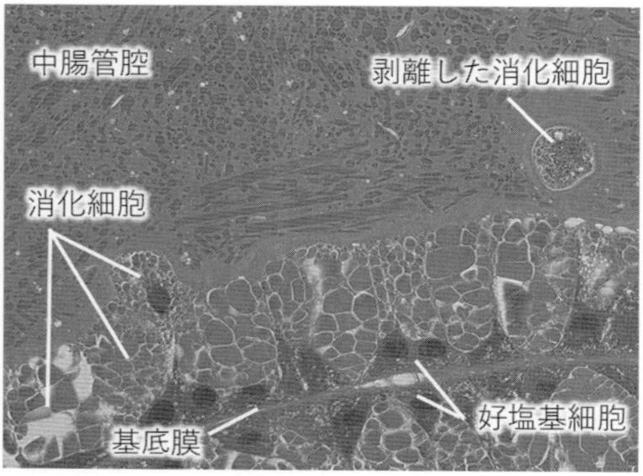

図 3.18　フタトゲチマダニ単為生殖系統雌成虫の飽血後3日目中腸上皮組織のヘマトキシリン・エオジン（H&E）染色像

経て，徐々に残渣小体へと置き換わっていく．細胞内に生じる老廃物は，消化細胞の剝離や崩壊ではなく，内腔へのエキソサイトーシスによって除去される．消化の進行とともに旺盛に嵌入していた基底側細胞膜と基底膜との間の細胞外スペースは，消化細胞が退縮し大量の残渣小体が充満するにつれて徐々に減少する．最終的には，雌成虫自身と同様に細胞も死滅することとなる．飽血以降，消化細胞の間隙を埋めるようにVg産生細胞（好塩基細胞）が発達する（図3.18）ため，中腸表面は消化細胞の黒色と好塩基細胞の白色が混在する斑模様として観察されるようになる．

3.7.3 ヘムの利用と無毒化

マダニの血液消化は，ヘモグロビンの分解に特化して機能するが，血漿タンパク質も同様に代謝分解する．一部のグロビンタンパク質は，トランスサイトーシスなどの未知の機構により中腸管腔から血体腔へ移行するとされる．一方，ヘモグロビン構成要素であるヘムは，遊離状態にあっては高い毒性物質である（Kumar and Bandyopadhyay, 2005）が，エネルギー代謝など生理学的に必須の分子でもある．高等生物は，ヘムを同化・異化する酵素を自己で保有しているが，マダニはヘムを生合成することができない（Braz *et al*., 1999）ため，ヘモグロビンに由来するヘムを積極的に利用する必要がある（Maya-Monteiro *et al*., 2004）．卵細胞の発達が著しい前産卵期では，ヘムは消化細胞内にてエンドソームから haem-responsive gene 1 protein（HRG1）トランスポーターを介して細胞質に移動（Perner *et al*., 2021）し，ヘム結合酵素やシャペロン，トランスポーターなどと複合体を形成するか，未解明の機構により基底膜から分泌され血体腔へ放出される．放出されたヘムは，血リンパに存在するヘム結合脂質タンパク質（heme lipoprotein, HeLp）や中腸，脂肪体や卵巣において産生され血リンパ中に分泌されたVgにただちに補足され，前者は各臓器，後者は卵細胞へと輸送され，利用または蓄積される．産卵が開始する時期には，消化細胞内のヘムは過剰となり，血体腔ではなく，ヘモソームと呼ばれるヘム結晶化細胞内小器官内に隔離され，無毒化される（Lara *et al*., 2005）．

3.7.4 血液消化に関与するおもな分子

a. 赤血球溶解因子

飽血直後の雌成虫中腸管腔内には，境界明瞭な赤血球が観察される．しかし，時間が経過するにつれて，徐々に不明瞭となることから，溶血が進行していることが示唆される．この現象には，中腸上皮細胞より分泌される hemolysine の関与（Tatchell, 1964），経時的な膜の劣化による崩壊現象であること（Osterhoff and Gothe, 1966）や，中腸管腔内分泌型セリンプロテアーゼによる消化に起因していること（Miyoshi *et al.*, 2007；Reyes *et al.*, 2020）などが示され，原因には諸説ある．現在は，管腔内に分泌されたセリンプロテアーゼによる管腔内消化によるとされている．

b. 囲食膜（peritrophic matrix, PM）

節足動物が有する非細胞性の膜で，腸上皮を覆うことにより，腸管内腔から物理的に腸上皮を保護する機能をもつ．PM はおもにキチン，糖タンパク質，糖鎖，ペリトロフィンと呼ばれるキチン結合タンパク質で構成されている．マダニ属では，吸血開始後 18～36 時間以内に形成されており（Kariu *et al.*, 2013），管腔内の過剰な酵素，毒性物質，病原体等の物理的篩として機能している（Kitsou *et al.*, 2021）．

c. ヘモグロビン分解酵素

ヘモグロビン分解反応に関与する酵素分子については，さまざまなマダニ種において報告があるものの，個々に断片的であるため反応系の「全体」に関する情報は乏しい．Sojka *et al.* (2008) や Horn *et al.* (2009) らは，ライム病媒介マダニである *I. ricinus* の半飽血個体雌を用いた酵素プロファイル解析により，この問題の解決を図った．吸血開始後5日目の *I. ricinus*（注：本種の交尾済み雌成虫は，およそ7～8日で飽血に至る）の中腸抽出物中におけるヘモグロビン分解活性は，リソソームの pH 環境に相当する酸性領域（pH 3.5～4.5）で最も効率的とされる（Lara *et al.*, 2005）．すなわちエンドソームとリソソームが融合した2次リソソーム内に，ヘモグロビン分解に関与する酵素分子が存在する．ヘモグロビン分解は，関連する酵素がカスケード様に反応するため，分解初期の比較的大型のペプチド断片（8～11 kDa）から，さらに分解を受けて小ペプチド（2～7 kDa）となり，最終的にジペプチドと遊離アミノ酸に加水分解される．このようなヘモグ

表 3.2 さまざまなマダニ種より同定されたヘモグロビン分解反応系を構成するタンパク質分解酵素（Sojka *et al.*, 2013, Table 1 を改変）

マダニ種	酵素の種類	分子名	GenBank アセクション番号	参考文献
Ha. longicornis	セリンプロテアーゼ	HlSP HlSP2 HlSP3	AB127388 AB435239 AB435240	Miyoshi *et al.*, 2004, 2008
	カテプシン D	Longepsin	AB218595	Boldbaatar *et al.*, 2006
	カテプシン L	HlCPL-A	AB490783	Yamaji *et al.*, 2009
	レグマイン	HlLgm HlLgm2	AB279705 AB353127	Alim *et al.*, 2007, 2008a, 2008b
	カテプシン B	Longipain	AB255051	Tsuji *et al.*, 2008
	セリンカルボキシペプチダーゼ	HlSCP1	AB287330	Motobu *et al.*, 2007
	ロイシンアミノペプチダーゼ	HlLAP	AB251945	Hatta *et al.*, 2006, 2009, 2010
I. ricinus	カテプシン D	IrCD1	EF428204	Sojka *et al.*, 2008, 2012；Horn *et al.*, 2009
	カテプシン L	IrCL1	EF428205	Sojka *et al.*, 2008；Horn *et al.*, 2009；Franta *et al.*, 2011
	レグマイン	IrAE	AY584752	Horn *et al.*, 2009；Sojika *et al.*, 2007
	カテプシン B	IrCB1	EF428206	Horn *et al.*, 2009；Franta *et al.*, 2010
	カテプシン C	IrCC	EU128750	Horn *et al.*, 2009；Franta *et al.*, 2010
R. microplus	カテプシン D	BmAP	FJ655904	Cruz *et al.*, 2010
	カテプシン L	BmCL1	AF227957	Renard *et al.*, 2000, 2002；Cruz *et al.*, 2010；Clara *et al.*, 2011

ロビン分解経路は，表 3.2 に示した複数の酵素によって制御されている（図 3.19）．

リソソームに存在する酸性プロテアーゼはカテプシンと呼ばれており，マダニ消化細胞の主要な酵素はカテプシン D（cathepsin D, Cat D）である．マダニ Cat D は，他生物種 Cat D と同様，至適 pH が大きく酸性側に偏る（pH 3.5）（Horn *et al.*, 2009）．ヘモグロビン分解の最初期は，この Cat D がおもに担当するが，Cat L も補助的に分解を担う．レグマイン（アスパラギンエンドペプチダーゼ，asparaginyl endopeptidase, AE）は，ヘモグロビン分解にはほとんど寄与しないが，Cat D や Cat L などのプロドメイン除去を担う補完酵素として機能しているとされ，血液消化において不可欠な酵素である．次いで Cat B, Cat C が，断片

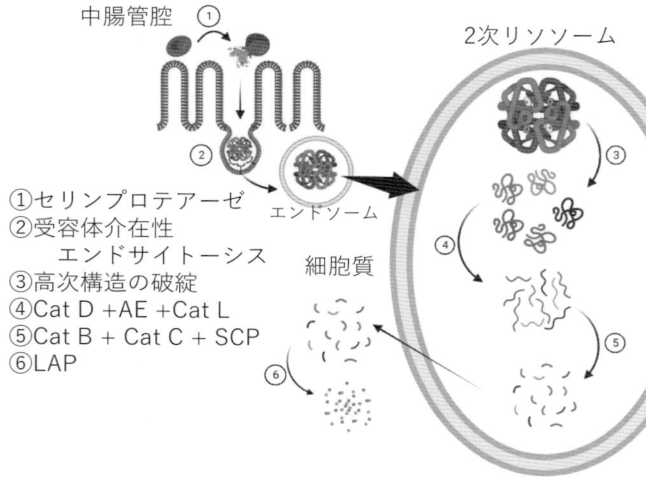

図 3.19　ヘモグロビン分解経路

化されたペプチドをさらに加水分解し，セリンカルボキシペプチダーゼ（serine carboxypeptidase, SCP）の作用によって，ジペプチドあるいはアミノ酸レベルにまで分解が行われる．リソソーム内にてヘモグロビンの加水分解により生じたジペプチド断片は，リソソームから細胞質へと輸送され，ロイシンアミノペプチダーゼ（leucine aminopeptidase, LAP）などの細胞質エキソペプチダーゼによる最終分解を受け，アミノ酸へと処理される．　（八田岳士）

コラム 2　酸化ストレスに関する話題

活性酸素種（ROS）は，酸素の逐次一電子還元産物であるスーパーオキサイド，過酸化水素（H_2O_2），ヒドロキシラジカルの総称で，H_2O_2 は生体内における半減期が最も長く，高濃度の場合は生体高分子に酸化ストレスを引き起こす（Robinson *et al.*, 2010）．このため，好気的な代謝を行う生物は，ROS をうまく制御することで生物恒常性を維持している．一方，マダニは脊椎動物宿主の血液を唯一の栄養供給源としている．ただし，この血液には，ヘム，鉄，アミノ酸などのさまざまな成分が多分に含まれる．特に，ヘムならびに遊離鉄は ROS の発生を引き起こし，酸化ストレスにつながるため，マダニにおける ROS の制御は特に重要である．これまでに，マダニが生存のために酸化ストレスをどのように制御しているかというメカニズムがいくつか解明されてきている（Graça-Souza *et al*., 2006；Galay *et al*., 2015；Toh *et al*., 2010；Whiten *et al*., 2017）．

マダニはH_2O_2を消去する酵素を有しており，ペルオキシレドキシン（Prx）（Tsuji *et al*., 2001；Kusakisako *et al*., 2016），カタラーゼ（Kumar *et al*., 2016），およびセレノプロテイン（Adamson *et al*., 2014）が報告されている．これらの遺伝子に対する二本鎖RNAを用いた遺伝子発現抑制により，マダニの吸血および産卵が阻害されることがわかっている．

ところが，*I. scapularis*の唾液腺に由来するPrx相同タンパク質であるSalp25 Dは，吸血に際してライム病ボレリア*Borrelia burgdorferi*とともに脊椎動物宿主体内へ分泌され，好中球の呼吸バースト（食細胞が病原体に結合し，酸素を大量に消費することで病原体の殺傷に関わるROSを生み出す現象）から*B. burgdorferi*を保護することでマダニから脊椎動物宿主への寄生虫の伝播を促進していることが知られている（Narasimhan *et al*., 2007）．また，*Am. maculatum*において阻害剤によるカタラーゼ機能の阻害，または，セレノプロテイン合成に関与するセレノシステイン挿入配列（SECIS）結合タンパク質（SBP2）の遺伝子発現抑制により，紅斑熱群リケッチア*Rickettsia parkeri*の経卵伝播（垂直伝播）が抑えられることが報告されている（Budachetri *et al*., 2017a, 2017b）．このように，マダニのH_2O_2消去酵素群がマダニ媒介性病原体のマダニ–脊椎動物宿主間での感染伝播またはマダニ母子間での経卵伝播に関与している点は大変興味深い（Kusakisako *et al*., 2018；Hernandez *et al*., 2019）．

（草木迫浩大）

3.8 ● 排泄・体内水分調節

マダニの場合，体重増加分＝吸血量ではない．連続的に血液未消化物（ヘミン（ヘマチン）と未消化のヘモグロビン）を含む「糞」を排泄しながら，また，血液を濃縮しながら，大量の血液（blood meal）を摂取する．フタトゲチマダニとオウシマダニでは，実際の吸血量は飽血時体重の3〜5倍と見積もられている．

代謝老廃物の排泄はマルピーギ管（Malpighian tubules）と後腸（hindgut）で行われる．マダニの後腸は，中腸後端から細長く伸びた小さい腸管（intestine），直腸嚢（rectal sac），直腸（rectum）および肛門（anus）からなる．血リンパ中の窒素性老廃物はマルピーギ管より取り込まれ，おもにグアニン結晶として直腸嚢に送られ，ほかの老廃物とともに外に排泄される．飼育容器内にみられるマダニの白い排泄物（7.2節参照）はこれに該当する．なお，このグアニンは集合拘束フェロモンの成分でもある（3.3節参照）．一方で，血液濃縮は，飽血前の急速吸血期に最も顕著にみられる．血液濃縮時には体内水分のごく一部が体表から蒸散消失するものの，大部分は唾液として宿主側に余剰水分や塩類を還元する形で排出される（3.6節参照）．

3.8.1　マルピーギ管

マダニを解剖して中腸を取り出すと，中腸の後端に，腸管との接合部で直腸嚢につながっているマルピーギ管（Malpighian tubules）を見つけることができる．マルピーギ管は1対あり，末端は閉じている．末端から辿ると，胴体部前方でUターンし後方に向かい（図3.20），やがて直腸嚢に辿り着く．組織学的には直腸に似た構造で，単層立方上皮からなり，平滑筋細胞の薄い層に囲まれている．飢餓状態の未吸血時では，マルピーギ管の内腔はほとんど見えず，上皮細胞は小さく見える（図3.21）．吸血中および吸血後には上皮細胞は徐々に肥大化し，内腔は拡大し，白いグアニン結晶で満たされる（図3.20）．これらの結晶は通常，白色か虹色に輝いて見え，多くは球状（直径80 μmにもなる）で，薄い膜を被せたような構造をしている．その他の組成不明の物質も内腔に存在する．マルピー

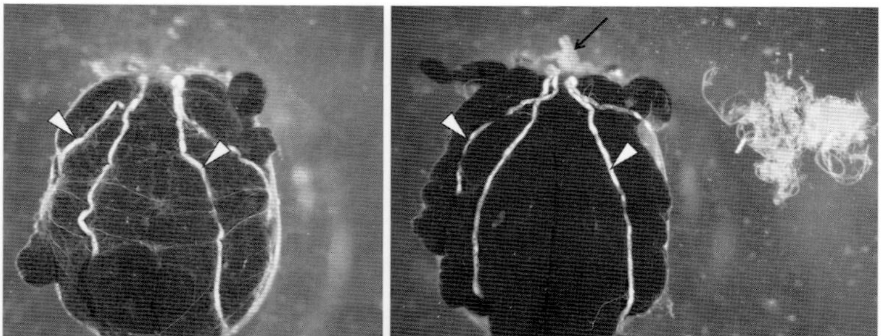

図3.20　左：フタトゲチマダニ雌（飽血）のマルピーギ管（白矢頭）．右：気管と脂肪体を取り除くと，明瞭なマルピーギ管を観察できる．前方にはジェネ器官（黒矢印；3.11節参照）が見える．

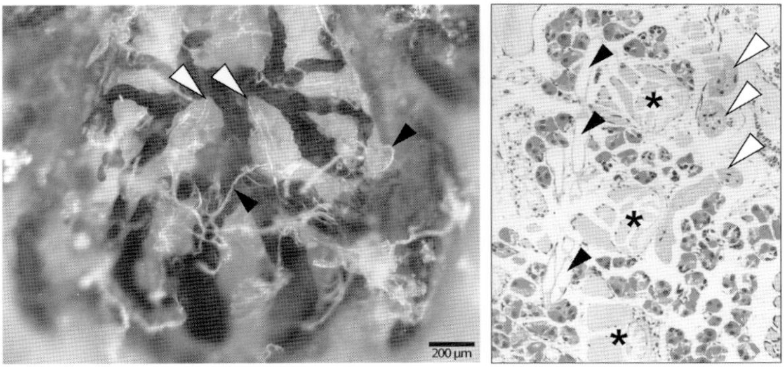

図 3.21 フタトゲチマダニ雌（未吸血）のマルピーギ管（白矢頭）
左：図 3.20 の飽血雌成虫に比べると，未吸血雌成虫のマルピーギ管は気管（黒矢頭）と区別がつかない程度に細い．末端（あるいは白矢頭が示す位置）から辿り，直腸嚢につながっている管状構造であることを確認できれば，それはマルピーギ管である．右：組織切片を観察すると，単層上皮からなるマルピーギ管の内腔はほとんど見えない．★は各歩脚の筋肉を示す．

ギ管には共生菌が存在する（3.13 節参照）．また，上皮細胞を電子顕微鏡で観察すると，血リンパに面した外側には発達した基底陥入（basal infoldings），内側（管腔側）には微絨毛層が認められ，液体輸送の役割を担っていることがわかる．

3.8.2 後　　腸

後腸（hindgut）は，中腸後端から細長く伸びた腸管から始まる．組織学的には，腸管は単層の円柱状または立方体の上皮細胞からなり，平滑筋細胞の薄い層で囲まれている．未消化の老廃物（おもにヘミン，未消化ヘモグロビン，細胞の残骸など）を中腸から直腸嚢へ運ぶ役割を担うと考えられている．この腸管は老廃物で満たされると膨張し，中腸の一部のように見えることがある．腸管と直腸嚢の接合部には括約筋があり，この動きによって，中腸に老廃物が逆流しないようになっている（Balashov, 1972）．

a.　直腸嚢

腸管に続く直腸嚢（rectal sac）は，体の腹側後方正中線に位置し，袋状を呈している．上皮細胞は薄いが（図 3.22），直腸嚢の膨張の程度により，立方体状（空の状態）または扁平状（充満した状態）になる．直腸嚢は非常に柔らかいため，

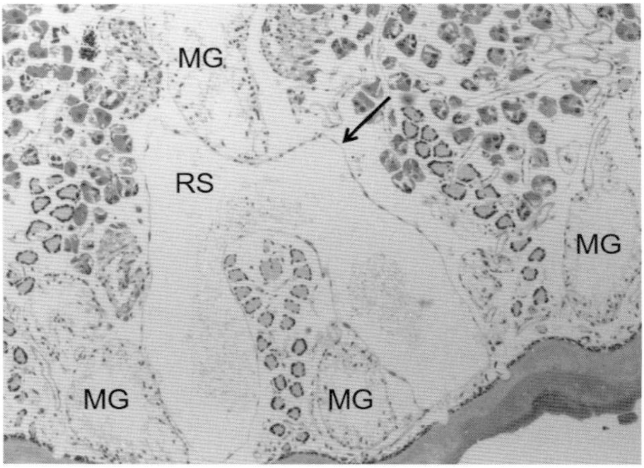

図 3.22　フタトゲチマダニ雌（未吸血）の組織切片
矢印は直腸嚢（RS）の薄い上皮を示す．直腸嚢の上に中腸（MG）が見えるが，それらをつなぐ腸管はこの切片では見えない．

特に，飽血雌成虫の解剖を行う際は傷をつけないよう細心の注意がいる．吸血中や吸血直後は，中腸からの未消化ヘモグロビンやヘミンが蓄積されるため，直腸嚢がピンク色や赤色に見えることがある．また，マルピーギ管からグアニン結晶の大きな塊が運ばれ，蓄積すると，直腸嚢全体が白く見える．

b.　直腸と肛門

直腸（rectum）は直腸嚢と肛門（anus）の開口部（opening / anal opening）をつないでいる．薄い上皮からなり，グアニン結晶の塊および／または黒い粘性のヘミンで満たされていることがある．肛門弁からの平滑筋が直腸の両側に配置されており，筋が収縮することによって直腸が拡大し，老廃物が排出される（Balashov, 1972）．飼育容器の底や内壁に残される点状（あるいは粒状）の黒い排泄物は，血液未消化物を含んでおり，水に触れるとさっと溶ける．

3.8.3　窒素性老廃物の性状と排出の仕組み

おもな窒素性老廃物が尿酸である昆虫とは異なり，マダニの排泄物には尿酸ではなくグアニンが多く含まれる．Hamdy（1977）によると，排泄物の構成成分は，グアニンが1.4〜9.3%，プリン体が2〜15%，ヘミンが0.2〜1.5%であった．それ以外は，大部分がヘモグロビンやアルブミンを含むタンパク質が占めている．

マダニ科の多くは，脱皮後すぐにグアニンを排泄する．一つ前の発育期（若虫の場合は幼虫期，成虫の場合は若虫期）に摂取した宿主血液の消化に由来するヘミンをも排出する．吸血中には,大量のヘミンと未消化ヘモグロビンを排出する．この「糞」は小さな粒状でパラパラと排出されたり，吸血中のマダニの後方に積み重なって塊になったり，マダニ種によって糞の様子は異なる．高湿度環境下で吸血させると，湿気で糞が柔らかくなり，肛門周囲に付着したまま糞が続々と蓄積され，大きな塊を形成することもある．なお，ヒメダニ科はグアニンのみを排泄すると考えられている（Sonenshine and Roe, 2014）．

直腸嚢とマルピーギ管の微細構造が電子顕微鏡により明らかにされ，細胞内小器官のリソソームなどの存在が発見されたが，生化学的な排泄過程についてはまだよくわかっていない．これまでに，排泄過程に関与すると考えられている分子（アクアポリン，神経ペプチドなど）がいくつか報告されている（Neupert *et al*., 2005；Holmes *et al*., 2008；Ball *et al*., 2009）．たとえば，アクアポリン（細胞膜に孔を形成し,水分の分泌を促進する分子）が複数種のマダニで同定されている．多くの昆虫ではアクアポリンは直腸嚢に存在し，迅速な水分排泄を制御しているが，マダニ科では唾液腺と中腸に最も強く発現しており，これは吸血時の水分排泄における役割を担うと考えられている．しかし，直腸嚢にアクアポリンが発現しているマダニ種もいれば，発現していないマダニ種もいるようで，排泄制御におけるアクアポリンの役割については今後の研究が待たれる．

3.9 循　環　系

マダニの循環系はほかの節足動物と同様，開放血管系であり，脊椎動物のように血液，リンパ液，組織液の区別がないため，体液を血リンパという．血リンパの循環は心臓，大動脈，短い動脈管などによって支えられている．血リンパは栄養分と窒素性老廃物の輸送を担っており，また，体内水分調節，微生物に対する免疫応答においても重要であるが，ガス交換は行わない．

心臓は比較的単純な細長い管で，体の背側正中線に位置している．心臓周囲の筋肉が拍動を与えており，飽血後の雌成虫を背面から見ると，この拍動をよく観察することができる．血体腔の血リンパは心臓の後方から前方に送られ，脚や動脈管に流れ込み，さらに細かい動脈を通って口器，顎体基部，血体腔へと流れる．こうして血リンパは全身をめぐっており，すべての器官と組織はこの血リンパ中にある．マダニの体重に占める血リンパの割合は，吸血などの生理的活動に関係なく，比較的一定である．

血リンパは血漿とヘモサイト（hemocyte，血球）から構成されており，ヘモサイトにはいくつかの種類（prohemocyte，granulocyte，plasmatocyte など）がある．これらは免疫応答（5.4 節参照）や血リンパ凝固の役割を担うと考えられており，吸血によってヘモサイトの各細胞種の比が変動する．また，血リンパにはキャリアタンパク質（carrier protein, CP）と呼ばれる高分子タンパク質（Donohue *et al.*, 2008）が多く含まれており，特に卵形成時の雌成虫においては，卵黄タンパク質前駆体（ビテロジェニン，Vg）が非常に多く含まれている．真核生物の中では珍しく，マダニはヘムを合成できない．宿主血液由来のヘモグロビンを分解して得たヘムの一部は血リンパ中に移され，その後，CP と Vg がヘムを貯蔵し，組織や卵へと輸送する（Maya-Monteiro *et al.*, 2000；Donohue *et al.*, 2008）．

マダニ体内における病原体の伝播（第5章参照）の観点から，血リンパも重要な研究対象である．血リンパを採取する際は，心臓付近の表皮を少しだけ切り，ガラス毛細管やマイクロピペットのチップなどで採取する（Kuniyori *et al.*, 2022）．あるいは，第 IV 脚の基節近くで歩脚を切断し，滲出する血リンパを採取する．マダニの吸血段階や発育状況により血リンパを採取しにくいことがあるが，血リンパの性状や内部臓器の状態をよく観察しながら採取する．また，体外に滲出した血リンパはしばらくすると凝固してしまうため，速やかに採取する．

3.10 ● 脂　肪　体

マダニの生活史は，代謝が速い gorging state（寄生期間；吸血・飽血）と代謝が遅い fasting state（非寄生期間；飢餓）を交互に繰り返すのが特徴であり（4.1 節，4.7 節参照），Needham and Teel（1991）はマダニを“gorging-fasting organisms”と称した．吸血に適応した行動や生理機能をもち，また，長期間の非寄生期間を生き延びるための独自の戦略をもっている．マダニの栄養貯蔵器官には中腸と脂肪体（fat body）がある（Sonenshine, 1991）．血液消化を含めた中腸における代謝については3.7節で説明し，ここでは脂肪体について述べる．

節足動物の脂肪体は，エネルギー貯蔵，ホルモンなどシグナル伝達分子の代謝，老廃物や有害化合物の解毒を行う器官である．生殖においても重要な役割を担っており，卵黄タンパク質前駆体（Vg）の合成と血リンパへの分泌を行っている．脂肪体におけるこれらの機能は，脊椎動物の肝臓が担うさまざまな機能に相当しているが，構造と生理学の観点においてはまったく異なる．また，脂肪体は脂肪を貯蔵しており，飢餓時のマダニの生存に必須の役割を担う．この点においては脊椎動物の脂肪組織に類似している．

3.10.1　脂肪体の形態

脂肪体は幼・若・成虫に存在する（Balashov, 1972；Sonenshine, 1991）．昆虫の脂肪体は腹部に存在する独立した器官であるのに対し，マダニの脂肪体は昆虫ほど発達しておらず，細胞が鎖状に連なった器官として存在している．マダニの脂肪体は気管に癒着しており，外皮の下に存在する末梢脂肪体と，生殖器やその他の主要な臓器を取り囲む内部脂肪体とがある．末梢脂肪体はエネルギー貯蔵，内部脂肪体はタンパク質などの生合成を担うと推測されてきたが，Denardi *et al.* (2008）は，それぞれの名称を体腔壁脂肪体（parietal fat body）および内臓周囲脂肪体（perivisceral fat body）と提唱し，これらの区別は脂肪体の位置を示すものであり，機能に基づく区別ではないとした．現時点では，体腔壁脂肪体および内臓周囲脂肪体が異なる機能を有するかどうかはまだ解明されていない．

未吸血時の脂肪体を実体顕微鏡で確認することはやや難しい（図3.7参照）が，吸血後には発達し，容易に観察できる．特に雌成虫においては，吸血・交尾後（単為生殖系統の雌成虫では飽血後）に著しく拡大し，中腸などの臓器全体を薄いコットンが覆っているように見えるほどになる（図3.20参照）．

3.10.2　脂肪体を構成する細胞

マダニの脂肪体は1種類の細胞，trophocyteからなる（Coons *et al.*, 1990；Sonenshine, 1991）．trophocyteは立方体あるいは円形の上皮様細胞であり，細長い鎖状（ひも状）や2〜3個分の細胞の厚さで密集した状態で観察される（図3.23）．trophocyteの形態はマダニの生理活性によって変化する．未吸血時にはグリコーゲンやタンパク質が貯蔵されており，大量の脂肪滴も存在する．これらは未吸血時のエネルギー源として重要なものであり，貯蔵物質のおかげでマダニは吸血せずとも長期間生存できるといわれている．吸血が始まると代謝が活性化し，交尾後の雌成虫のtrophocyte細胞質内には粗面小胞体，ゴルジ体，ミトコンドリア，ペルオキシソームが豊富になる．一方で，脂肪滴は消失する．このような細胞質内変化は交尾後3〜4日でみられるようになり，やがてタンパク質が合成される（Coons *et al.*, 1990）．すなわち，脂肪体のtrophocyteにおいてVgが産生され始め，産卵開始日以降，産卵期間中もVg産生が継続される（Sonenshine and Roe, 2014）．マダニ科では原則として交尾後の飽血雌成虫においてVgが合成されるが，単為生殖系統の雌成虫では交尾せずとも飽血後に脂肪体でVgが合成される（Boldbaatar *et al.*, 2010；Umemiya-Shirafuji *et al.*, 2012b）．なお，吸血雄成虫のtrophocyteには雌成虫のような粗面小胞体などの増加はみられず，グリコーゲンなどが沈着するのみである．

また，trophocyteとは明らかに異なる形態のnephrocyteという細胞も存

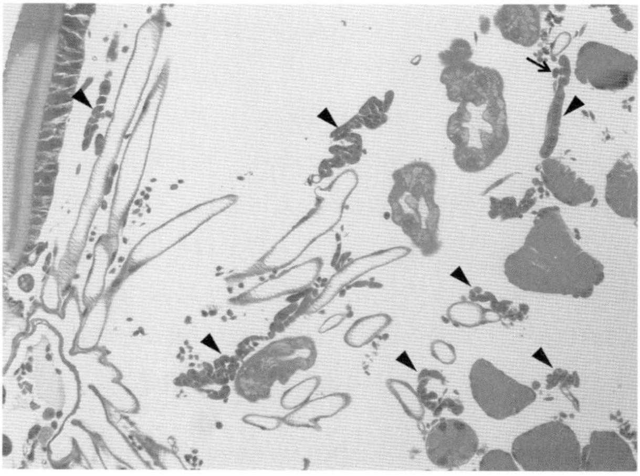

図3.23 フタトゲチマダニ雌の組織切片（吸血4日目）
立方体のtrophocyteが連なった脂肪体（黒矢頭）の多くは気管近くに観察される．
矢印は円形のnephrocyte様細胞であり，立方体のtrophocyteに沿っている．

在する．nephrocyteは楕円形または円に近い形を呈しており，鎖状に連なったtrophocyteに癒着しているものや，遊離し，血リンパ中を循環しているものがある（図3.23）．血リンパの流量が多い部位に存在していることが多い．nephrocyteは*D. variabilis*の幼・若・成虫で観察されている（Coons *et al.*, 1990）が，*Am. cajennense*の部分飽血雌成虫ではnephrocyteは見つからなかった（Denardi *et al.*, 2008）．電子顕微鏡による微細構造観察から，nephrocyteは，受容体を介したエンドサイトーシスにより血リンパ中から液体や分子などを取り込み，有毒成分を除去していると考えられている．恒常性の維持に関わると推測されているが，実験的には証明されていない．

3.10.3　脂肪体の機能（未吸血期）

ショウジョウバエ*Drosophila melanogaster*では，飢餓時の脂肪体においてtarget of rapamycin（TOR）活性（3.12節参照）が低下し，オートファジーが誘導される（Scott *et al.*, 2004）．オートファジーは真核細胞が自ら細胞質成分を分解する「自食」作用で，飢餓時の生存を維持するための栄養源獲得の仕組みである．4.1節で述べるように，マダニは飢餓状態で宿主を待ち伏せする．筆者らは，マダニの飢餓時には細胞内でオートファジーが誘導され，それがマダニの飢餓耐性を高めている要因の一つではないか，との仮説を立て，フタトゲチマダニのオートファジー関連（Autophagy-related, *ATG*）遺伝子の単離を試みた．現在までに，*ATG3*, *ATG4*, *ATG6*, *ATG8*, *ATG12*の5つの相同遺伝子を得た．若・成虫期における遺伝子発現解析を行ったところ，*ATG3*, *ATG4*, *ATG8*, *ATG12*については吸血時に発現レベルが低下し，飽血後，若虫から成虫への変態期に発現が上昇し，脱皮後においては飢餓期間が長くなるほど遺伝子発現が上昇した（Umemiya *et al.*, 2007；Umemiya-Shirafuji *et al.*, 2010）．未吸血時の脂肪体においては，*ATG3*と*ATG8*の発現レベルが吸血時に比べて高かった．これら一連の研究では中腸細胞内のAtg12タンパク質の局在やオートファジーに関連する構造体が観察されたが，脂肪体trophocyteの形態学的観察は行われていない．しかし，マダニにおけるオートファジー関連遺伝子の単離と遺伝子発現解析を行った最初の報告となった．さらに，未吸血時に発現上昇する遺伝子としては，リジン代謝に関与する酵素（リジンケトグルタル酸レダクターゼ

(LKR) およびサッカロピンデヒドロゲナーゼ (SDH)) (Battur *et al.*, 2009), 翻訳抑制因子4E-BP (eukaryotic translation initiation factor 4E (eIF4E)-binding protein) (Kume *et al.*, 2012) をコードする遺伝子がフタトゲチマダニで報告されている. *LKR/SDH*の中腸, 卵巣, 脂肪体, 総神経球における遺伝子発現レベルは, 吸血・飽血時よりも未吸血時において高く, 成虫の飢餓期間が長くなるほどマダニ全身における発現が上昇した. 4E-BPは翻訳開始因子eIF4Eに結合するタンパク質であり, 真核細胞におけるタンパク質合成を制御する. *4E-BP*の遺伝子発現解析を行ったところ, 飽血雌成虫よりも未吸血雌成虫で発現レベルが高く, また, *4E-BP*をノックダウンすると, 未吸血成虫の中腸および脂肪体内の脂肪量が対照群に比べ有意に減少した. したがって, *4E-BP*は未吸血時の脂肪貯蔵に関与し, 飢餓状態のマダニが生存する上で重要な役割を担う遺伝子であることが強く示唆された.

3.10.4 脂肪体の機能 (吸血後)

雌成虫の脂肪体で合成される主要タンパク質はVgである (Coons *et al.*, 1982 ; Rosell and Coons, 1992 ; James *et al.*, 1997). マダニのVgはヘム, 糖, 脂質, タンパク質で構成されており, ヘムは宿主血液由来ヘモグロビンの消化産物である (O'Hagan, 1974). マダニはヘムを自ら合成せず, 宿主血液由来の大量の遊離ヘムを効率的に処理し, ヘムの輸送と再利用を行っている (Braz *et al.*, 1999). Vgへのヘム取込みの仕組みについては明らかにされていない.

マダニ科では, 未吸血, 部分吸血・未交尾, 交尾直後の雌成虫の血リンパ中にはVgは検出されない. 吸血後の雌成虫体内で産生された20-ヒドロキシエクジソン (活性型エクジソン ; 4.3節参照) の刺激を受け, 交尾・飽血後の産卵準備期間において, 発達した脂肪体でVg合成が促進される (Thompson *et al.*, 2005 ; Umemiya-Shirafuji *et al.*, 2012b). その後, Vgは血リンパ中に分泌され, 卵母細胞表面にあるVg受容体を介して卵母細胞内に取り込まれる (Boldbaatar *et al.*, 2008 ; Mitchell *et al.*, 2019 ; Umemiya-Shirafuji *et al.*, 2019). 大量のVgが血リンパ中に分泌されるが, 卵母細胞にすぐに取り込まれるため, 血リンパ中に蓄積されることはない. Vg取込みに関与するVg受容体, オートファジー関連遺伝子*ATG6*をノックダウンすると, 血リンパ中にVgが蓄積し, 非常に濃い琥珀色の血リンパを観察できる（Kawano *et al.*, 2011）．卵母細胞に取り込まれたVgはプロセシングを受け，卵黄タンパク質（ビテリン，vitellin，Vn）として卵母細胞内に蓄積される．産卵期には卵巣の総タンパク質の50％以上をVnが占めることもある．VnもVgと同様にヘムを有するが，この特徴は昆虫とは異なる（Gudderra *et al.*, 2001）．なお，脂肪体のほか，中腸（3.7節参照）と卵巣もVgを合成することが報告されている（Coons *et al.*, 1982；Rosell and Coons, 1992；Boldbaatar *et al.*, 2010）．さらに，Vgとは別に，ヘムを有するリポグリコヘムキャリアタンパク質（lipoglycoheme-carrier protein, CP）が，卵，幼・若・成虫に存在することが報告されている（Gudderra *et al.*, 2001）．CPはおもに脂肪体と唾液腺で合成され，中腸と卵巣においても合成されるようである．CPとVgのアミノ酸配列は類似しているが遺伝子発現パターンが異なり，血リンパ中のヘムの隔離・解毒に関与していると考えられている（Donohue *et al.*, 2008, 2009）．

脂肪体のもう一つの機能として，ステロイドホルモン（エクジステロイド）の代謝があげられる．Schriefer *et al.*（1987）は，*D. variabilis*の脂肪体組織を*in vitro*で培養し，エクジソンに対する抗血清と反応する物質が産生または分泌されたことを報告した．脂肪体でエクジステロイド（エクジソン）が合成されるのか，あるいは単にあらかじめ細胞内に蓄積していたエクジステロイドを代謝・放出したのかはわからない．その後，ヒメダニ科において，エクジソンは真皮で合成され，脂肪体においてエクジソンから活性型エクジソンである20-ヒドロキシエクジソン（20E）に変換されることが明らかにされた（Oliver and Dotson, 1993；Zhu *et al.*, 1991）．ホルモンについての詳細は4.3節を参照されたい．

3.11 生　殖　器

3.11.1 雌性生殖器

雌性生殖器は，卵巣（ovary），卵管（oviduct），受精嚢（receptaculum seminis），膣（vagina），付属腺などよりなる（図3.24）．卵巣はU字型を呈しており，体の腹側に位置する．雌成虫の背側外皮を除去し，脂肪体と中腸を摘出すると卵巣をよく観察することができる．未吸血雌成虫の卵巣は薄く，細い帯状

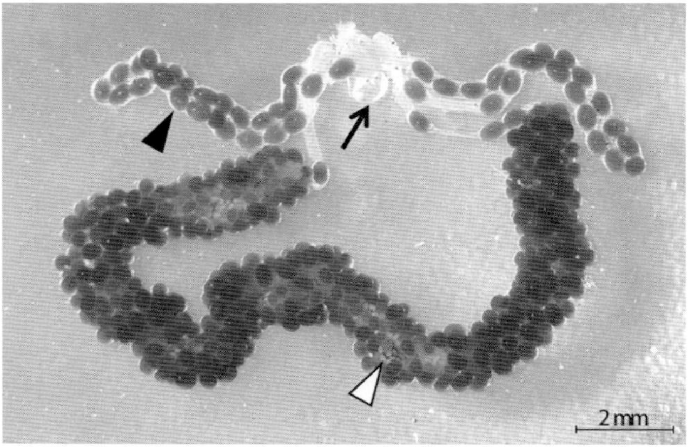

図 3.24　フタトゲチマダニ（単為生殖系統）雌の卵巣（飽血後4日目）
卵巣には未成熟な卵母細胞（白矢頭）を含むさまざまな発育ステージの卵母細胞が観察される．卵管（黒矢頭）内に多くの卵がある．この数日後には産卵が始まる．矢印は受精嚢を示す．

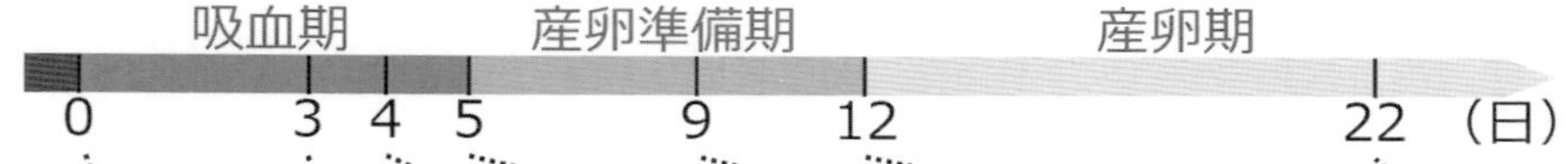

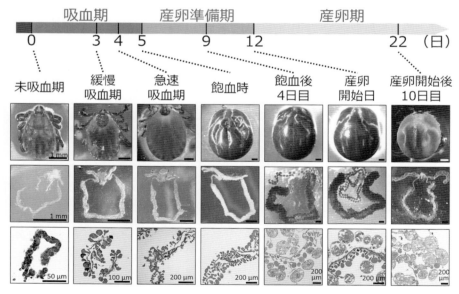

図 3.25　未吸血期～産卵期におけるフタトゲチマダニ（単為生殖系統）雌の卵巣
写真上段：背面（スケールバーは1 mm），中段：卵巣（スケールバーは1 mm），下段：卵巣組織切片のヘマトキシリン・エオジン（H&E）染色像（口絵5）.

に見える．吸血した雌成虫では，卵巣の壁から突出した，大きさの異なる多数の卵母細胞が見え，さらに飽血後数日経過すると琥珀色の成熟卵母細胞が見えるようになる（図 3.24，図 3.25）．卵母細胞の発育過程（卵形成）については 3.12 節で述べる．

膣は前庭部と頸部からなる．Metastriata では，前庭膣（vestibular vagina）が生殖門に開口しており，短い頸部膣（cervical vagina）で受精嚢につながっている．未吸血あるいは吸血後の未交尾雌の受精嚢は小さいが，交尾後，精包を受け取った雌では拡大する．なお，Metastriata の受精嚢は，クモ類や昆虫の受精嚢（あるいはそれに該当する器官）のように，精子を受精可能な状態に維持する貯蔵部位としては機能しない（Matsuo *et al.*, 2013）．雄成虫精包内の精子形成細胞は雌成虫の受精嚢内に数日間貯蔵され，精子が形成されると頸部膣を通り卵巣へと移動する（3.11.2 節参照）．受精嚢由来の分泌物が精子完成（spermiogenesis）のトリガーの一つであると考えられている（Suleiman, 1973）．この受精嚢は Metastriata 特有のものであり，Prostriata とヒメダニ科の雌成虫には存在しない．Prostriata では頸部膣が精子の貯蔵器官として機能する．また，交尾行動において重要なフェロモン腺が膣内に存在する（3.3 節参照）．

卵管は長く，折りたたまれており，前庭膣と頸部膣の接合部に開口している．卵は頸部膣側には移動せず，卵管から前庭膣を通って排出される．卵管は筋層に覆われており，単層立方上皮からなる．卵の通過時には，卵管上皮は引き伸ばされ平坦化する．膣上皮細胞と卵管上皮細胞に由来する分泌物は，卵管における卵の移動を潤滑にしているようである．また，卵管上皮細胞由来の分泌物は，卵殻の硬化にも関与すると考えられている（El Shoura, 1989）．

受精嚢から頸部膣を通り卵巣内腔に到達した多数の精子は，排卵直前，卵巣上皮細胞の微絨毛に密着する．卵母細胞は卵管の前方で受精するとの記載が Balashov（1972）にあるが，受精の場については複数の説がある．フタトゲチマダニと *D. andersoni* の産卵開始時には，精子は卵巣内腔に存在するとの報告や，一部の精子が卵母細胞の柄細胞（3.12.1 項参照）の間隙に入り込んでいるとの観察結果の報告がある（Suleiman, 1973；Yano *et al.*, 1989）．おそらく卵巣内で受精が起こることに間違いはないと考えられるが，実際の受精部位が卵巣内腔であるか，柄細胞の間隙であるかは不明のままであり，あるいは排卵直前に精子が卵殻から侵入するのではないかとも推測されている（Matsuo *et al.*, 2013）.

雌性生殖器として，ほかにジェネ器官（Gene's organ, egg waxing organ）がある（図3.20参照）．ジェネ器官は，卵表面に防水性のワックス成分を塗布する役割を担う1対の器官で，通常は背板前方のすぐ下に位置しているが，産卵の際に顎体窩（3.1節参照）より突出する（Kakuda *et al.*, 1995）．ジェネ器官はマダニに特有の器官で，二重膜を有する2～4個の嚢状構造からなり，吸血後・交尾後に著しく形態が変化する（Sonenshine and Roe, 2014）．吸血の開始によって腺細胞は増殖し，交尾後の腺細胞内には多量の貯蔵物質が蓄積される．やがて内側の膜が反転し，顎体窩より突出する．その様子は「角」のように見え，前庭膣から卵が出てくる際に卵を掴むように動き，卵を回転させながら分泌液を卵表面全体に塗布する．これにより，環境中における卵の防水性と凝集性（胚発生の間，卵は互いに密着している）が保たれ，孵化率が高まる．この分泌液の塗布が不十分であると卵は乾燥して死んでしまう．なお，この分泌液には，雌成虫顎体基部にある多孔域（図3.8参照）由来の抗酸化物質が混合されており，ジェネ器官由来分泌液中のワックス成分の酸化が抑制されている（Atkinson and Binnington, 1973）．また，この分泌液は微生物感染からも卵を保護する（Arrieta *et al.*, 2006；de Lima-Netto *et al.*, 2012）．これまで，分泌液中には腺細胞由来のワックス成分と血リンパ由来のワックス前駆体が混合されていると考えられていた（Sieberz and Gothe, 2000；dos Santos *et al.*, 2018）．最近，トランスクリプトーム，プロテオーム解析により，産卵前のジェネ器官ではタンパク質合成が活発に起こり，産卵中には合成したタンパク質の分泌と輸送が行われていることが明らかにされた（Xavier *et al.*, 2019）．さらに，ステロール合成が起こらないにもかかわらず，ステロールの修飾，分解，分泌のための仕組みが備わっており，ジェネ器官が脂肪酸の合成と分解，分泌を行う器官であるという，これまでの仮説を支持するデータが報告された（Xavier *et al.*, 2019）.

3.11.2 雄性生殖器

雄成虫の生殖器は，1対の管状の精巣（testes），1対の精管（vas deferens），精嚢（seminal vesicle），大きな多葉性の付属腺（accessory glands）などよりなる．精巣は胴体部の後方に位置しており，吸血時には未吸血時の2倍以上の大きさになる（Matsuo *et al*., 2013）．精巣は1対の短い精管を介して精嚢とつながっている．精嚢は胴体部の前方に位置しており，そこから射精管が前方に伸び，生殖門に開口している．

Metastriataでは精子形成は吸血により誘導され，精巣に存在する精子形成細胞（spermatogenic cell）は吸血の程度により変化していく．未吸血の雄の精巣前方部分には精原細胞（spermatogonia）と初期の一次精母細胞（primary spermatocyte）が，後方にはわずかに拡大した一次精母細胞が存在する．吸血3日目には，精原細胞と一次精母細胞，成熟分裂直後の初期の精子細胞がみられる．十分に吸血した状態になる吸血5日目には，精原細胞から「伸長した精子細胞」までのすべての段階の精子形成細胞が精巣に存在する．*Am. hebraeum* 雄成虫では，精子形成に必須の遺伝子が複数同定されている（Guo and Kaufman, 2008）．

吸血中の雌成虫から生殖腺性フェロモン（GSP）が分泌されると，雄成虫はそれを感知し交尾を始める（3.3節参照）．このGSPの感知により，精子形成細胞と付属腺からの分泌物（精液）を含む精包の形成が誘導され，形成された精包は雌側に渡される（4.4節参照）．その後，「伸長した精子細胞」は雌の受精嚢の中で精子になる．なお，雄成虫の精巣内で精子形成が起こる間，精子形成の前段階の細胞が補充され続ける．そのため，精包を雌成虫に渡した後も，再吸血を行うことにより精子形成を繰り返すことができる．このことが，雄成虫の複数回の交尾行動を可能にしている（Matsuo *et al*., 2013）．

3.12 卵形成・産卵・胚発生

3.12.1　卵　形　成

a.　卵母細胞の発育

卵巣は無栄養室型（panoistic type）であるため，卵母細胞の周囲には，昆虫でみられる栄養（哺育）細胞（nurse cell）や濾胞細胞（follicle cell）がない．卵母細胞は卵巣内腔に排出される（排卵）前まで，血体腔に面する柄細胞（pedicel cell）によって卵巣壁に付着している（図3.26）．柄細胞は，卵巣の栄養細胞や濾胞細胞と同様の役割を担うと考えられている．

マダニの卵形成は，若虫および雌成虫の吸血後に進行する．マダニの卵原細胞

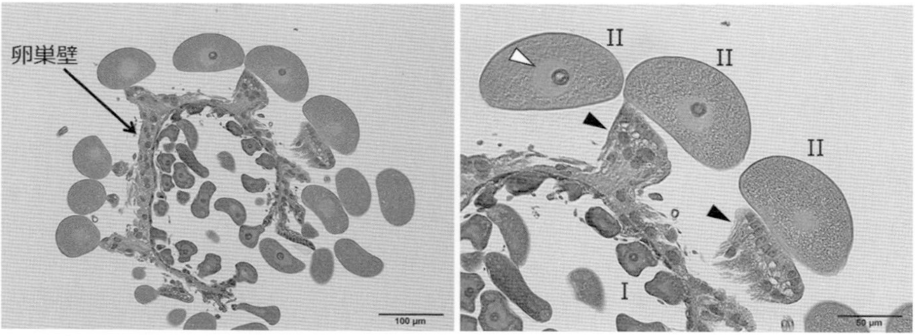

図 3.26　フタトゲチマダニ（単為生殖系統）雌の卵巣組織（飽血後 0 日目）
発育ステージ I と II の卵母細胞は柄細胞（黒矢頭）により卵巣壁に付着している．白矢頭は卵核胞を示す．右図は左図の写真を一部拡大したもの．

（oogonia）は幼虫期に出現し，若虫期での吸血後，卵原細胞は体細胞分裂によって一次卵母細胞（primary oocytes）になる．その後，成虫期で吸血するまでの間，一次卵母細胞の発育は停止する．雌成虫が吸血を開始すると，一次卵母細胞の発育が進行する（卵黄形成前卵母細胞，previtellogeneic cells）．卵母細胞は非同期的に発育し成熟に向かうため，卵巣には異なる発育ステージの，さまざまな大きさの球形または卵形の卵母細胞が混在する．卵母細胞の発育ステージについては多くの研究者により分類基準（おもにステージ I～V）が提示されており，そのほとんどは共通したものである（Balashov, 1972；Denardi *et al.*, 2004；de Oliveira *et al.*, 2005, 2006；Saito *et al.*, 2005；Sanches *et al.*, 2010；Sanches *et al.*, 2012；Yano *et al.*, 1989）．ここではまず，筆者らのフタトゲチマダニ（単為生殖系統）の卵形成に関する報告（Mihara *et al.*, 2018）に基づいて，発育ステージの分類について説明する．

卵母細胞の細胞膜（卵膜，oolemma）は，卵母細胞に接する厚い層と，より薄い外側の層の 2 層からなる．卵母細胞には，卵母細胞の細胞空間の半分以上を占める卵母細胞の核である卵核胞（germinal vesicle）がある．細胞質内の細胞小器官には，ミトコンドリア，ゴルジ装置，リボソーム，層状粗面小胞体，および少数のペルオキシソームがある．ステージ I では卵母細胞は小さく，円形または楕円形であり，細胞質は均質である．ステージ II では，卵母細胞は細胞膜が厚くなりステージ I よりも大きくなるが，柄細胞によって卵巣壁に付着している

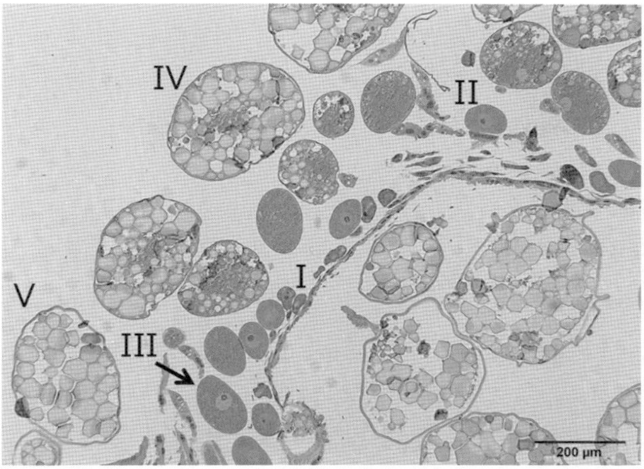

図 3.27 フタトゲチマダニ（単為生殖系統）雌の卵巣組織（飽血後 4 日目）
ステージ I～V までの卵母細胞が観察される.

(図 3.26). 細胞質には卵核胞があり，小さい卵黄顆粒が散在している. ステージ III 以降の卵母細胞は，卵黄顆粒の発達が目立つようになり，卵黄形成卵母細胞（vitellogenic oocytes）として定義される（図 3.27）. 細胞膜は厚く見え，卵殻（chorion）が形成され始める. ステージ III の卵核胞は柄細胞の近くに位置している. ステージ IV の細胞質には大小の多数の卵黄顆粒が観察され，卵母細胞の辺縁には大きい顆粒が，中央領域には小さな顆粒がみられる. この中央領域には多数のゴルジ装置と粗面小胞体が存在している. 卵核胞は観察されにくく，卵殻はほぼ成熟している. ステージ V の卵母細胞は最大サイズに達し，非常に大きい卵黄顆粒で満たされている.

交尾が始まると，卵黄形成期（vitellogenic stages）に進み，飽血し，宿主から離脱すると，ステージ III 以降の卵黄形成卵母細胞へと発育する. 単為生殖系統の雌成虫では，交尾せずに卵形成は進行する. 成熟した卵黄形成卵母細胞は，血体腔内に向かって拡大し，ステージ V に成熟するとやがて排出される.

b. 卵形成において重要なタンパク質

卵黄の主成分は，糖・脂質・リン酸が結合したタンパク質，Vn である. Vn の前駆体である Vg は，おもに脂肪体と中腸で合成され，卵母細胞表面にある Vg 受容体（VgR）に結合し，エンドサイトーシスによって卵母細胞内に取り込まれる．フタトゲチマダニにおいては3つのVg（Vg-1, Vg-2, Vg-3）が同定されている（Boldbaatar *et al*., 2010）．Vg-1は中腸，Vg-2は脂肪体と卵巣，Vg-3は脂肪体で合成され，いずれもシグナルペプチド配列を有することから，各臓器で合成された後，血リンパ中に分泌されると考えられている．遺伝子発現抑制実験の結果，これらすべてのVgが卵形成に必要不可欠であることが示された．

卵黄形成期の卵母細胞では細胞表面の微絨毛が発達し，タンパク質輸送のため表面積が拡大する．Vgを取り込んだ卵母細胞では，飲作用小胞が融合してより大きな構造体になり，最終的に巨大な均質な卵黄顆粒が形成される．卵黄顆粒間の細胞質には脂肪滴とグリコーゲン顆粒が蓄積する．そして卵母細胞は，大きな核と核小体を備えた巨大な細胞に成長する．ステージIVとVの細胞質は大きな

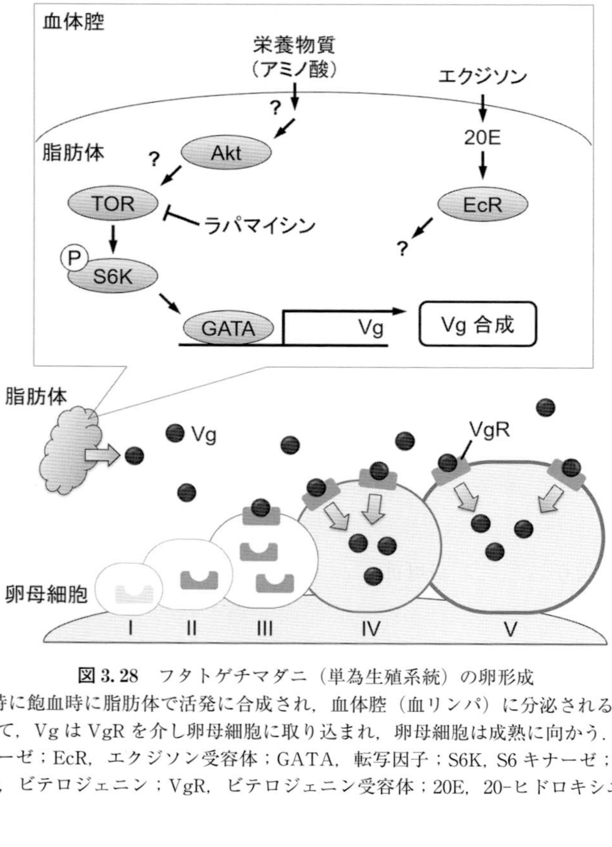

図3.28　フタトゲチマダニ（単為生殖系統）の卵形成

Vgは吸血後，特に飽血時に脂肪体で活発に合成され，血体腔（血リンパ）に分泌される．飽血後の産卵準備期間において，VgはVgRを介し卵母細胞に取り込まれ，卵母細胞は成熟に向かう．Akt，セリン／スレオニンキナーゼ；EcR，エクジソン受容体；GATA，転写因子；S6K，S6キナーゼ；TOR，target of rapamycin；Vg，ビテロジェニン；VgR，ビテロジェニン受容体；20E，20-ヒドロキシエクジソン．

顆粒で占められているため，核と核小体を見つけにくい（図 3.27）．

筆者らは，卵形成の過程において Vg 合成がいつ・どのようにして始まり，卵母細胞に取り込まれるのかを，フタトゲチマダニ（単為生殖系統）の雌成虫を用いて解析した．その結果，真核細胞の栄養シグナル伝達経路である target of rapamycin（TOR）経路の活性化により脂肪体での Vg 合成が誘導されること，TOR の活性化はエクジステロイドにより制御されること，脂肪体における Vg 合成は飽血時に活発になることを明らかにした（Umemiya-Shirafuji *et al.*, 2012a）．さらに，卵母細胞は，急速吸血期にステージ I から II，飽血後にステージ II から III へと発育し，その後，ステージ III 以降の表面にある VgR を介して Vg が取り込まれ，ステージ III から IV へと発育することを明らかにした（Mihara *et al.*, 2018；Umemiya-Shirafuji *et al.*, 2019）（図 3.25〜図 3.28）．Vg の卵母細胞への取込みには，オートファジー関連分子 *ATG6*/Atg6 も関与することを見出している（Kawano *et al.*, 2011）．*VgR*，*ATG6* ともに遺伝子発現を抑制すると，卵巣の発育は対照群に比べて著しく遅延し，産卵できたとしても異常な形態をしており，孵化しない．なお，図 3.28 に示している TOR の上流因子についてはすべてを特定できていない（Umemiya-Shirafuji *et al.*, 2012b）．また，20E が TOR 活性化による Vg 合成を制御するというデータを得たものの，エクジソン受容体によるシグナル伝達（遺伝子転写誘導）の仕組みについてはまだ解析中である（白藤ほか，未発表）．

c.　卵殻形成（choriogenesis）

卵殻は卵形成の過程において形成される．卵殻のもととなる前駆体が卵母細胞内で合成され，エキソサイトーシスにより細胞外に排出され，重合し均一な層を形成する．完成した卵殻の厚さは 2〜4 μm ほどになる．形成途中の卵殻は，ほとんどの物質に対して透過性があると考えられているため，Vg のような大きなタンパク質を取り込むことが可能である．卵殻形成は卵黄形成卵母細胞（ステージ III）で活発化し，ステージ IV の終わりまでに完了する．柄細胞の近傍の卵殻はほかの部分に比べて薄く，ここから精子が侵入し受精が起こるとも推測されている（Sonenshine, 1991）．マダニの卵には明確な卵門（micropyle）がないが，この薄い部分が卵門に該当する領域だと考えられている．精子核のみが卵母細胞に侵入し，卵殻は硬化し，精子のほかの部分は卵母細胞外で消化される．成熟した卵母細胞は柄細胞を介して卵巣内腔に排出されるが，そのメカニズムについてはよくわかっていない．卵巣の蠕動活動により卵巣壁に対する圧力が増大し，卵管内に成熟卵母細胞が押し込まれ，卵管から膣の方向に進むと推測されている（Sonenshine and Roe, 2014）．また，卵殻はマダニ媒介性病原体の侵入に関して重要な意味をもっている．経卵（巣）伝播（5.2 節参照）はさまざまな病原体において報告されているが，その仕組みについてはまだ不明な点が多い．上述の「脂肪体で合成される Vg」と，「卵母細胞表面に局在する VgR」の遺伝子発現を抑制すると，バベシア属 *Babesia* 原虫の卵への移行が減少，あるいは認められなかったことから，バベシア属原虫の経卵伝播においては，Vg と VgR が重要な因子であると考えられている（Boldbaatar *et al.*, 2008；Kuniyori *et al.*, 2022）．

3.12.2　産　　卵

飽血した雌成虫は宿主動物から離れ，あまり移動することなく適当な隠れ場所で静止し，数日後に産卵を開始する（図 3.29）．25℃ではフタトゲチマダニは飽血後約5日目から産卵を始める（もちろん個体差がある）．温度が低くなると産卵開始までの期間（産卵準備期間）は長くなる．オウシマダニでは飽血後に急激に卵巣が成熟し，卵形成が進み，30℃では1日目には産卵が始まり，3日目には

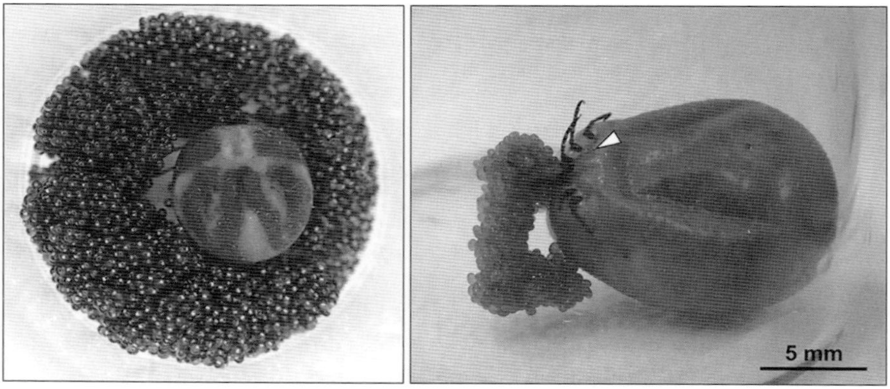

図 3.29　左：産卵中のフタトゲチマダニ雌．内径 3 cm のガラス製サンプル瓶内に多数の卵が認められる．右：産卵中のシュルツェマダニ雌．腹側の生殖門付近に卵が1つ認められる（白矢頭）．産下卵を抱え込むように第Ⅰ脚を前方に伸ばしているため，多数の卵により第Ⅰ脚が見えない（口絵 6）．

1日当たり約600個もの卵を産む．ピークを過ぎると，1日当たりの産卵数は徐々に減少するが，しばらく産み続け，累積産卵数は数千個に及ぶ．飽血後のフタトゲチマダニでは，1日当たりの産卵数は産卵開始後3日目までにピークに達する（北岡，1971；Umemiya-Shirafuji *et al.*, 2017）．マダニ種によるが，基本的には産卵数・総卵重量と飽血時体重は正比例の関係にあり，マダニ科の雌成虫の平均的な総産卵数は数千個である．臨界体重（critical weight）に達していれば，完全に飽血していなくても産卵可能であるが，産卵数は完全飽血の場合よりもはるかに少なくなる（4.3節参照）．卵の大きさはどのマダニ種もほぼ同程度であるが，ヒメダニ科や原始的なマダニ科では卵が大きく，産卵数が少ない．たとえば，ヒゲナガチマダニ *Ha. kitaokai* はチマダニ属 *Haemaphysalis* の中で最も古い亜属の一種であり，その卵はほかの種に比べ3倍ほど大きい（北岡，1971；Fujisaki *et al.*, 1976）．

3.12.3　胚　発　生

受精ならびに産卵の後，卵割が始まる．卵割は多くのダニ類と同じように表割

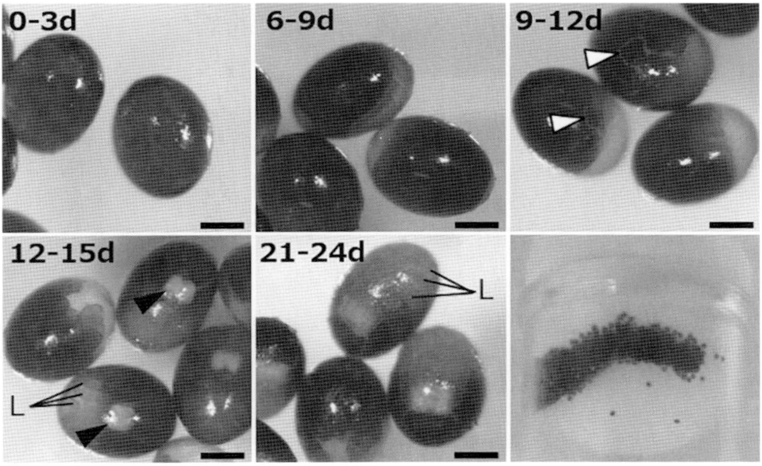

図3.30　フタトゲチマダニ（単為生殖系統）の胚発生
産卵後0〜3日目，6〜9日目，9〜12日目，12〜15日目，21〜24日目に観察した発育胚．スケールバーは200 μm．産卵開始後およそ1ヶ月程度で孵化し，右下の写真のように集合して未吸血期間を過ごす．L：歩脚，白矢頭：マルピーギ管，黒矢頭：直腸嚢．

（superficial cleavage）である（心黄卵）．初期段階では，卵黄塊の中心部にある核が分裂し，生じた核のほとんどが辺縁の細胞質に移動する．少数の核は中心部に残る．核は数を増加しながら移動し，やがて表面で単層の胚盤葉（blastoderm）を形成する．その後，胚盤周囲組織が形成されると，胚の片側（後に腹側となる面）に生殖原基（germinal primordium）が出現する．次いで胚盤胞（gastrula）が形成され，体節が出現する．前方には鋏角や歩脚が出現し，後方には胚帯（germ band）がみられる．胚帯はやがて腹側の中央溝の両側に分かれる．その後，卵の腹側に胚が移動し，4 対の歩脚の肢芽が形成される．徐々に鋏角，触肢，最初の 3 対の歩脚が現れ，腹側正中線に向かって成長する．第 IV 脚は肢芽のままである．顎体部もこのときに分化する．次いで直腸嚢が形成され，1 対のマルピーギ管が現れて発育中の胚に広がる．直腸嚢とマルピーギ管はグアニン結晶で満たされる（図 3.30）．ほかの器官形成の過程についてはほとんど明らかにされていない．

やがて，6 脚の幼虫が孵化する．孵化した幼虫は集合拘束フェロモンによる制御下で 1 ヶ所に集まる（3.3 節参照）．　（白藤梨可）

3.13 ● 共　生　菌

あらゆる生物は体内外に多様な微生物叢（マイクロバイオーム）を保有しており，複雑な関係性を構築しながら共生している．分離培養を経ずに微生物の遺伝子をまとめて解析できる技術の発展により，ヒトを含めたさまざまな生物のマイクロバイオーム研究が盛んに行われ，宿主生物のさまざまな生理活動にマイクロバイオームが大きく影響することが報告されている．マダニにおいても例外ではなく，共生菌が代謝，生存，発育，繁殖，吸血などのさまざまな生理活動に重要な役割をもつことがわかってきた．特に，栄養源を血液にのみ依存するマダニにとって，共生菌によるビタミン類の供給は生存する上できわめて重要であり，この点に着目した研究がこれまで重点的に行われてきた．おもなマダニ共生菌について下記に列挙し，その役割について概説する．

3.13.1 コクシエラ様共生菌（CLEs）

コクシエラ様共生菌（*Coxiella*-like endosymbionts, CLEs）はQ熱病原体 *Coxiella burnetii* と近縁の細胞内寄生細菌群で，マダニ共生菌の中でも最も研究が進んでいるグループである．マダニ科とヒメダニ科の多くのマダニ種がCLEを保有することが知られており，国内ではチマダニ属，キララマダニ属，カクマダニ属，カズキダニ属 *Ornithodoros*, *Carios* 属で高率に検出される．国内のマダニ属ではヤマトマダニ *I. ovatus* やアカコッコマダニ *I. turdus* がCLEを高率に保有するが，シュルツェマダニ *I. persulcatus* などほとんど保有しない種もいる．CLEは垂直伝播によりマダニ集団内で維持され，マダニ体内ではマルピーギ管や卵巣に多く局在するが，唾液腺などほかの器官からも検出される（Buysse *et al.*, 2019）．

Am. americanum が保有するCLEのゲノム解析では，ビタミンB群およびその補因子の生合成に関わる多くの遺伝子群をコードしていることが明らかとなった（Smith *et al.*, 2015）．実際に，クリイロコイタマダニのCLEのプロテオーム解析では，ビタミン類，補因子，脂肪酸などの代謝に関わる多くのタンパク質がマルピーギ管と卵巣で同定されている（Cibichakravarthy *et al.*, 2022）．興味深いことに，マルピーギ管と卵巣ではタンパク質の検出パターンが異なることから，CLEはそれぞれの器官で別々の役割をもつことが示唆されている．その他，フタトゲチマダニのCLEは，セロトニンの生合成を介して，マダニの吸血活動を促進することが報告されている（Zhong *et al.*, 2021）．

3.13.2 フランシセラ様共生菌（FLEs）

フランシセラ様共生菌（*Francisella*-like endosymbionts, FLEs）は野兎病菌 *Francisella tularensis* から派生したと考えられているフランシセラ *Francisella* 属細菌群で，多くのマダニ種で確認されている．FLEを除菌した *Ornithodoros moubata* では発育遅延や脱皮不良がみられるが，ビタミンB群を実験的に補うことでそれが回復することから，FLEがビタミンB群の生合成に関わることが実験的に確かめられた（Duron *et al.*, 2018）．さらに，ほかの複数のマダニ種が保有するFLEのゲノム比較解析でも，ビタミンB群と補因子をコードする遺伝子の存在が確認されている（Gerhart *et al.*, 2018）．このような必須共生（obligate symbiosis）状態のもの以外にも，マダニへの影響がほとんどない任意共生（facultative symbiosis）状態のFLEも存在するとされ，それらのマダニ種内での保有率は一般的にきわめて低い（Buysse *et al.*, 2022）.

3.13.3　リケッチア様共生菌（RLEs）

リケッチア様共生菌（*Rickettsia*-like endosymbionts, RLEs）は哺乳類病原体も含まれる細胞内寄生細菌群で，多くのマダニ種で検出される．特定のマダニ種で高率に保有されるものがRLEとして取り扱われるが，その役割についてはほとんど理解が進んでいない．一部のRLEは葉酸などのビタミンBの生合成に関わる遺伝子をコードするが，マダニへの影響は十分に評価されていない．RLEによりマダニの活動性が向上することが報告されている（Kagemann *et al.*, 2013）.

上記のほかに，アルセノフォーナス属 *Arsenophonus* 細菌，カルディニウム属 *Cardinium* 細菌，ラリスケラ属 *Candidatus* Lariskella 細菌，スピロプラズマ属 *Spiroplasma* 細菌，ミディクロリア属 *Candidatus* Midichloria 細菌，リケッチエラ属 *Rickettsiella* 細菌，ヴォルバキア属 *Wolbachia* 細菌などがマダニから検出されているが，その役割はほとんどわかっていない．これらの細菌群の多くはほかの節足動物で高度な生物機能をもつことが報告されており，今後研究が進むことでマダニと共生菌の相互関係の基盤が明らかになることを期待したい．

（中尾　亮）

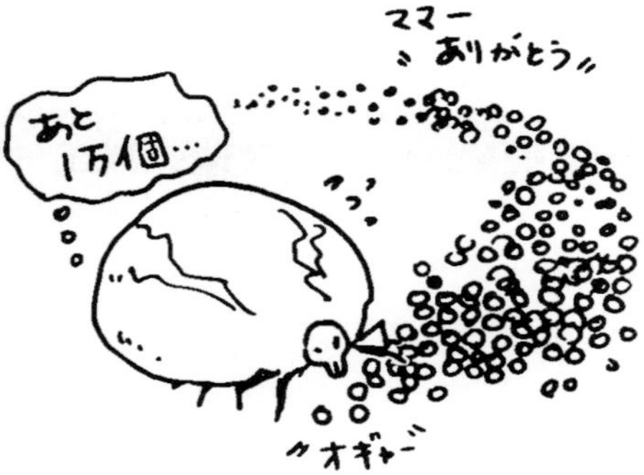

コラム3　デザインとファッションで伝える感染症対策

マダニは森林などに生息する節足動物で，吸血行動の際にさまざまな病原体を媒介する．現在，マダニ被害や感染症の対策として有効な手段は人とマダニの接触をなるべく避けることで，一般の人々がマダニに対する正しい知識をもつことが大切である．筆者はマダニや感染症に興味のない人々に知識を届けるには，マダニ以外のところで興味をもってもらうことが重要であると考えている．そのため，筆者らは従来の感染症研究者目線からの啓発活動だけではなく，異分野の研究者やアクティブな若者の視点を踏まえた活動の提供を試みている．現在の取組みとして，デザインを専門とする研究者と共同で，感染症とまったく関係のない幅広い層に向けてデザインの視点を組み込んだワークショップを行っている．そこではマダニおよびマダニが媒介する感染症の知識を伝達するとともに，参加者と若年層の視点を踏まえた新たな企画を立案し，共有している．参加者の提案をもとにマダニをコンセプトとしたデザインの服装，グッズの作成を行い（図1〜図2），かわいいファッションアイテムを手に取ったら「マダニの柄」だったという体験ができるよう，日常的に目に触れるものや，日常使いをするものを通じて，認知度の低いマダニの生態や感染症を，一般に周知することを目指し活動している．

（小方昌平）

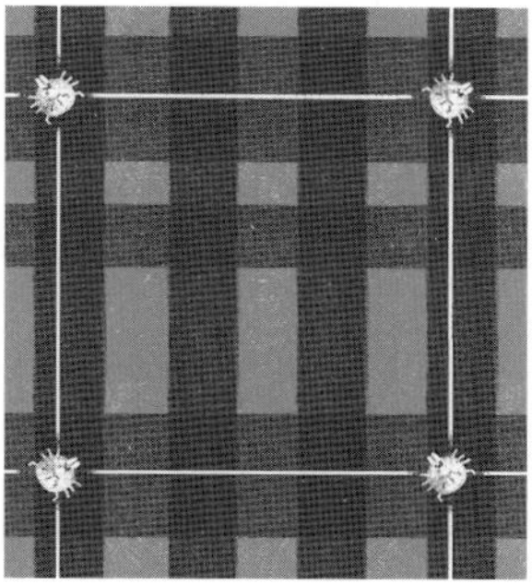

図1　マダニ×テキスタイルデザイン（TÝxtile）（イラスト：ヤブイヌ製作所，ファッションデザイン：西晃平）

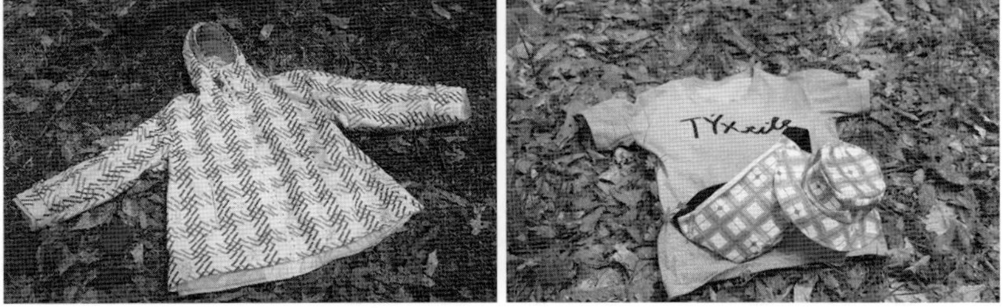

図2　左：マダニ対策の施されたデザイン機能服，右：マダニをコンセプトにしたグッズ（ともにTÝxtile）（写真撮影：Hisanori Akiyama，イラスト：ヤブイヌ製作所，ファッションデザイン：西晃平）

4 生　活　史

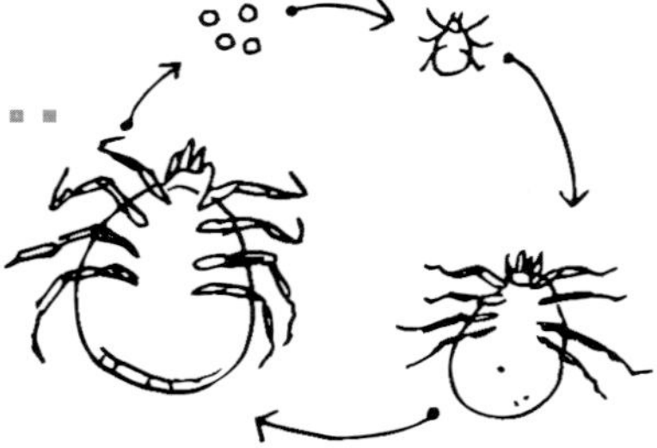

4.1 生　活　史

マダニ科 Ixodidae の生活史（卵が孵化してから次の世代で卵が孵化するまでの期間）は原則的に，卵と寄生性の 3 つの活動期（幼虫（larva［複 larvae］），若虫（nymph［複 nymphae, nymphs］），成虫（adult［複 adults］）（雄・雌））の計 4 つの発育期からなる．活動期ごとに 1 回の吸血を行い，脱皮・変態を経て次の発育期に移行，または生殖を行う（雄は交尾後に再吸血が可能；3.11 節参照）．マダニ科の雌成虫の場合，一生のうち 3 回だけの吸血が，栄養分摂取の貴重な機会となる．雌成虫は飽血後に産卵を開始し，産卵完了後は数日間生存するが，やがて死亡する．すなわち，マダニ科の吸血と産卵のサイクル（生殖栄養周期，gonotrophic cycle）は 1 回のみである．

幼・若虫それぞれが宿主動物上で脱皮するか否かによって，マダニの寄生のタイプは 1 宿主性，2 宿主性，3 宿主性に分けられる．国内生息種のほとんどは 3 宿主性であり，国内の一部の地域に生息しているオウシマダニ *Rhipicephalus microplus* は 1 宿主性であることから，ここではまず 3 宿主性について述べ，次いで 1 宿主性を説明する．なお，Metastriata のコイタマダニ属 *Rhipicephalus* とイボマダニ属 *Hyalomma* の中には 2 宿主性の種が存在するが，すべて国外生息のマダニである．

4.1.1 3 宿 主 性

マダニ科の大部分は 3 宿主性である（図 4.1）．卵は通常数週間で孵化し，幼

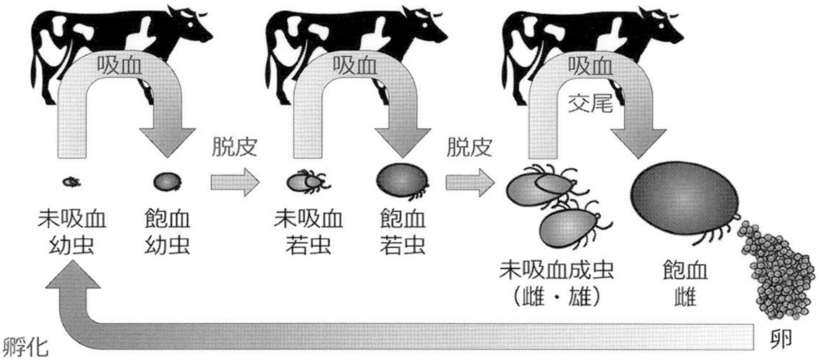

図 4.1　3 宿主性マダニの生活環
ここでの宿主動物は一例であり，マダニの種と発育期によって宿主動物はさまざまである（第 2 章参照）.

虫が発生する．幼虫は吸血後に宿主動物から離れ，地上に落下し，やがて脱皮する．未吸血若虫は次の宿主動物を探し，幼虫期に寄生した同じ宿主または異なる宿主に付着し，吸血を行う．飽血後，落下し，成虫期に移行する．脱皮後の成虫は宿主を探し，交尾と吸血を行う（4.4 節参照）．交尾を終え飽血した雌成虫は宿主動物から離れ，野生動物の巣穴，隙間，落ち葉の下などの好適な微小環境に移動し，産卵を開始する．産卵は数週間にわたって行われ，やがて雌成虫は死を迎える．雄成虫は少量の血液を数回摂取し，交尾を繰り返し，その後は死に至る．なお，卵から孵化したばかりの幼虫，脱皮したばかりの若・成虫は体が柔らかく，硬化するまでの 1～2 週間は活動しない．

各発育期の吸血期間はマダニ種や温度などの環境によって異なるが，たとえば筆者らが研究材料にしているフタトゲチマダニ *Haemaphysalis longicornis* では，幼・若虫で各 3～8 日，成虫で 3～11 日であり，これらの吸血期間をすべて合わせても 30 日に満たない（Fujisaki *et al.*, 1976）（6.1.1 項参照）．1 宿主性のマダニ（4.1.2 項）に比べ 3 宿主性のマダニの生活史は長く，1 世代を終えるまでに半年～数年かかる．つまり，3 宿主性のマダニにおいては，生活史の 90% 以上は吸血を行わない非寄生期（nonfeeding periods）に相当する（Needham and Teel, 1991）．非寄生期には，①卵が孵化するまでの卵期，②孵化した幼虫の未吸血期，③幼・若虫が吸血を完了（飽血）し，若・成虫に発育する変態期，④脱皮後の若・成虫の未吸血期，⑤飽血落下後の雌成虫の産卵期が含まれる．これらの期間は外界温度に影響を受け，一般的に低温であるほど延長する．未吸血状態の幼・若・成虫は，植物の葉裏や茎で静止し，「飲まず食わず」の飢餓状態で宿主を待ち伏せする．このとき，マダニ科の多くの種では行動休眠が誘導され，その際の代謝レベルの低下が長期間の飢餓に耐えられる一因であると考えられている（4.5節参照）．なお，宿主に寄生し吸血できるかどうかによって生活史の長さは変わるため，動物の生息密度が高い環境にいるマダニであれば，その生活史を終えるための日数は短くなる．

4.1.2　1宿主性・2宿主性

1宿主性のマダニの場合，飽血幼虫と飽血若虫は宿主動物から離脱することなく同一宿主上にとどまり，飽血雌成虫だけが宿主から離れ，地上に落下する（図4.2）．コイタマダニ属のうち以前ウシマダニ属に分類されていた全種とカクマダニ属 *Dermacentor* の数種がこのタイプであり，国内生息種ではオウシマダニが該当する．1宿主性マダニのおもな宿主動物は大型の偶蹄類である．卵は数週間で孵化し，発生した幼虫は植生上で宿主を探す．幼虫が宿主動物で吸血し，飽血すると宿主動物に付着したまま，そこで脱皮する．その後，若虫は同一宿主上で吸血し，飽血後はやはり宿主に付着したまま脱皮し，成虫は同一宿主で吸血する．成虫は交尾相手を見つけるために宿主体表上を動き回る（筆者がスリランカを訪れた際，農場の牛の体表上で未吸血成虫が歩き回っているのを実際に見た．牛

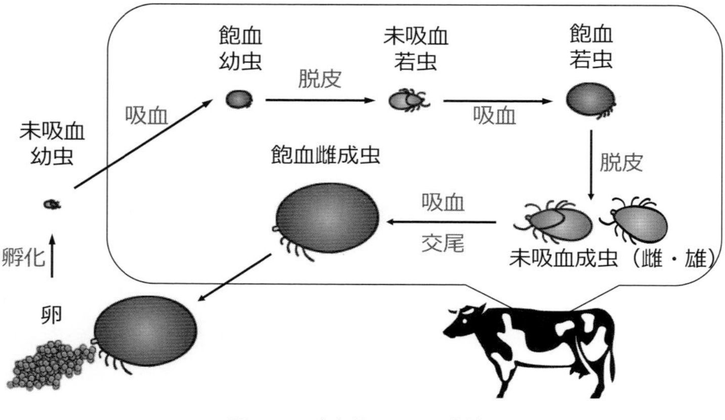

図4.2　1宿主性マダニの生活環

体に手を当ててみたが，人間にはまったく興味がないようで手の甲を素通りされた）．1宿主性マダニの生活史は2宿主性，3宿主性に比べるとかなり短く，オウシマダニの場合，同一宿主での幼・若・成虫の吸血におよそ3週間，飽血して1日後には雌は産卵を開始し，その後の幼虫の発生までに2ヶ月を要する．つまり，1年間に数世代繰り返すことが可能である．

なお，2宿主性マダニの生活史は1宿主性に類似しており，幼・若虫が同一宿主上で吸血し，若虫が飽血・落下する．脱皮後，成虫は次の宿主動物を探し，吸血を行う．

4.1.3　生活史の進化

マダニ科の中で最も原始的である，Prostriataのマダニ属 *Ixodes* とMetastriataのチマダニ属 *Haemaphysalis*・キララマダニ属 *Amblyomma* が3宿主性であることから，3宿主性はマダニ科において祖先的な寄生のタイプであると考えられている．各発育期とも多様な行動様式を有し，活動範囲の広い鳥類や哺乳類にうまく適応し，さまざまな種類の宿主動物と寄生関係を築いてきた．偶蹄類のような，特に移動性の高い哺乳類にマダニが寄生するようになって，コイタマダニ群のいくつかの属（カクマダニ属，コイタマダニ属など；第2章参照）で2宿主性と1宿主性が独立して出現したと考えられている．宿主動物の移動が広範囲に及ぶと，マダニは宿主を発見することが難しくなり，吸血の機会をもてなくなってしまう．このため，このような宿主動物に寄生する離巣性（4.2節参照）のマダニ（たとえばオウシマダニ）では，生活史を短縮させる必要が生じ，宿主動物上にとどまるようになったのかもしれない．

一方で，マダニの気候への適応が生活史の短縮をもたらしたとする仮説もある．国外に生息するマダニの例であるが，北方の寒い地域には，温かい宿主体表上で越冬する1宿主性のマダニ種や，幼虫と若虫が冬季に大型哺乳類に寄生する種などがいる（Drew and Samuel, 1989）．寒冷地に生息する種の幼・若虫は，長い寒い時期を宿主動物上で過ごし，暖かい春に雄と雌が発生して繁殖できるよう，幼・若期の発育を同期させているのかもしれない（Drew and Samuel, 1989）．なお，気候条件（おもに気温）に応じて3宿主性，2宿主性，あるいは1宿主性として行動を変化させる種も存在する．以下も国外の例であるが，イボマダニ属の

Hyalomma dromedarii は，夏にはラクダ科に寄生し3宿主性または2宿主性として発育するが，気温の低い春と秋には1宿主性となる．同属の *Hy. anatolicum* でも同様の特徴が記録されており，気温の上昇とともに3宿主性になるようである（Balashov, 1972）．ある種では，北方に生息する個体群は1宿主性であり，南方の個体群は2宿主性であるという特徴から，形態学的にはまったく同一であるものの，それぞれが独立種としてみなされてきたという例もある（Apanaskevich *et al*., 2010）．しかし，亜熱帯・熱帯地域に分布する1宿主性のマダニも存在することから，気候条件だけが宿主数の減少の要因とも限らない．

マダニの生活史の進化に関しては諸説あるが，マダニの系統樹（図2.3参照）をみると，宿主数の減少（2または1宿主性）は，単に，マダニの系統発生と進化の結果であるようにも見える．自然界では，マダニは宿主動物や気候にうまく適応しながら寄生を成立させ，吸血を行い，子孫を残し（ときに淘汰され）ている．1宿主性または2宿主性のマダニが通常とは異なる宿主動物に寄生した場合，その生活史は3宿主性に移行することもあるようだ．

4.2 ● 宿主探索と吸血

4.2.1 宿主探索行動

人・動物の体に付着し，寄生に至るまでのマダニの行動は，宿主からの種々の刺激と，それに対するマダニ自身の感覚器を通じての反応に基づく複合的なものである（3.2節参照）．マダニは孵化後あるいは脱皮後しばらくすると活動的になり，宿主からの刺激に反応するようになる．宿主を探索する期間は季節に関係し，不利な条件によっては中断されることもある（4.6節参照）．

a. 宿主探索戦略

宿主動物を探索し，脱皮や産卵を行う「場所」によって，マダニの宿主探索行動は留巣性（nidicolous）と離巣性（non-nidicolous）の2つのタイプに大別される．ただし，発育期によって行動タイプを変化させる種もいる．マダニ科のほとんどは離巣性であり，日本に生息する種はこのタイプに該当する．離巣性のマダニは森林や草地などの開けた場所で宿主を探す．植物に登り，ハーラー器官がある第I脚を広げて宿主を「待ち伏せ」する（図3.2節参照）．マダニが宿主に出会えず，長時間じかに接触していない場合は，失われた水分を回復させるために再び落ち葉のある地表に降りる．植物に登り，地表に降りるという1日のリズムは，水分（湿度）と気温によって決まる（Vail and Smith, 2002）．また，マダニが登ることができる高さは，おもに湿度と宿主動物の大きさに対応している（Tsunoda and Tatsuzawa, 2004；Sonenshine and Roe, 2014；Portugal *et al.*, 2020）．大型の偶蹄類に寄生するマダニの幼・若・成虫は1m以上の高さまで登ることがあるが，小型の宿主に寄生するマダニは地上数cmしか登らないか，地表で宿主を探す．実際，旗振り法（7.2節参照）では，チマダニ属の幼虫を多数採集することはたやすいが（季節にもよる），マダニ属の未成熟期（特に幼虫）を採集するには，落ち葉がある地表近くを探す必要がある．マダニの生息調査を行う際はこのようなマダニの生態についても考慮する必要がある．

なお，砂漠のような過酷な環境に生息するイボマダニ属の多くの種では，発育期によって宿主探索戦略を変える．幼・若虫期には小型のげっ歯類に寄生するため，留巣性の行動をとる．しかし，ラクダや牛のような大型の動物に寄生する成虫期には，離巣性として行動する．この行動変化は，生存・繁殖に不利な乾燥環境への適応であると考えられている．ちなみに，イボマダニ属成虫は発達した眼を有し，15～20度の角度で物体を識別でき，さまざまな光の強さに反応する．この視覚に加え，ハーラー器官の化学受容器が1～2m離れた宿主の位置を正確に特定し，「待ち伏せ」することなく，宿主に向かってジグザグに走り出し，積極的に追いかける．イボマダニ属の未吸血成虫は，24～26℃では1m/分の速度で宿主に向かっていくという（Sonenshine and Roe, 2014）．イボマダニ属は国内には生息していないが，動画共有サイトで数多くの動画が公開されており，歩いている（走っている）様子を見ることができる．

近年，病原体感染 *Amblyomma americanum* の宿主探索時間が，非感染マダニに比べて短かったという観察結果から，病原体感染が宿主探索行動に影響を与える可能性が示唆された（Richardson *et al.*, 2022）．マダニ媒介性感染症予防の観点から，今後のさらなる関連研究が待たれる．

一方，ヒメダニ科 Argasidae と，マダニ科マダニ属の一部の種（*Ixodes crenulatus*，ツバメマダニ *I. lividus* など）は留巣性であり，巣の中で宿主動物と接触する．これらのマダニは宿主の巣の外で吸血源を探すことはほとんどない．

b. 宿主探索戦略の進化

マダニ科は離巣性を基本とした行動をとっていたと考えられている．進化の過程で留巣性が派生し，それは，さまざまな属において独立して出現した．たとえばマダニ属では，上述のとおり一部の種は留巣性だが，形態学的に原始的な亜属は離巣性である．ある種は，地表と植生の間の垂直方向（最大 10 cm）のみ移動し，未成熟期には落ち葉の下にいる．このような種を起源として，巣穴に侵入するように進化した種や，草の先端で探索するように進化した種が現れたのだろう．

4.2.2 吸血行動

a. 昼夜の飽血落下リズム

飽血したマダニ科は移動能力が限られているため，宿主から脱落する場所は自身のその後の生存にとって重要になる．吸血を終えたマダニは発育，産卵をうまく進行させるため，昼夜の落下リズム（day-night rhythms of drop-off）のメカニズムにより，好適な自然環境の場に落下する．一般的に放牧地に生息する離巣性のマダニは，宿主が活動している時間帯に飽血落下する．昼夜の落下リズムは状況によって変化し，たとえば，*I. ricinus* 雌成虫は，牛が放牧地で活動し，草を食む日中の時間帯に飽血落下するが，牛の放牧活動が夜間になると暗期（夜間）に落下する（Sonenshine and Roe, 2014）．また，オウシマダニでは，牛体の日光に当たる部分に寄生している雌の方が，日陰にいる雌よりも早く落下するとの報告もある（Bianchi and Barré, 2003）．Fujimoto（1998）は，シュルツェマダニ *I. persulacatus* の幼・若虫の飽血落下リズムを 14 L–10 D の日長条件で観察し，明期（昼間）に飽血落下するリズムがあることを突き止めた．シュルツェマダニの幼・若虫の飽血落下は，日長に同調した内因性の概日調節機構によって制御されていると結論している．

放牧地におけるマダニ生息調査とマダニ対策の実施には，マダニの昼夜の落下リズムについても考慮する必要がある．また，殺ダニ剤抵抗性のマダニが問題となっている国においては，飽血雌成虫を実験室に持ち帰り，産卵させた後に幼虫を larval packet test（6.3 節参照）に使用することから，落下リズムを知っておくことは飽血雌成虫の回収のためにも役立つ（Bianchi and Barré, 2003）．

b.　宿主におけるマダニの吸血部位

ほとんどのマダニは宿主の特定の場所を選んで寄生する．マダニは，宿主のグルーミングなどで取り除かれることがないような部位に寄生していることが多い．家畜に比べ霊長類に寄生するマダニの数が少ないのは，個体的・集団的なグルーミングによるものと考えられている．マダニが好む寄生部位の要因としては，体のさまざまな部位の微小環境，たとえば宿主の皮膚の構造と毛の密度があげられる．犬・猫では，耳・眼・鼻の周囲，肢，鼠径部，肛門周囲など，毛の少ない，比較的柔らかい部分に寄生がみられる．宿主とマダニ種の組み合わせにより吸血部位はさまざまで，たとえばアフリカスイギュウ *Syncercus caffer* では，*Am. hebraeum* はおもに鼠径部と腋窩部に，*R. evertsi evertsi* は肛門周囲に多く寄生する（Anderson *et al.*, 2012）．アナウサギでは複数のマダニ種が，耳，前肢，腹部に多く寄生する（Napoli *et al.*, 2021）．暑い乾燥した地域に生息するマダニでは，強い直射日光や高い気温を避けるかのように，宿主動物体の下部に多く寄生する．国内に生息するフタトゲチマダニのおもな寄生部位については5.1節，ヒトへのマダニの寄生については6.1節を参照されたい．

c.　マダニの移動距離

草地内におけるマダニの運動は植物–地表間の垂直運動が主体であるため，水平移動距離はわずかである．特定の刺激がないときは葉の裏などで脚を体に密着させた静止状態にあるが，刺激を受けると葉の表面に現れ，第I脚を激しく振る興奮状態となる．マダニの移動は，マダニと宿主との相互作用や環境中でのマダニの拡散に重要な意味をもつため，マダニ媒介性感染症の疫学においても理解しておくべき行動である．Natividade *et al.*（2021）は，*Am. sculptum* の分散に関与する因子を見出すため，実験室条件下での *Am. sculptum* 若虫の運動を観察した．若虫を傾斜70度の紐の上に置き，その歩行活動を生存期間とともに毎日記録した．その運動は直線的ではなく，生涯を通じ142回方向を変えたという．平均歩行距離は1.8 m/日で，方向転換前の平均歩行距離は52 cmであった．1日当たりの歩行距離は実験日数の経過とともに減少した．歩行せず「休息」していた若虫は6ヶ月以上生存したが，毎日歩行した若虫の生存期間は約62日に短縮した．このことは，マダニの生存期間は歩行運動によって影響を受けることを示唆する．また，Natividade *et al.*（2021）は，*Am. sculptum* の若虫は生涯を通じて100 m以上の距離を移動することができるが，一度に歩く距離は短く，常に方向を変えていたと報告している．これらの観察結果から，マダニは長距離を移動できないことは明らかである．国内では，中島・岩佐（2001）が北海道十勝地方で採集したシュルツェマダニとヤマトマダニ *I. ovatus* をマーキングし，移動距離を測定した．平均移動距離はヤマトマダニ雌4.6±5.95 m，雄4.7±7.07 m，シュルツェマダニ雌9.8±10.68 m，雄11.6±13.38 mであり，ヤマトマダニよりもシュルツェマダニの方が分散したと報告している．

最近，マダニが静電気によって「飛行」するとの報告（England *et al.*, 2023）があり，メディアでも大きく取り上げられた．普段マダニの飼育をしていると，静電気でマダニが「舞う」のはよくあることであり，そのため，飼育にはガラス容器や帯電防止の器具を用いているが，England *et al.*（2023）の実験は，静電気によるマダニの移動を科学的に証明した例であった．野外でマダニを採集しプラスチック容器内に入れると，その中で静電気が発生していれば容易にこの現象を見ることができる．ただし，マダニが電荷を認識し，静電気を「利用」するかどうかは不明である．

コラム4　マダニ採集法

マダニはわれわれのごく身近な環境に生息するとはいえ，体長たった数mmの虫を環境中から探し出すことは至難の業である．マダニ研究者にとって，マダニをいかに効率的に採集するかは研究の命運，ひいては研究者生命を左右するきわめて重要な問題で，もっと良い方法はなかろうかと常に探しているといっても過言ではない．マダニの生物特性を利用したマダニ採集法を7.2節で概説するが，ほかにもユニークな手法がいくつか報告されているので，その概要を紹介する．

真空掃除機を用いて動物の巣穴からマダニを土壌ごと吸い取って採集する手法が1980年代に報告されている．特にイボイノシシ *Phacochoerus africanus* 等の巣穴に潜むカズキダニ属 *Ornithodoros* の採集などに用いられている（Jori *et al.*, 2013）．掃除機でマダニを一網打尽といいたいところであるが，筆者の経験ではゴミなども同時に大量に吸い込んでしまうため，採集効率は高くない．

旗振り法と炭素ガス発生装置によるトラップ法を組み合わせた手法が報告されている（Gherman *et al.*, 2012）．シリコンゴムチューブをフランネル布に付属させ，チューブに開けた穴から二酸化炭素ボンベでガスを放出させながら旗振りを行うもので，*I. ricinus* の採集効率の上昇が報告されている．ただ，別のマダニ種では採集効率に変化がなく，マダニ種により有効性が異なるようである．旗が重くなるため，腱鞘炎を心配してしまう．

ロボットにマダニを採集させるという試みもある．米国・オールド・ドミニオン大学の研究者らは，4 輪ロボットにフランネル布を引きずらせる TickBot を開発した（Gaff *et al*., 2015）．フランネル布に殺ダニ剤を塗布し，ドライアイスでマダニを誘引しながらロボットを自動走行させることで，環境中のマダニ密度を下げることに成功している．同ロボットのマダニ採集への応用が試みられているが，布に付着したマダニが走行中に落下しないための仕組みなどもう一工夫が必要そうである．　（中尾　亮）

4.3 ホルモンによる脱皮・卵形成の制御

4.3.1　エクジステロイドとは

マダニの発育には，宿主血液（blood meal）の摂取が絶対条件である．卵が孵化し，発生した幼虫は飽血後，脱皮･変態する．若虫は飽血後，成虫に変態する．マダニ科・ヒメダニ科ともに，脱皮には脱皮ホルモン（エクジステロイド）が重要な役割を担っている（Diehl *et al*., 1982）．エクジステロイドはステロイドホルモンの一つで，脱皮ホルモン前駆体（エクジソン，ecdysone）とその活性型である 20-ヒドロキシエクジソン（20-hydroxyecdyson, 20E），それらの代謝産物などの総称である．

マダニにおけるエクジステロイドの機能は，昆虫や甲殻類で観察されるものとおおむね同様である．マダニのエクジステロイドには脱皮制御以外の役割もある．雌成虫においては，緩慢吸血期から急速吸血期への移行期に起こる一連の内分泌系を制御している．たとえば，吸血後の唾液腺退化，ビテロジェニン（Vg）合成と卵形成（3.12 節参照），性フェロモン産生（3.3 節参照）は，エクジステロイドにより調節される．緩慢吸血期から急速吸血期への移行期では雌成虫は臨界体重（critical weight）に達するが，もし，臨界体重以下で宿主から早々に離れてしまった場合，雌は再び宿主を探索し，機会があれば再吸血できる．ただし，唾液腺の退化は起こらず，産卵もしない．臨界体重に達したものの，完全な飽血前に宿主から脱落してしまった場合は，宿主で再吸血できないが，唾液腺は退化し，産卵する（ただし，飽血雌成虫よりも体重は軽いため，産卵数は少ない；3.12節参照）．つまり，雌成虫の性成熟を進行させるためには，臨界体重に到達し，エクジステロイドが合成･活性化されることが重要なポイントとなる（Weiss and Kaufman, 2001）．雄成虫では，エクジステロイドは精子成熟を調節すると考えられているが，そのエクジステロイドが雄の精巣で合成されるという証拠はまだない（Rees, 2004）．マダニ科では，雌成虫由来のエクジステロイドが卵に存在することが示されているが，雌成虫から子孫へ伝わったエクジステロイドの役割については不明である（Dotson *et al.*, 1995）．さらに，エクジステロイドを投与すると，幼虫の休眠が停止するとの報告もあるが，その意義についてはよくわかっていない．

ここでは，エクジステロイドについて概説し，その多岐にわたる機能から，マダニの生活史の中で特に重要なイベントである脱皮，Vg 合成・卵形成におけるエクジステロイドの生理作用に絞って述べる．

4.3.2 エクジステロイドの合成

節足動物の真皮（epidermis）は通常，少なくとも4種類の細胞（上皮細胞（epithelial cell），エノサイト（oenocyte），皮膚腺細胞（dermal gland cell），感覚受容細胞（sensory receptor cell））で構成される（Sonenshine and Roe, 2014）．昆虫のエクジソンは，外胚葉由来組織の前胸腺でおもに合成され，真皮にあるエノサイト，卵巣などでも合成される．エノサイトは炭化水素の合成や脂質代謝機能を担う特殊な細胞で，昆虫種により解剖学的位置はさまざまであるが，多くは腹部に存在し，脂肪体や気管と癒着していたり，血リンパ中に存在したりしているようである（藤井，2019）．ヒメダニ科ではエクジソンは真皮で合成され，脂肪体で20E に変換される（Zhu *et al.*, 1991）．マダニ科のエクジソン合成の場も真皮である．飽血後4日目の *Am. hebraeum* 雌成虫から採取した外皮（integument）を *in vitro* 培養すると，そのままではエクジソンは合成されないが，総神経球の抽出物を培養液に添加すると合成されるようになる．総神経球抽出物をトリプシン処理するとステロイド生成活性が消失したことから，総神経球由来の活性因子はペプチドまたはタンパク質であると考えられている（Lomas *et al.*, 1997）．なお，同じように卵巣と脂肪体を総神経球と共培養してもステロイド生成活性は見られない．さらに，Lomas *et al.*（1997）は，セカンドメッセンジャーのサイクリック AMP（環状アデノシン一リン酸）が，外皮におけるエクジステロイド合成を仲介することも明らかにした．マダニには前胸腺はなく，また，真皮にエノサイトが存在するかどうかも証明されていない．したがって，エクジステロイド合成部位が外皮であることは明らかだが，合成を担う細胞が，昆虫やクモ類と同じようにエノサイトであるかどうかは特定されておらず，“putative oenocytes”と表現されている（Sonenshine and Roe, 2014）．

4.3.3 未成熟期の脱皮過程におけるエクジステロイドの生理作用

新しい表皮（cuticle）の形成と，古い表皮の剝離（アポリシス，apolysis），それに続く古い表皮の脱落（ecdysis）の一連の過程を脱皮（molting）と呼ぶ．吸血後の幼・若虫は，真皮層が新しい表皮を形成し脱皮を行うことにより，若・成虫へと体を大きくするとともに新たな外部構造物を付加する．なお，アポリシスは脱皮開始時に起こる現象で，古い表皮が真皮の上皮細胞から剝離し，両者の間に空隙が生じるプロセスである（松本，2021）．アポリシスに次いで，表皮の上に脱皮液が分泌され，古い表皮が分解され脱落する．最後に若虫あるいは成虫が脱出する．脱皮直後のマダニの白色～淡い茶色の体色がより濃い色に変化し，硬化し，活動性を得るまでに一定の日数が必要である．

脱皮の過程はエクジステロイドにより調節されるが，たとえばヒメダニ科の *Ornithodoros moubata* 若虫（第 5 期）では，血リンパ中のエクジステロイド力価の変動は，吸血後に誘導される脱皮の過程と強く関連している．エクジステロイド力価が低い吸血後 2～3 日目には，数枚の内表皮層（procuticle lamellae）が沈着し，有糸分裂が始まる．その後，エクジステロイド力価は上昇し始め（3～4 日目），有糸分裂は 4 日目に終了する．その後，アポリシスと同時に急激にエクジステロイド力価が上昇し（4～5 日目），新しい上表皮（epicuticle）の沈着時にピークに達する（5～6 日目）．そして，内表皮（procuticle）沈着の開始と古い表皮の分解が始まると同時に，エクジステロイド力価は低下し始め（6 日目），脱皮の少し前（9～10 日目）には低い値になる．この脱皮過程とエクジステロイドの動態の関連性は，ほかのヒメダニ科，マダニ科にも共通している．

Roller *et al.*（2010）は，*I. scapularis* のゲノムを BLAST（basic local alignment search tool）検索し，昆虫の脱皮行動触発ホルモン（ecdysis triggering hormone, ETH）と高い相同性を示すペプチドをマダニではじめて同定した．さらに，抗 pre-ecdysis triggering hormone（PETH）血清を用いた免疫染色により，*I. ricinus* と *R. appendiculatus* の内分泌系細胞に PETH が存在することを突き止めた．しかし，その細胞種については特定されておらず，これらのホルモンがどのような役割を担うかは解明されていない．最近，*Am. americanum* において，脱皮に関連する神経ペプチド配列が複数同定され，遺伝子発現解析が行われた（Lyu *et al.*, 2023）．それらの遺伝子発現レベルは，脱皮後間もない成虫や総神経球において高いことが示された．今後，分子レベルの知見が蓄積されることにより，マダニの発育を制御するエクジステロイドの生合成と作用機序の理解が進むと期待する．

4.3.4 雌成虫におけるエクジステロイドの生理作用

a. 性フェロモン産生の制御

若虫から成虫への脱皮直後には，後胴体部にあるフェロモン腺（foveal glands）において，誘引性フェロモン（2, 6-DCP）の産生が始まる．実験的には，脱皮前のイボマダニ雌を外因性 20E で刺激すると，2, 6-DCP 産生が増加することが証明されている（Sonenshine, 1991）．さらに，22, 25-ジデオキシエクジソン（22, 25-dideoxyecdysone）を未吸血の雌雄に取り込ませたところ，フェロモン産生の増加が観察されたという（Jaffe *et al.*, 1986）．したがって，エクジステロイドが性フェロモン産生を制御すると考えられている．さらに，エクジステロイドはそれ自体がフェロモンの構成要素にもなっている（3.3 節参照）．

b. 卵形成の制御

マダニの卵形成と産卵は，吸血と交尾によって誘導されるプロセスであり，神経系，内分泌系，生殖系の相互作用によって成り立っている．4.4 節で述べるが，原則的に，マダニ科の雌成虫は交尾をしなければ飽血できない．卵形成においては，Vg の合成と卵母細胞による Vg の取込みが重要なイベントであるが，Vg 合成の制御については，ヒメダニ科の *Or. moubata* を用いた研究成果が数多く報告されている．4.1 節では割愛したが，ヒメダニ科の雌は交尾の有無に関係なく吸血を完了させ飽血することができ，マダニ科とは異なり，数回の生殖栄養周期（gonotrophic cycle）を繰り返す．このような生物学的特性から，マダニの繁殖に関する研究において優れたモデルとされている．ヒメダニ科では，Vg 合成を刺激する因子として fat body stimulating factor（FSF）が見出されており，その FSF の産生は，総神経球から分泌される vitellogenesis inducting factor（VIF）によって制御されていると考えられている（Chinzei *et al*., 1992）．*Hy. dromedarii* では，ヒメダニ科の VIF と同様の総神経球由来因子が Vg 産生に関与しているという証拠が得られている（Sonenshine and Roe, 2014）．FSF とは何かについてはまだ明らかにされていないが，幼若ホルモン（juvenile hormone, JH）またはエクジステロイドではないかと推測されている．ただし，現時点では昆虫型 JH はマダニでは確認されていない．さらに，総神経球由来の egg development stimulating factor（EDSF）が Vg の卵母細胞への取込みに関与している可能性が，ヒメダニ科の複数種において報告されている（Shanbaky *et al*., 1990；Oliver *et al*., 1992）．マダニ科においても，*I. scapularis* と *Dermacentor variabilis* で EDSF 様の総神経球由来因子が発見された（Oliver and Doston, 1993）．

一方，Sankhon *et al*.（1999）は，未吸血 *D. variabilis* 雌成虫の脂肪体と背部の表皮を共培養し，20E が脂肪体トロフォサイトの Vg 産生を刺激するのに対し，JH 類縁体であるメトプレンは有意な影響を及ぼさないことを示した．同様に，*Am. hebraeum* では，Vg 合成前の雌成虫に 20E を注射することで Vg 合成を誘導できることが証明されている（Friesen and Kaufman, 2002）．Thompson *et al*.（2005）は，未吸血・未交尾の *D. variabilis* に 20E を接種すると *Vg* 遺伝子発現が上方調節され，卵巣では Vg の吸収が起こることを示した．さらに，20E が *D. variabilis*（Thompson *et al*., 2005, 2007；Khalil *et al*., 2011），フタトゲチマダニ（Umemiya-Shirafuji *et al*., 2012），*Or. moubata*（Horigane *et al*., 2010）において *Vg* 遺伝子発現を増大させることが示された．また，ホールマウント *in situ* ハイブリダイゼーションにより，*Or. moubata* 雌の *Vg* mRNA は脂肪体と中腸に局在することが示された（Horigane *et al*., 2010）．Horigane *et al*.（2010）は，Vg 産生の増加は血リンパ中のエクジソン濃度の上昇と同時に起こることも明らかにした．

脂肪体における Vg 合成が，エクジステロイドにより制御されていることは間違いない．しかし，個々の遺伝子の転写に対するエクジステロイドの直接的な作用に関する情報はまだ不足している（Rees, 2004）．昆虫では，脱皮・変態時に放出されたエクジソンが細胞の中に取り込まれ，核内のエクジソン受容体(EcR)-Ultraspiracleタンパク（USP）複合体と結合し，DNA上にあるエクジソン応答配列部と結合する．次いで，下流にある脱皮・変態に関与する遺伝子群の転写を誘導する（桝井，2004）．そして最終的には，脱皮・変態を誘導する．マダニでも，エクジステロイドの作用はEcR-USP複合体によって媒介されると考えられているが，その下流のシグナル伝達についてはまだ不明な点が多い(Horigane *et al*., 2008；Lu *et al*., 2021)．　（白藤梨可）

4.4 繁　殖

マダニがヒトや動物に媒介する病原体には，雌成虫から次世代の幼虫に移行するものがあり（経卵伝播；5.2節参照），マダニの繁殖についてよく理解することは，マダニとマダニ媒介性感染症の防除法を考案する上で重要である．

Metastriata と Prostriata の繁殖の特徴には大きな違いがある．交尾(copulation）の仕組みは共通しているが，配偶子形成と交尾行動（雌雄がペアになり，受精に至ること，mating）のタイミングが異なる．Metastriataの脱皮後の雌雄は性的に未熟であり，配偶子形成（gametogenesis）は吸血中に始まる．すなわち，Metastriataの雄は精子成熟を促進するために吸血を必要とし(Oliver, 1982)，吸血が終わると宿主動物の皮膚から離れ，吸血中の雌を探す．雄成虫は，雌成虫から分泌される複数の性フェロモン（3.3節参照）によって誘導され，同種の雌を認識する．異種のマダニが共存していても，雄は同種の雌を見つける．雄成虫はまず雌成虫の背面に乗り，その後，雌の後端側から腹面に入り込む（この際，雌は体をやや浮かす）．雄は鋏角（3.1節参照）を使って雌成虫の生殖門（genital pore）を探り，鋏角指を挿入する（Feldman-Muhsam and Borut, 1971）．その後，マダニ種にもよるが，早くておよそ10〜15分後に精包(spermatophore）が形成され始め，精子形成が完了すると，雄成虫の生殖門から精包が出る．雄成虫は鋏角で精包を掴み，付属器官も使用して雌側の生殖門に精包を渡す．雌成虫の受精嚢（seminal receptacle）は精包で満たされ，大きく膨張する．なお，雄成虫の鋏角指を切除すると，交尾行動がみられるものの，精包を雌成虫に渡せなくなってしまう（Sonenshine, 1991）．精包を渡した後は，雄成虫は雌成虫から離れる．雄成虫は再吸血可能であり，複数回の吸血と交尾が可能である．雄成虫の吸血量は雌成虫に比べてかなり少なく，雄成虫の体重は吸血前の約 1.5〜2 倍増えるに過ぎない（3.1 節，3.7 節参照）．なお，宿主皮膚上の雄成虫をピンセットで軽く引っ張ると，十分に吸血できていない場合は口器がしっかりと挿入され固着しており，簡単に引き抜くことはできないが，交尾できる状態の雄成虫であれば簡単につまみ取ることができる．Metastriata の雌成虫は通常，急速吸血期に雄成虫と交尾をし（図 4.3），精子の入った精包（3.11 節参照）を受け取った後，さらに大量の血液を摂取し，飽血に至る．飽血時の雌成虫の体重は，吸血前の約 100 倍まで増加する．交尾の機会がなかった場合，雌成虫の吸血は進行せず，飽血できずに宿主動物に寄生したまま，あるいは皮膚から離れてしまう（Pappas and Oliver, 1971）．単為生殖を行う雌は，交尾することなく飽血に至る（Oliver, 1971）．飽血した雌成虫はやがて産卵する．受精（fertilization）については 3.12 節を参照されたい．

一方，Prostriata では，配偶子形成は若虫から成虫に変態する過程で始まり，脱皮後の成虫において進行あるいは完了する．したがって，Prostriata の雌雄は吸血を行う前でも（図 4.4），吸血中の宿主体表上でも（図 4.5）交尾を行うことができる．野外でマダニ属の雄と雌を採集した後，それらを同一容器内に入れておくといつの間にか雌雄のペアになる．Prostriata の雄は口下片と鋏角を雌の生

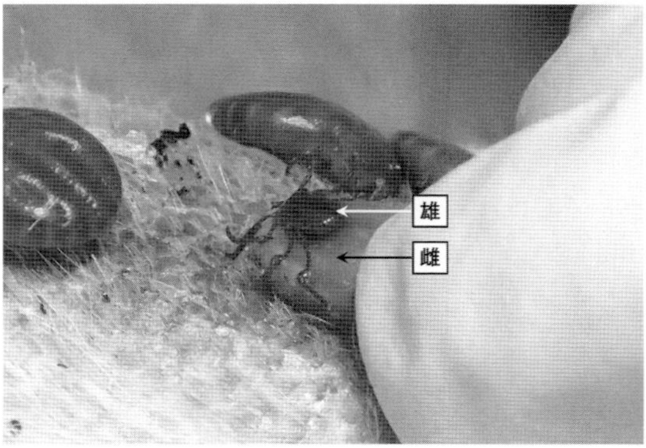

図 4.3　Metastriata の雌雄
吸血中の雌成虫の腹部には雄成虫がみられる．写真はフタトゲチマダニ．

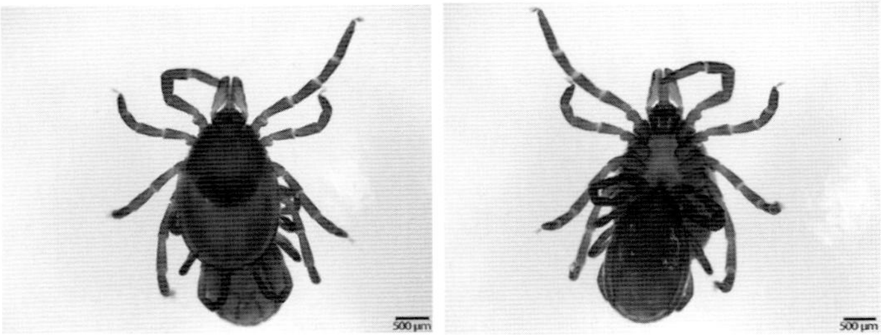

図 4.4 ペアになっているマダニ属の未吸血雌雄（左：雌成虫背側，右：雌成虫腹側）

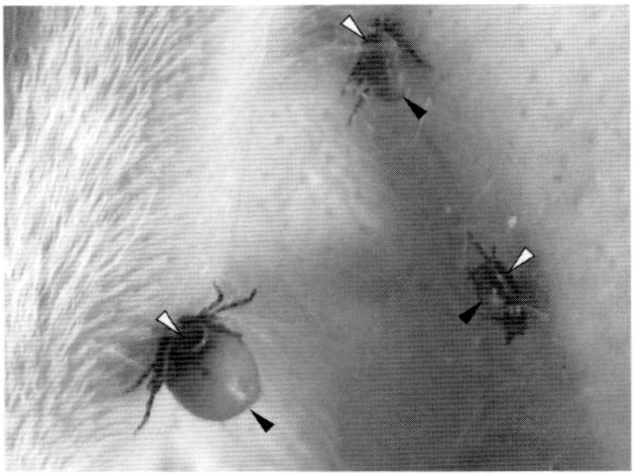

図 4.5 吸血中のマダニ属の雌（黒矢頭）とその腹面にいる雄（白矢頭）

殖門に挿入し，交尾が終わると雄成虫は雌成虫から離れる．なお，マダニ科の雌の腹面には，生殖門に付着した状態の精包が観察されることがある（図 4.6）．精包は二重の袋になっており，外膜の外精包（ectospermatophore）は雌成虫の体内には入らず，精子を含む内精包（endospermatophore）が雌成虫の受精嚢内に押し込まれ，内精包から精子が出て，卵管を通り卵巣に到達すると考えられている．外精包はたいてい乾燥して縮んでしまい，雌成虫の体から落ちてしまうが，その前にエタノールに浸漬しておくと，形態を保ったまま顕微鏡下で観察できる．図 4.6 左に示すシュルツェマダニの場合，精包内が白色を呈しているため，内精包が残っている可能性があるが，図 4.6 右のヤマトマダニでは透明の袋だけがみられ，こちらは雌成虫側に内精包が送り込まれ，外精包のみが残されていると考えられる．つまり，雄成虫より，閉鎖的に確実に精子が雌成虫に送り込まれている．マイクロサテライトマーカー解析により，マダニ属の雌は異なる複数の雄

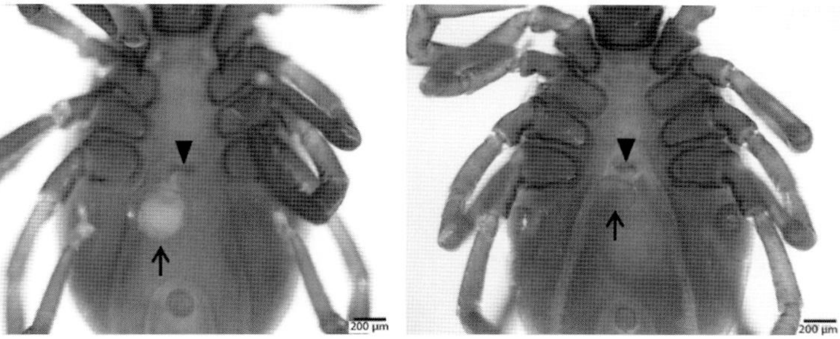

図 4.6 左：交尾後のシュルツェマダニ雌，右：ヤマトマダニ雌の腹側
いずれも未吸血．矢頭は生殖門，矢印は雄成虫から渡された精包を示す（口絵 7）．

と交尾することが可能であり，複数の雄成虫に由来する遺伝子をもつ子孫を残すことが示されている（McCoy and Tirard, 2002；de Meeûs *et al.*, 2004；Hasle *et al.*, 2008）．Metastriata のオウシマダニにおいても同様の報告がある（Cutullé *et al.*, 2010）．このような場合，雌成虫の受精嚢内には複数の雄成虫由来の精包（内精包）が認められる．

なお，雄成虫が産生する精包には，精子などのほかに adlerocysts（*Adlerocystis* sp.）という酵母様の共生体（あるいは構造物）が含まれることが，ヒメダニ科カズキダニ属のマダニで報告されている（Feldman-Muhsam and Havivi, 1963）．一方で，フタトゲチマダニの精包内には，adlerocysts に相当するものはみられない（Matsuo *et al.*, 1998）．一般的に，ヒメダニ科は交尾後，吸血までに期間が空くことから，adlerocysts は精子の活性を維持するための役割があるのではないかと推察されているが，詳細は不明である．adlerocysts が共生体（すなわちマダニとは別の生物）であるのかどうかも含めて，今後検証する必要がある．

雌成虫が飽血すると，脂肪体（3.10 節参照）における卵黄タンパク質前駆体（ビテロジェニン，Vg）の合成と分泌，Vg の卵母細胞への取込みと卵黄タンパク質（ビテリン，Vn）への変換，卵母細胞の成熟などが起こる．Vg の合成，分泌，取込みは，交尾後に産生されるホルモン，特に 20E によって制御される（Thompson *et al.*, 2005）（3.10 節，3.12 節参照）．未交尾雌成虫では吸血していても *Vg* 遺伝子発現は上昇しない．ただし，単為生殖を行う雌成虫では，交尾はこれらのトリガーにはならず，吸血が刺激となって体内にホルモンが産生され，Vg 合成などが誘導される（Umemiya-Shirafuji *et al*., 2012）．その他，卵の通過を促進するための膣（vagina）の拡大，卵表面に防水性のワックス成分を塗布する役割を担う器官（ジェネ器官，Gene's organ）の成長など，雌成虫の体内では重大な変化が起こる（3.11 節参照）．

上述のとおり，マダニは雌雄の交尾を経て子孫を残す両性生殖を行うが（2倍体），例外として単為生殖を行う種がいる．国内に生息するフタトゲチマダニには，両性生殖（2倍体）と産雌性単為生殖（3倍体）による2つの系統が存在する（Oliver *et al*., 1973）．単為生殖系統は日本全国に広く分布するが，両性生殖系統は本州南部と九州の限られた地域に分布する（Kitaoka, 1961）．藤田ほか（2013）の報告によるとその北限は福島県とされている．形態学的には両系統を区別することは困難である．また，マゲシマチマダニ *Ha. mageshimaensis* の実験室内飼育では，限定的に単為生殖が認められた（Saito and Hoogstraal, 1973）とのことだが，野外ではそのような証拠は見つかっていない（Hoogstraal and Santana, 1974）．

フタトゲチマダニは，ミトコンドリア DNA の部分塩基配列を用いた分子系統学的解析により，単為生殖系統と両性生殖系統が遺伝的に異なるグループに分かれる結果が示されている（Chen *et al*., 2014；Wang *et al*., 2019）．しかし，日本全国のフタトゲチマダニについてミトコンドリア DNA の全塩基配列を用いた解析を行ったところ，雄であるにもかかわらず単為生殖系統グループに含まれる個体が確認された．このため，フタトゲチマダニの単為生殖系統集団には単為生殖系統で繁殖する雌のみではなく，稀に雄が生まれ両性生殖系統の雌との交配が起こっているかもしれない（Ohari *et al*., in prep.）．さらに縮約ゲノム解析法（コラム9参照）により核ゲノムにおける変異を解析した結果，ミトコンドリア DNA を用いた分子系統学的解析で分かれた両性生殖系統グループから単為生殖系統グループへの遺伝子流動がわずかに存在している可能性が示された．過去に実験室内で行われた両性生殖系統の雄と単為生殖系統の雌を用いた交配実験により，交尾後に雌が産卵することが報告されている（Kitaoka, 1961）．これらのことから，両性生殖系統の雄から単為生殖系統の雌への遺伝子流動が起こっている可能性が考えられる．またもう1つの可能性として，単為生殖系統と考えられていたグループにも両性生殖と単為生殖を行う個体が混在しており，単為生殖系統が複数の起源を有することを示しているかもしれない．単為生殖系統は交尾を経ずに吸血のみで産卵し，生まれてきた個体のほとんどすべてが増殖に貢献できることから，個体数が爆発的に増加すると考えられる．フタトゲチマダニは，過去に原産地である東アジア地域からオセアニア諸国に移入されたとされ（Hoogstraal *et al.*, 1968），近年では米国にも広がり疫学上問題となっている（Rainey *et al.*, 2018）．現在，移入集団はすべて単為生殖系統とされているが，上記のとおりこれまで用いられてきた識別方法では，繁殖形態を正確に識別できていない可能性が浮上した．このため，識別には実験室内で継代維持する必要があり，その生殖系統が確認されているのはごく一部の個体に対してのみである．今後，移入地におけるフタトゲチマダニの分布拡大を予測するために，公衆衛生および家畜衛生上の観点から両生殖系統を即座に識別する手法の開発が望まれる．

（白藤梨可・中尾　亮・尾針由真）

4.5 休 眠・越 冬

マダニ類の休眠はおおむね行動休眠と形態形成休眠の2つに分類できる（Belozerov, 1982）．行動休眠は未吸血個体にみられ，宿主への寄生行動が抑制される．一方，形態形成休眠は飽血個体にみられ，卵形成，胚発生，変態などが抑制される．マダニ類におけるこれらの休眠はおもに日長によって調節される．Belozerov（1982）は，マダニ類の休眠の役割として，発育に最適な季節に吸血活動を同調させることと不適な環境（たとえば高温や低温）に対する抵抗をあげている．

冬季，西日本のように比較的温暖な地域では一部のマダニ種（キチマダニ *Ha. flava* やオオトゲチマダニ *Ha. magaspinosa* など）が活発に活動する．冬季においても，これらの種は植生上で待機し，宿主動物へ寄生する．一方，より寒冷な地域では冬季は積雪で植生や地表が覆われることから，マダニ類は植生上で待機することなく越冬していると考えられる．吉田（1975）はマダニ類の越冬様式として，①宿主に付着・吸血した状態で越冬，②冬眠，の2通りの方法をあげた．以下にそれぞれの解説をする．

4.5.1 宿主に付着・吸血した状態での越冬

寒冷地域において，宿主に付着，吸血して冬を越すものとしては，キチマダニ，ヤマトチマダニ *Ha. japonica*，オオトゲチマダニなどがあげられる．これらの種では冬季の北海道においてもヒグマやエゾシカ *Cervus nippon yesoensis* の体表から多くの雄成虫が採集される（門崎ほか，1993；伊東・高橋，2006）．冬季の北海道では植生上で待機中のマダニ類がみられないことから，こうした哺乳類の体表にみられるマダニ類（おもに雄成虫）が冬季に新たに寄生したとは考えにくい．また，雄成虫は宿主の体表に長く滞在することが知られている（Tsunoda, 2014）．したがって，宿主の体表にみられる個体は，宿主に付着した状態で越冬する可能性が高いと考えられる．

4.5.2 冬　　眠

冬眠は休眠の一つである．寒冷地域のマダニ類は積雪下で休眠しているものと考えられている．一般的に，マダニ類は地中で越冬すると推定されており，越冬可能な発育ステージや吸血状態は種によって異なる．しかし，マダニ類の越冬に関する研究は少なく，どの発育ステージで，どこで越冬しているのかが具体的に判明している種は非常に少ない．わが国ではフタトゲチマダニの越冬について比較的知見が多いため，以下に述べる．

フタトゲチマダニの季節消長には地域による差もあるが，おおむね春は若虫の，夏は成虫の，秋は幼虫の活動のピークとなる（藤本ほか，1987；柴田ほか，2020）．フタトゲチマダニは，宿主体表で越冬することは確認されておらず，冬眠によって越冬すると考えられている（吉田，1975）．積雪のある放牧草地における調査で，越冬中の幼虫，若虫，成虫が，土壌中から越冬期間を通じて定期的に採集され，さらに初春にもフランネル布を用いて幼虫，若虫，成虫が採集されたことから，冬季には地中にてこれらの発育ステージで生存することが確認された（伊戸ほか，1983）．なお，ほとんどの越冬個体は，地中0〜10 cmの深さで発見されている（吉田，1975；近木，1976）．上にも述べたように秋は幼虫の活動のピークである．近木（1976）によると，10月末までに採集された飽血幼虫は11月中には若虫になってしまうとのことである．したがって，越冬に入る段階で幼虫の多くが脱皮して若虫となっており（近木，1976），これら多数の若虫が越冬して春に若虫の活動のピークが生じるものと推測される．

4.6 ● 季 節 消 長

マダニ類による被害はその活動期に発生するため，マダニ類の季節消長を把握することはマダニ媒介性感染症対策の上でも重要である．日本の山林でみられるマダニ科全種が3宿主性であり，発育ステージ（幼虫，若虫，成虫）ごとに宿主に寄生して吸血する．すなわち，発育ステージごとに宿主を求めて活動する期間があり，その季節消長を知ることが重要なのである．

マダニ類には複数年をかけて生活史が完結する種が多いが，一般的に同じ種の同じ地域での季節消長は毎年同様である．ただし，例外もあり，ウミドリマダニ *I. signatus* では，3年で一つの周期となっており，連続した3年間では年ごとに消長が異なる（浅沼・福田，1957）．一方で，同種でも地域によって季節消長が異なる場合があり，たとえば本州の温暖な地域ではヤマトマダニ成虫が2～9月に活動するが，寒冷な北海道では活動開始が5月以降にずれ，活動終了も早まる．

この節では，季節消長が判明している日本産のマダニ科を，若虫・成虫の出現時期に基づいて大まかに2つのタイプ（春～秋型，秋～春型）に分けて解説する（表4.1）．なお，表4.1を見るとわかるが，属ごとに季節消長のタイプが決まっているわけではない．

春～秋型の種の若虫・成虫の活動は，温暖な季節が中心となり，冬に低下する．この理由としては，フタトゲチマダニでは日長が重要な要因となっており，短日条件（野外では晩秋～早春に相当）では休眠による静止状態となるため，吸血活動がみられないと考えられている（藤本，2001）．フタトゲチマダニの季節消長は詳しく調べられており，若虫で越冬した個体と成虫で越冬した個体では産卵時

表4.1 日本産マダニ科の若虫・成虫のおもな出現時期

出現時期	キララマダニ属	チマダニ属	マダニ属
春～秋	タカサゴキララマダニ	ヤマアラシチマダニ フタトゲチマダニ	ヤマトマダニ シュルツェマダニ
秋～春		キチマダニ ヒゲナガチマダニ オオトゲチマダニ	ヒトツトゲマダニ アカコッコマダニ

期に大きなずれが生じ（前者の産卵時期は7月末～8月初旬，後者は5月末～6月初旬），そのため同じ時期にも複数の発育ステージが存在することとなる（吉田，1975）．

秋～春型の種の若虫と成虫の活動は，通常，寒冷な季節が中心となり，夏に低下する．ただし，秋～春型にもさまざまなパターンがあり，キチマダニではほぼ一年中活動しているが，特に寒冷な季節にその活動のピークがあるので，このタイプに分類した．このタイプに該当するオオトゲチマダニ成虫の場合，千葉県では春と秋に2回ピークがある（角田，1997）．これは，実際には秋から春にかけて成虫が出現するが，真冬は低温のために活動が低下して旗振り法などでは採れにくくなるからと考えられる．一方，秋～春型において，若虫・成虫の活動が夏に低下する理由が判明している種は非常に少ない．ヒトツトゲマダニ *I. monospinosus* とヒゲナガチマダニ *Ha. kitaokai* では野外において同一年の春と秋にみられる成虫は同じ世代ではなく，両種の成虫は秋に活動を開始し翌年の春～夏に活動を終えると考えられている（Fujimoto, 1999）．したがって，両種の成虫が夏にほとんどみられなくなるのは，春～夏にかけて成虫が死亡し，新成虫が秋に出現するまでの空白時期にあたるためだと考えられる．それに対して，オオトゲチマダニでは夏に成虫が野外でみられなくなるが，成虫は1年以上生存するため，これは成虫の死亡が原因ではないと考えられる（Fujimoto, 2005）．そして，本種の夏の活動が低下する理由は高温だけでは説明できないことが指摘されている（Fujimoto, 2005）．

なお，以上の2つのタイプ（春～秋型，秋～春型）は，若虫と成虫の出現時期に基づくものであり，幼虫の消長はこの限りではない．たとえば，春～秋型のフタトゲチマダニと秋～春型のオオトゲチマダニでは，幼虫の出現パターンはどちらも夏～秋であり，一致している（角田，1997）． （山内健生）

4.7 寿 命

蚊などほかの吸血性節足動物に比べると，マダニの寿命は数ヶ月～数年ときわめて長い．生活史としての寿命は，ほとんどの場合，気候条件と宿主の有無に左右される．4.1節で述べたとおり，1宿主性のマダニでは数ヶ月で1世代が終わり，

3宿主性のマダニでは1世代を終えるまでに半年〜数年かかる．

熱帯気候における1宿主性のオウシマダニの生活史は，わずか8週間ほどで完了する．好適な気候条件下では20.5日で終わることもある（Sonenshine and Roe, 2014）．常に高温多湿の熱帯地方では，オウシマダニの産卵準備期間は夏季で2〜4日，産卵期間は13〜25日，卵の孵化には平均22日を要する．したがって，この種の非寄生期間（飽血雌の脱落から活動的な幼虫まで）は，計算上，少なくとも約37日間である．ただし，未吸血幼虫は宿主に出会うまでに時間を要し，その幼虫の寿命は約109日である．このように，熱帯の好適な気候条件下では生活史がきわめて短いため，オウシマダニは1年に複数の世代交代が可能である．ブラジルに生息する，おもに馬に寄生する1宿主性の *D. nitens* では，1年間に5世代以上を完了させる（Labruna and Faccini, 2020）．一方，温帯や極地では，3宿主性の *I. ricinus* やフサマダニ *I. uriae* は1世代を終えるのに2〜7年を要する．

3宿主性マダニの幼・若・成虫それぞれの発育期の寿命については，特に，未吸血時のマダニの特性に着目したい．幼・若・成虫それぞれの寿命は数ヶ月〜3年程度とさまざまである．Metastriataでは，成虫の寿命は幼・若虫よりも長いが，Prostriataでは成虫の寿命は幼・若虫と同程度である（Sonenshine and Roe, 2014）．Metastriataのクリイロコイタマダニ *R. sanguineus* では，自然気候条件下において，未吸血の幼・若・成虫はそれぞれ34日，40日，385日間生存した．実験室内の環境下では，自然気候条件下に比べてより長く，幼虫で44日，若虫で54日，成虫で584日であった（Dantas-Torres *et al*., 2012）．欧州などに広く分布する *I. ricinus* の成虫は自然環境では最長1.5年，米国やメキシコに分布する *Am. americanum* の成虫は最長3年生存すると報告されている（Sonenshine and Roe, 2014）．雄成虫においては，Prostriataでは若虫期の吸血時に獲得し蓄えた栄養分をエネルギー源として生存しているが，Metastriataの雄成虫は宿主動物で吸血し，雌との交尾の機会を長期間待つことができる（4.4節参照）ため，Prostriataの雄の寿命は，Metastriataの雄よりもはるかに短い．なお，ヒメダニ科（多宿主性で，複数の若虫期を有する）は，マダニ科よりも長い寿命をもつ種が多い．たとえば，*Or. papillipes* の雌成虫は，実験室条件下で吸血せずに6〜10年生存した（Sonenshine and Roe, 2014）．ケニアで採取された *Argas brumpti* は実験室環境下で27年間生存し，しかも，8年間の「飢餓」の後に繁殖に成功したという（Shepherd, 2022）.

各発育期の未吸血ダニが長期間生存できるという特性は，不利な環境に対する適応能力の高さによるものである．おもな適応は発育の休止，すなわち休眠である．Belozerov（1982）によると，マダニには形態形成休眠と行動休眠の2つのタイプの休眠がみられる（4.5節参照）．また，非寄生期においては，体内水分の維持（3.5節，3.8節参照）と，十分なエネルギー貯蔵がマダニの生存にとって重要なポイントとなる（Owen *et al.*, 2014；Rosendale *et al.*, 2017）．温度が高いほど，相対湿度が低いほど，マダニの水分損失が高まる．マダニは口器から水分を取らないが，未吸血ダニにおいては，一定湿度以上では体表から水蒸気を吸収することができ，失った水分量をある程度取り戻すことができる．しかし，十分な湿度が保たれていない場合は，やがて乾燥死する．乾燥状態で数ヶ月間生存可能な，昆虫のネムリユスリカ *Polypedilum vanderplanki* の幼虫では，体内に蓄積されたトレハロースが耐乾燥において重要な役割を果たす（Watanabe *et al.*, 2002）が，マダニにはトレハロースは存在しない（Sonenshine, 1991）．エネルギー貯蔵に関しては3.10節を参照されたい．

マダニの発育速度，生存期間は環境温度・湿度に大きく依存するが，未吸血ダニも吸血ダニも，生活史のさまざまな場面において不活発状態で生命を維持することができ，このことがマダニの「長寿命」を成立させている．放牧地においては，マダニにとって適切な条件が整った微小環境が牧野内に多く存在すると，マダニの生存と増殖にとって好都合となる．（白藤梨可）

コラム5　地球温暖化とマダニ

地球温暖化はマダニに影響を与えるか否か？　という疑問への答えが徐々に出始めている．USEPA（米国環境保護庁）はついに，ライム病は温暖化を示す目安となると発表した．気温が7°C以上，湿度85％以上でライム病を媒介するblack-legged tick（*I. scapularis*）の活動が活発化するため，温暖化によってこの気候条件を示す地域が拡大することで，ライム病を運ぶマダニの生息地も拡大することを予測したためである．実際にこのマダニの分布域は，以前は生息できなかったカナダの一部へ拡大しており，温暖化によるマダニへの影響がうかがえる．

日本国内はどうだろうか？　筆者は日本国内で南方系のマダニとして知られているベルルスカクマダニ *D. bellulus*，タカサゴキララマダニ *Am. testudinarium*，ヤマアラシチマダニ *Ha. hystricis*，タカサゴチマダニ *Ha. formosensis* などが，既知の分布前線を超えて関東山地の裾野にあたる丘陵地帯や北関東の一部に生息することを報告した（Doi *et al*., 2021；Shimada *et al*., 2022）．さらに，気候条件や土地利用，動物の分布をもとに生息適地推定を実施したところ，関東以北でも南方系のマダニが生息できる環境があることがわかった．反対に北方系とされるシュルツェマダニは東京都の山地帯上部から亜高山帯に生息しているが，気温の上昇が進めば，東京都での生息地は消失するかもしれない．

しかし，すべてが地球温暖化の影響か？　と考えると，考慮するべき別の要因はほかにも複数あるだろう．まず，野生動物宿主の変化である．ニホンジカとイノシシの本州における分布拡大はすさまじく，環境省の報告によれば個体数は減少に転じたものの，生息域は過去40年でシカでは2.7倍，イノシシでは1.9倍も拡大したとされている（環境省，2021）．また，外来種問題も深刻で，アライグマ *Procyon lotor* やキョン *Muntiacus reevesi*，クリハラリス *Callosciurus erythaeus* などに日本に生息するマダニが寄生することは確認されていて，外来種の分布拡大や個体数増加が全国各地で報告されていることから，全国で未知の宿主動物が増えていると考えられるだろう．さらに，マダニの宿主動物の分布変化は人口減少に伴う高齢化と労働者不足による耕作放棄地の増加や山林の管理不足に起因する土地利用の変化にも原因があるとされ，マダニの生息域の変化は温度変化だけによるものではなく，複合的な変化の結果であって，温暖化さえ抑えられればよいわけではない．

気候，動物，土地利用への多面的なアプローチが必要であるという点において，One Health（ワンヘルス）というキーワードが欠かせないだろう．One Healthとは「人が健康に過ごせるということは，人と動物の健康の両方が必要であり，そのためには人と動物の健康を維持するための健全な生態系が必要である」という概念である．たとえば，1種の野生動物が過剰に増えたことで，感染症が蔓延して人や家畜に感染が起こって，人の健康や食料供給が脅かされてしまう．こうした事態を避けるために生態系を健全に保たなければならないのである．温暖化による気温上昇が，マダニの生息域を北米で拡大させた事態は，元来の生態系が温暖化によって損なわれた結果と捉えることができる．マダニ媒介性感染症の予防を目的としたOne Healthアプローチは，最終的に地球温暖化対策につながるのかもしれない．

（土井寛大）

5 マダニによる被害

5.1 直接的な被害

マダニは一度に大量の血液を宿主から摂取する．マダニによる被害のうち特に重要なのは，間接的な被害としての病原体媒介である（5.2節）．マダニが宿主に与える直接的な害を以下にあげる．家畜においては，さまざまな害が複合した作用となり，健康状態の低下がもたらされる．

①マダニの吸血とその際に分泌される唾液成分の一部が，激しい掻痒，アレルギー反応を引き起こす．

②家畜では，マダニの多数寄生による血液損耗が貧血，家畜の体力損耗，体重減少をもたらす．非常に多くのマダニが生息する地域では，体重増加量が減少する．たとえば，牛に寄生するオウシマダニ *Rhipicephalus microplus* の飽血雌成虫1匹につき0.6 g/日，*Amblyomma variegatum* 雌1匹につき4～5 g/日が奪われると推定されている（Russell *et al*., 2013）．牛や馬が失血死することもある．

③マダニの寄生が局所刺激となり，牛や馬は落ち着かず，前肢で地面を掻き，蹴るなどの不安状態を示す．マダニの種によっては寄生部位に激痛が生じる．

④フタトゲチマダニ *Haemaphysalis longicornis* の場合は首，腋窩，頭部，股間に寄生が多い．外耳寄生の場合は，頭を振り，耳を掻き，引っ掻き，舐め，咬む動作が増加する．

⑤マダニの寄生部位に炎症が生じ，引っ掻く，舐める，咬むといった動作により，皮膚が損傷する．二次的な細菌感染につながる場合がある．家畜では皮

革としての価値が低下し，経済的損失につながる．

⑥唾液中に含まれるタンパク質性の毒性成分が，ヒト・動物に麻痺症状を引き起こす．日本での報告はないが，60 種以上のマダニがこの麻痺症に関連しており，オーストラリア，南アフリカ，北米などの犬や家畜において問題となっている．ヒトでは小児の罹患が多い．神経伝達障害によって下肢に上行性運動麻痺が生じ，やがて運動障害，場合によっては呼吸不全に陥る．

⑦ブラジル南部では非麻痺性のマダニ中毒症が報告されている．ヒメダニ科 Argasidae の *Ornithodoros brasiliensis* が寄生した犬において，皮疹，掻痒，粘膜充血のほか，血液性状変化（好酸球・好塩基球数増加，クレアチンキナーゼ上昇，凝固時間延長など）が認められた（Reck *et al.*, 2011）．本種はヒトにも寄生し，地域住民や旅行者において症例が報告されている（Dall'Agnol *et al.*, 2019；Reck *et al.*, 2013）．

（白藤梨可）

5.2 ● 間接的な被害

5.2.1 病原体媒介

マダニによるヒト・動物への間接的加害は病気を媒介することである．現存する約 960 種のマダニのうち，約 10％が病原体を媒介するベクターである．マダニが媒介する病原体は多種多様であり，原虫，細菌，ウイルス，さらには，多細胞の線虫も媒介する可能性があると報告されている（Bezerra-Santos *et al.*, 2022）．自然環境下においては，マダニと野生動物など脊椎動物との間で「寄生者と宿主」の関係が成立しており，その中で病原体が維持され，伝播している．そこにヒトや家畜が入ってしまうことにより，マダニに吸血され，病原体に感染し，ときに発症，ひどい場合は死に至ることがある．

では，どのような仕組みでマダニによって病原体が媒介されるのだろうか．ベクターによる病原体の伝播様式には，大別すると次の 2 つがある．

①機械的伝播：病原体がベクター体内では増殖せず，吸血時に節足動物の口器に付着してほかの動物に運ばれる（アブ類，サシバエ類など），あるいは脚に付着し，ほかの場所に運搬される（ハエ類など）．

②生物学的伝播：病原体がベクター体内で増殖・発育し，ほかの動物に伝播す

る（蚊，マダニなど）．

何らかの病原体に感染（病原体を保有）している宿主でマダニが吸血すると，血液とともに病原体がマダニ体内に入る．摂取された血液は食道を通過し，中腸内腔に到達する．病原体はマダニの免疫応答によって排除されるものが多い（5.4節参照）が，巧みにかわすことのできた病原体は分化・分裂・増殖し，中腸内にとどまる，または，中腸から血リンパ中に移行する．病原体は血リンパに乗り，唾液腺など各臓器の細胞に感染する．血リンパ中には食作用を有する細胞が存在するため，ここでも病原体はマダニの免疫応答に対処することになる（3.9節，5.4節参照）．経発育期伝播の場合，幼・若虫の脱皮・変態後，若・成虫としての吸血の機会に唾液とともに宿主に病原体が移行する．ある病原体は雌成虫の卵巣に感染し，発生した次世代の幼虫体内に潜み，その吸血時に唾液とともに宿主に移行する（経卵伝播）．病原体によってマダニ体内における伝播経路は異なり，複雑かつ大変興味深い．なお，病原体の種類によってはマダニ自身に害を及ぼす可能性がある．この項目ではまず，原虫を例にして病原体の経発育期伝播と経卵伝播について概説する．各病原体については各項目で詳しく述べる．

5.2.2 原虫媒介の仕組み

マダニが媒介する原虫には，特に獣医畜産分野で重要なピロプラズマ目タイレリア属 *Theileria*，またはバベシア属 *Babesia* 原虫がある．これらの原虫によって起こる疾病はピロプラズマ症と呼ばれ，牛や馬などが原虫感染マダニに伝播される，発熱や貧血を主徴とした疾病である．ヒトにおいても牛やげっ歯類に寄生するバベシア属原虫による症例（ヒトバベシア症）が報告されている（Krause, 2019）．これらの原虫は，マダニによる媒介方法に特徴があり（図5.1），①感染宿主を吸血した幼・若虫が，脱皮を経て次の発育期である若・成虫として媒介する経発育期伝播と，②雌成虫に由来する次世代の幼・若・成虫が媒介する経卵伝播である．マダニの種類により媒介可能な原虫種は異なる．しかし種として媒介可能な組み合わせであっても，系統の違いによって媒介能力に差があるかもしれない．

a. 経発育期伝播におけるマダニ体内のタイレリア属原虫の発育

宿主赤血球にて無性増殖していた原虫が，幼・若虫に摂取されると，中腸管腔

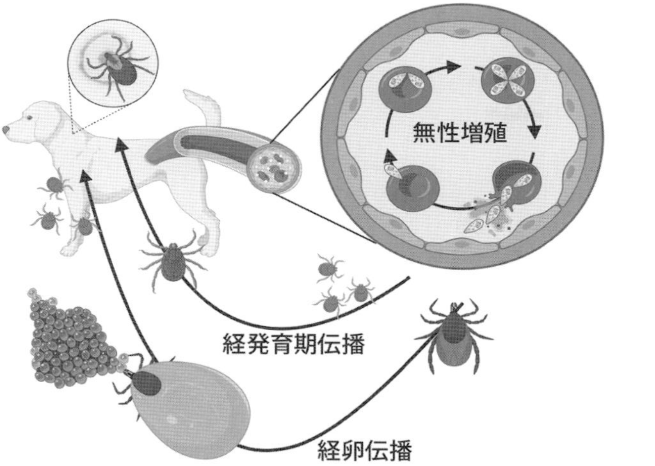

図 5.1 マダニによる原虫の媒介様式（経発育期伝播と経卵伝播）（口絵 8）

でガメトゴニー（gametogony）が開始する．ただし，マダニが飽血落下する直前（急速吸血期）に摂取された原虫が伝播に寄与するが，それ以外の時期（緩慢吸血期）に摂取された原虫は消化される．中腸内で赤血球より遊離した原虫は雌雄ガメートの合体により円形のザイゴートとなり，中腸上皮細胞に侵入･増殖し，脱皮直前にキネートとなる．その後，キネートは血リンパの充満する血体腔へと移行して，唾液腺の III 型腺房の e 細胞に侵入して，スポロント，休眠型スポロブラストを経て，スポロゾイトが充満する活性型スポロブラストとなる．スポロゾイトは，脱皮後の若・成虫が吸血するときに唾液とともに宿主体内へ注入される（Jalovecka *et al*., 2018）．

b. 経卵伝播におけるマダニ体内のバベシア属原虫の発育

雌成虫が感染宿主より吸血を行うと，中腸内に取り込まれた原虫の一部が放射状突起を有する ray body に発育する．さらに形態変化を伴う発育を経てザイゴートとなり，中腸上皮細胞の消化細胞と好塩基性細胞内にて分裂増殖体を経て，多数のキネートが形成される．キネートは血体腔へ移行し，一部は卵巣へ直行するが，多くはマルピーギ管，筋肉，ヘモサイト，脂肪体等の組織で分裂増殖を繰り返す．卵母細胞に侵入したキネートは，次世代の幼・若・成虫のいずれか，あるいはすべての発育期で伝播されることになる（マダニの種により異なる）が，そ

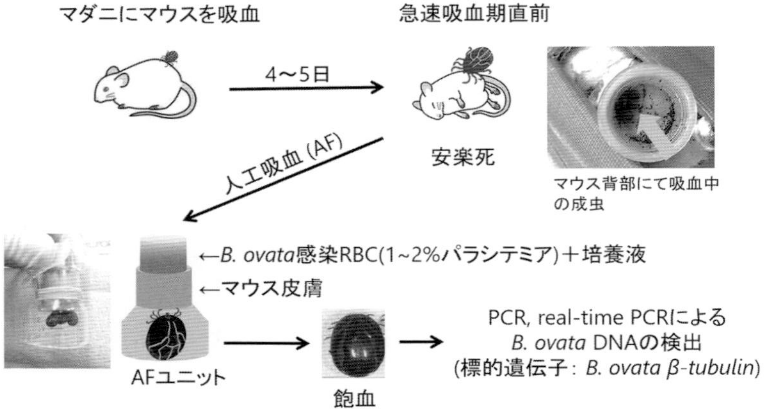

図 5.2　フタトゲチマダニ人工吸血系を利用した *B. ovata* 感染実験

の都度，中腸上皮細胞へ侵入・増殖してはキネートとなり，唾液腺細胞へ移行することでスポロント，休眠型スポロブラストを経て，スポロゾイトが充満する活性型スポロブラストとなる（Jalovecka *et al.*, 2018）.

c.　*Babesia ovata* の中腸壁突破

筆者らは，バベシア原虫の経卵伝播過程におけるマダニ体内での移行動態を，フタトゲチマダニの人工吸血系（Hatta *et al.*, 2012）にて観察することとした（図5.2）．試験管連続培養可能な牛の大型ピロプラズマ原虫である *B. ovata* を人為的に感染させた成虫について，飽血直後から飽血後4日目までの期間，連日中腸，卵巣，その他の臓器はまとめて解剖により採取し，抽出したDNAより原虫特異的な遺伝子断片の検出を行った．これによると，飽血直後は中腸のみ陽性であったが，わずか1日で卵巣含むほかの臓器が陽性となることがわかった（Maeda *et al.*, 2016）．顕微鏡観察では，飽血後6日目が卵巣における初検出とされていた（Higuchi *et al.*, 1991）ため，大変興味深い結果であった．その後，筆者らは飽血マダニの中腸抽出物を *B. ovata* 感染赤血球と混和して培養を行い，約12時間でメロゾイトがキネートへと形態変化することを観察した（Maeda *et al.*, 2017）．すなわち *B. ovata* は，飽血後の約12時間で中腸壁を突破し，24時間以内に卵巣を含む他臓器へ移行するのである．　　　　（八田岳士・白藤梨可）

5.3 ● マダニ媒介性病原体

5.3.1　ウ イ ル ス

a.　ダニ媒介性ウイルス

マダニや蚊などの吸血する節足動物によって人や動物に感染するウイルスのうち，特に節足動物の体内でも増殖し維持されるウイルスを節足動物媒介性ウイルスあるいはアルボウイルス（arthropod-borne virus が転じて arbovirus）という．アルボウイルスのうち，マダニによって媒介されるウイルスがダニ媒介性ウイルスである（マダニ媒介性ウイルスとはあまりいわない）．ダニ媒介性ウイルスに共通するのは，マダニ体内で増殖したのちに，マダニの刺咬に乗じて唾液などに混じって人や動物の体内に侵入し，そこで再度増殖したウイルスが次のマダニへと吸血によって伝播していく生活様式である．ほとんどのダニ媒介性ウイルスが，このマダニと動物との間で往復する生活様式にほぼ完全に依存しているが，例外もある．本項では，ダニ媒介性ウイルスがもつ特徴や，マダニの中のさまざまなウイルス，そして人や動物に病気を起こすダニ媒介性ウイルスについて最新の情報を整理しつつ，謎と多様性に満ちたマダニ媒介性ウイルスについて紹介したい．

b.　ウイルスの生存戦略

ウイルスは，遺伝情報を運ぶ核酸（DNA あるいは RNA）と，それを守るタンパク質や脂質などの殻からなる細胞よりはるかに小さい粒子で，宿主の細胞内で細胞自体がもつ仕組みを利用して増殖する極小の微生物である．一般的なウイルスの粒子は数十～数百 nm 程度であり，動物の細胞の 1/1000 以下と非常に小さく，一般的な光学顕微鏡では見ることすらできない．ウイルスは人や動物，節足動物などの宿主の細胞の仕組みをうまく利用して増殖することから，細胞をハイジャックする，と表現されることもある．裏を返せば，細胞がなければウイルスは増殖することができない．そのため，ウイルスはしばしば，生物の定義から外れて，半生物や無生物ともいわれる．

ウイルスは自分自身では増殖することができないため，いかに上手に宿主に入り込み，細胞の中まで侵入するかの戦略が重要となる．まず，人や動物の体は，外界に露出している場所ほど異物の侵入に対して分泌物や粘膜などによって強固に守られており，この防御機構をかいくぐる必要がある．また，細胞とひとくちにいっても，臓器ごとにさまざまな種類があり，あらゆる細胞を効率良くハイジャックすることは難しい．たとえば，皮膚や粘膜の細胞のように絶えず増殖し入れ替わっている細胞と，神経細胞のようにほぼ増殖せずに活動している細胞では，ウイルスが利用可能な仕組みそのものが異なる．そのため，それぞれのウイルスは特定の細胞の特定の仕組みに特化してハイジャックする機能を獲得してきた．この特定の細胞というのは，ウイルスが宿主へ入り込む経路（感染経路）によってある程度決まっている．たとえば，コロナウイルスは口や鼻から呼吸に乗じてヒトの体内に入り込むため，気管や肺などの細胞に特化して感染し，そこで次の世代のウイルスを作らせて細胞外に出ていく．つまり，必然的に，感染経路と好んで感染する細胞とは強く結びつくことになる．

c. ダニ媒介性ウイルスの生存戦略

ダニ媒介性ウイルスの場合，宿主への侵入経路はマダニの刺咬である．皮膚や粘膜などの外界との境界に用意された防御機構を飛ばしてマダニがウイルスを体内に送り届けてくれるので，ウイルスから見ればじつに「楽な」経路といえる．たとえば，コロナウイルスのように肺や気道などの呼吸器に感染するウイルスでは，ウイルスは外界で紫外線や乾燥に耐え，呼吸器を覆う粘膜を通過しなければならない．また，ノロウイルスなどの口から侵入するウイルスは胃酸に耐えて腸管に辿りつかねば感染できない．ダニ媒介性ウイルスはマダニの唾液に混じった状態でマダニの体内から宿主の体内へと直接入り，付近の細胞で少しだけ増殖し，その後，特定の臓器・細胞へと血流に乗って運ばれていく．どの臓器・細胞に好んで感染するかはウイルスによって大きく異なり，症状の違いとなって現れる．血流に乗って宿主の体の奥深くにたやすく侵入できるため，リンパ節や肝臓・脾臓などといった細胞が活発に活動している臓器や，脳などの免疫が届かない臓器に感染することもできる．いずれのウイルスも次のマダニに感染し，子孫を残す上では一時的に宿主の血中に多量のウイルスが存在する必要がある（この状態をウイルス血症という）．そして，吸血に乗じて次のマダニへと感染する．

パンデミック（感染症の世界的流行）を起こすウイルスは，肺や気管などの呼吸器の細胞をハイジャックすることを得意とし，宿主の呼気や唾液によって運ばれ次の宿主へと感染するものが主である．一方で，ダニ媒介性ウイルスは

「楽な」戦略に特化した結果として，感染を拡大できず，パンデミックを起こすこともない．流行しないということは良いことばかりでもなく，各地域でひっそりと病気を起こしていても，気づかれにくいということでもある．実際に，重症熱性血小板減少症候群（severe fever with thrombocytopenia syndrome, SFTS）ウイルスやエゾウイルス，オズウイルスが最近まで見つからなかったのには，そうしたダニ媒介性ウイルスの性質も一つの原因といえるだろう．

d.　ダニ媒介脳炎ウイルス（tick-borne encephalitis virus, TBEV）

ここからは日本国内ですでに見つかっていて，病気を起こしていることが明らかなウイルスを発見された順に紹介する．最初に取り上げるのはダニ媒介脳炎ウイルスで，欧州から日本までユーラシア大陸の比較的北の方に広く分布するウイルスである（Chiffi *et al.*, 2023）．その名のとおり，このウイルスに感染し発症した顕性感染の場合，脳炎を起こすことがある．ただし，感染しても半数以上の人は何ら症状を示さない不顕性感染か，軽い発熱で済んでしまう．ところが，日本にはダニ媒介脳炎ウイルスの中でも極東亜型と呼ばれる最も致死率が高いタイプのウイルスが分布しており，発症してしまうと脳炎に至る可能性も高い．致死率（感染者のうちの死亡者の割合）は 20％以上，生存者の 30～40％に後遺症が残るといわれている．

世界的には，第二次世界大戦直前の 1930 年頃に，極東に派遣されたロシア兵士の間で流行した脳炎が最初のダニ媒介脳炎の記録とされている（Zlobin *et al.*, 2017）．日本国内では，1993 年に北海道で最初の患者が発見された（Takashima *et al.*, 1997）．その後しばらくは報告がなかったが，2016～2018 年に連続して北海道内で患者が発生している．北海道以外の地域でも，野生動物へのウイルス感染の可能性があり，決してウイルスが存在しないわけではない点に注意が必要である（Ohira *et al.*, 2023）．マダニ属 *Ixodes* のダニが主要な媒介者とされており，日本ではヤマトマダニ *Ixodes ovatus* からウイルスが見つかっている（Takeda *et al.*, 1998）．

余談だが「ダニ媒介脳炎ウイルス」と「ダニ媒介性脳炎ウイルス」の 2 つの呼び方が混在している．英語の “tick-borne” の訳として「ダニ媒介性」が教科書などでは広く用いられている．一方で，日本の法律では「ダニ媒介」脳炎と記載されているために，こちらの呼び方も官公庁を中心に用いられている．

e. 重症熱性血小板減少症候群（SFTS）ウイルス

SFTSウイルスが発見されたのは2010年頃で（Yu *et al.*, 2011），ダニ媒介脳炎ウイルスに比べると新参者である．中国で流行していた血小板減少を伴う発熱の原因ウイルスとして報告された．その後，韓国（Kim *et al.*, 2013）と日本（Takahashi *et al.*, 2014）からそれぞれ患者の報告が相次ぎ，これまでに台湾（Lin *et al.*, 2020）・ベトナム（Tran *et al.*, 2019）・タイ（Rattanakomol *et al.*, 2022）・ミャンマー（Win *et al.*, 2020）でSFTS患者が確認されている．特に高齢者で重症化しやすく，致死率も高い．また，人間だけでなく，犬や猫もSFTSを発症することがわかっており，特にネコ科動物ではヒト以上に重篤になりやすく（Park *et al.*, 2019），動物園のチーター *Acinonyx jubatus* が死亡した例もある（Matsuno *et al.*, 2018b）．チマダニ属 *Haemaphysalis* やタカサゴキララマダニ *Am. testudinarium* といったさまざまな種類のマダニがSFTSウイルスを運んでいると考えられている．

日本でのSFTSウイルスの発見はかなりの衝撃といっても過言ではなかった．中国で発見されるまでに，各国ですでに患者・死者が発生していたにもかかわらず，ウイルスの存在すら気がつかれなかったためである．保管されていた検体の調査（後方視的あるいは後ろ向き調査という）では，2005年にSFTSウイルス感染による死者が見つかっている．医療体制の充実した日本においても，少なくとも10年程度の期間，SFTSで死亡した患者が診断されずに見過ごされていた．未知のウイルスによる新しい感染症がこの日本国内の出来事であるというのは，にわかには信じ難いのではないだろうか．SFTSウイルスが発見されて以降の集計では，日本だけで毎年100名程度の感染者が報告されており（ただし，この数字は病院でSFTSウイルス感染がわかった患者の数で，無症状や自然治癒は入っていない），うち10～20％程度が死亡している．SFTSウイルスが日本で発見されるまでも，この規模の発生が続いていた可能性が少なくない．

f. エゾウイルス（Yezo virus, YEZV）

2019年，北海道でマダニに刺された後に発熱し，歩けなくなって入院していた患者から，まったく新しいウイルスが見つかった（Kodama *et al.*, 2021）（コラム6参照）．エゾウイルスと名づけられたこのウイルスに感染すると，SFTSウイルスに感染したときと同じような症状が出るとされているが，死亡者は確認されていない．これまでに国内で見つかっている患者は7名で，いずれも北海道内でマダニに刺されて感染したと考えられている．北海道に生息するマダニ3種（シュルツェマダニ *I. persulcatus*・ヤマトマダニ・オオトゲチマダニ *Ha. megaspinosa*）からエゾウイルスが見つかっているが，いずれのマダニがウイルスを伝播するかなどの，具体的なことはわかっていない．なお，中国でもエゾウイルスに感染した患者がいたこと，そして中国のマダニ中にもエゾウイルスがいることが報告されている（Lv *et al.*, 2023）．

ずいぶんとあいまいな書き方だと思う読者もいるだろうが，エゾウイルスとエゾウイルス感染が起こす病気についての研究は始まったばかりで，まだわかっていないことがたくさんある．一方で，はっきりしているのは，日本においても未知のダニ媒介性ウイルスによる感染症が今後も発生しうるということだ．前述したように，特にダニ媒介性ウイルスは大きな流行となることなく発生するため，次から次へと同じ症状の患者が発生するような事態になりにくく，感染症を疑いにくい．未知のウイルスによる感染症を見つける研究が活発に行われている国はまだ少数であるため，今後もエゾウイルスと同じような発見が続くことだろう．

g.　オズウイルス（Oz virus, OZV）

2023年に，ダニ媒介性ウイルスによる新しい感染症として，オズウイルス感染症が報告された（峰ほか，2023）．2022年に茨城県の病院で発熱や倦怠感を訴えて受診し，心筋炎で死亡した70代女性患者から，オズウイルスが検出された．SFTSウイルスやエゾウイルス発見の経緯と異なるのは，オズウイルス自体は2018年にタカサゴキララマダニからすでに見つかっていて（Ejiri *et al.*, 2018a），人や動物に感染していることもわかっていた（Tran *et al.*, 2022b）点だ．これは，抗体調査というウイルス感染の履歴を調べる方法で判明したもので，病気との関連はわかっていなかった．未知のウイルスを探し，それがどのようなウイルスかを調べる研究者たちの努力が，患者の死因の究明につながった例といえる．

h.　マダニから次々と見つかるウイルス

ここまでは，人間や動物に病気を起こすダニ媒介性ウイルスを紹介した．病気を起こすウイルス，とわざわざ断ったのは，病気の原因となっているかどうか不明なウイルスがマダニからもっとたくさん見つかっているからだ（図5.3）．日本のマダニから見つかったウイルスの中には，日本でしか見つかっていないウイルスもあれば，国外で感染した人が病気になることが報告されているウイルスもある．マダニに限らず，さまざまな生き物や環境中から未知のウイルスを探す研究は以前から行われてきたのだが，2000年代に次世代シーケンサーと呼ばれる高速かつ網羅的に塩基配列を解読できる装置が開発され，新しいウイルスの発見数が大幅に増加した．未知のウイルスを探索する研究が盛り上がる中で，マダニに着目した研究者たちが次から次へとウイルスを見つけている，というのが現在

図 5.3　日本国内のマダニから発見されたウイルス

各ウイルスが発見されたマダニが採集された都道府県（Ejiri *et al.*, 2015, 2018a, 2018b；Shimada *et al.*, 2016；Fujita *et al.*, 2017；Kobayashi *et al.*, 2020, 2021a, 2021b, 2021c；Torii *et al.*, 2019；Matsuno *et al.*, 2018a；Tran *et al.*, 2022a；Yoshii *et al.*, 2015；Shimoda *et al.*, 2019）を指し示したものであり，発見地そのものではないことに注意．★：日本国内で患者が発生しているウイルス，●：海外で患者が発生しているウイルス．

の状況である．

図 5.3 を見て驚いた読者も多いと思うが，ここで強調しておきたいのは，マダニの中にウイルスがいるのは「当たり前」だということだ．当たり前だといっておきながら，じつは，マダニ中のウイルスは見つけるのが難しい部類に入る．理由は単純で，ウイルスを（捕まえたその瞬間に）保有しているマダニは全体のせいぜい数%しかおらず，保有率の低いウイルスでは 1%に満たないためである．つまり，1 つのウイルスを見つけるためには 100 匹単位で同じ種類のマダニをその場所から捕まえる必要があり，季節や年によるウイルス保有率の変動を調べようとすると，さらに継続してマダニを捕まえ続ける必要がある．これがなかなか骨の折れる調査になることは，7.2 節を読めばおわかりになるだろう．したがって，本当に気をつけなくてはいけないのは，ある町の近くのマダニから見つかったウイルスが，遠く離れた場所にはいない保証はない，ということである．つまり，図 5.3 を見ながら「このエリアでは見つかっていないから安心」という感想はもたないでほしい．日本全国，マダニの中にウイルスがいない場所などおそらく存在しない．ただ単に，現在のウイルス検出技術の限界として，たったこれだけしか見つけられていないだけ，と考えるべきなのだ．

i.　ダニ媒介性ウイルスとともに生きる

ウイルスの研究が目指す究極のゴールはウイルスを撲滅することであるが，まず不可能である．ダニ媒介性ウイルスの場合，屋外からすべてのマダニを駆逐すれば実現できるだろうが，それも無理だろう．われわれはダニ媒介性ウイルスが身の回りにいると想定して生きていかねばならない．ここで紹介したウイルスのうち，ダニ媒介脳炎ウイルスにはワクチンがあり，日本国内でも 2024 年 3 月に承認され接種が可能となった.致死的な脳炎の発症を予防することが可能であり，高リスク地域でマダニに刺される可能性が高い場合は接種を考えるべきであろう．一方で，それ以外のウイルスにはワクチンもなければ特効薬もない．マダニに刺されないように気をつけてくださいね，というしかない現状を，研究によって変えていければと切に願っている．

（松野啓太）

5.3.2 細　　菌

本稿では，マダニ媒介性感染症を引き起こす細菌（表5.1）について記述する．

a. ボレリア

スピロヘータ科 Spirochaetaceae ボレリア属 *Borrelia* 細菌は，幅0.2〜0.5 μm，長さ8〜30 μmの運動性をもつ，らせん状の細菌である．グラム陰性菌であるが，細胞壁の構成成分にリポ多糖体を有さず，リポタンパク質を多く含む．また，外膜と内膜の間に存在するペリプラズムには，薄いペプチドグリカン層，ならびに菌体の双端を基部とする鞭毛フィラメント（7〜20対）が存在する．一般的な細菌と異なり，多くの代謝経路を欠損しているため，培養に動物血清を加えた特殊な培地（Barbour-Stönner-Kelly II培地など）が必要である．通常33〜38℃，通性嫌気性の条件下で増殖する．世代時間は8〜24時間と長く，増殖速度が非常に遅い（Barbour *et al.*, 2015）．

(1) ライム病

ライム病は，病原体同定が比較的最近であったことから，新興のダニ媒介性細菌感染症の一つとされているが，19世紀後半から欧州を中心にライム病を記述

表5.1 ダニ媒介性細菌感染症起因病原体とその推定される媒介マダニ

疾患名	病原体	推定媒介ダニ	国内でのおもな患者報告地
ライム病	ボレリア属（ライム病群ボレリア）	マダニ属	北海道，中部地方など
回帰熱（シラミ媒介性をのぞく）	ボレリア属（回帰熱群ボレリア）	カズキダニ属など	報告例なし
新興回帰熱	*Borrelia miyamotoi*	マダニ属	北海道*2
リケッチア症（日本紅斑熱，極東紅斑熱）	リケッチア属	チマダニ属，カクマダニ属，マダニ属	関東北陸以西，福島県，宮城県，青森県
リケッチア痘	*Rickettsia akari*	*Liponyssoides* 属	報告例なし
アナプラズマ症	*Anaplasma phagocytophilum*	マダニ属，チマダニ属	高知県，静岡県
エーリキア症	エーリキア属	チマダニ属	和歌山県，三重県
ネオエーリキア症	*Candidatus* Neoehrlichia mikurensis	不明	報告例なし
野兎病*1	フランシセラ属	チマダニ属など	おもに東北地方

*1：おもな感染経路は汚染源（感染動物等）との接触によるものと考えられている．
*2：抗体陽性例はほぼ全国的に存在する（Sato *et al.*, 2014）．

した報告がいくつかなされていた．21 世紀になった現在でも，米国では年間約 3 万人が罹患し，また欧州では年間 8.5 万人の患者発生が推定されており，欧米では最も社会的関心が高い節足動物媒介性感染症となっている．国内においてライム病は，1986 年に川端らによってはじめて報告された（Kawabata *et al*., 1987）．1999 年の感染症法施行以来，年間 10 例前後の国内感染例が報告されるが，欧米と比較して稀な感染症である．臨床症状としては，マダニ刺咬部を中心とした遊走性紅斑を初期症状とし，神経根炎などの神経症状，心筋炎などの循環器症状，関節炎等，全身症状を示すことがある．国内においては，シュルツェマダニが媒介する *Borrelia bavariensis*（旧称：*B. garinii* ST-B）が患者分離株の約 80％を占有する（Takano *et al*., 2011）．患者病変部位からの分離，検出がなされることでヒトへの病原性が確認された *B. afzelii*，*B. garinii* および *B. bavariensis* 以外に，非病原性もしくは弱病原性と推定される *B. japonica*，*B. turdi*，*B. tanukii*，*B. yangtzensis* などがマダニや野生げっ歯類などから分離されている．ヒトへの病原性が確認されたボレリアは，国内ではシュルツェマダニやパブロフスキーマダニ *I. pavlovskyi* から分離・検出される．また韓国ではタネガタマダニ *I. nipponensis* から *B. afzelii* が分離されている（Masuzawa, 2004）．

(2) 回帰熱

回帰熱はライム病群ボレリアとは遺伝学的に異なる一群のボレリア属細菌による感染症で，アフリカ諸国，北米や南欧，中近東，中央アジアなどで感染例が報告されている．これら地域内では，散発的，もしくは集発的な感染が報告され，かつ死亡例も散見される．回帰熱には，シラミ媒介性とダニ媒介性のものがあり，シラミ媒介性の回帰熱は東アフリカ諸国の一部で報告される．いずれの場合も先進国の協力によって調査が行われることで，患者や流行事例が認識され報告されることが多いため，現在でもその感染実態の全容は掴めていない（Qiu *et al*., 2019）．ダニ媒介性の回帰熱は遺伝的に 2 つに大別される．一方は古くから知られているヒメダニ媒介性回帰熱で，抗菌薬による治療を行わない場合，その致死率は 2～5％とされている（シラミ媒介性回帰熱では 4～40％とされている）．回帰熱は，高いレベルの菌血症を呈している発熱期，および感染は持続しているものの菌血症を起こしていない，もしくは低レベルでの菌血症状態（無熱期）を交互に数回繰り返す，いわゆる周期性の発熱がおもな症状である．一般的には，感染後4〜18日（平均7日程度）の潜伏期を経て，菌血症による発熱，悪寒のほか，頭痛，筋肉痛，関節痛，羞明，咳などを伴う症状を呈する（発熱期）．またこのとき点状出血，紫斑，結膜炎，肝臓や脾臓の腫大，黄疸がみられる場合もある．発熱期は1〜6日続いた後，一旦解熱する（無熱期）．無熱期は通常8〜12日程度続く．わが国では，感染症法施行後，海外での回帰熱感染例が2例報告されている．もう一方のダニ媒介性回帰熱は，2011年にはじめて報告された*B. miyamotoi*感染による新興回帰熱である（Platonov *et al.*, 2011）．*B. miyamotoi*は1995年にわが国で発見・同定されたボレリアで，発見当時はその病原性は不明であったが，2011年のロシアでの感染例を皮切りに，日本では2014年に患者が報告され（Sato *et al.*, 2014），その他，米国，オランダ，ドイツで報告された．本ボレリア感染症の全容はいまだ不明であるが，マダニ属の一部が病原体を伝播すると考えられ（Krause *et al.*, 2015），国内ではシュルツェマダニ，ヤマトマダニやパブロフスキーマダニから分離・検出される．

b. リケッチア

リケッチア目は，リケッチア科 Rickettsiaceae（リケッチア属 *Rickettsia*，オリエンチア属 *Orientia* など），アナプラズマ科 Anaplasmataceae（アナプラズマ属 *Anaplasma*，エーリキア属 *Ehrichia*，ネオエーリキア属 *Neoehrichia* など），ほか4科に分類される．これらリケッチア目細菌の多くは，人工培地で増殖できず，培養細胞，または発育中のニワトリ胚の卵黄嚢を必要とする偏性細胞内寄生のグラム陰性菌である．

リケッチア科の細菌は，大きさ0.3〜0.5 μm×0.8〜2.0 μm，非運動性，しばしば対をなす短桿菌である．国内では培養にマウス由来線維芽細胞（L929細胞）やアフリカミドリザル腎臓上皮細胞（Vero細胞）が一般に用いられているが，ニワトリ胚線維芽細胞，ゴールデンハムスター腎由来細胞（BHK-21細胞），ヒト胎児肺線維芽細胞（HEL，MRC5細胞），ヒト白血病細胞（HL60，THP-1細胞），さまざまなダニや蚊由来の細胞株など，多種多様な細胞が使用され，菌種や細胞系列によりプラーク形成の有無と大きさ，形成時間が異なる（Whitman *et al.*, 2015）．

アナプラズマ科の細菌は，大きさ0.3〜0.4 μm，非運動性，球菌である．哺乳動物では脾臓，肝臓，骨髄，リンパ節等の臓器から分離，検出されることが多い．

各々の臓器では単球の細胞質内にて増殖する．また，成熟や未成熟の造血細胞，末梢血中細胞の細胞質内に桑の実状の塊（モルラ）を形成することもある．モルラはRomanowsky 法染色の血液塗抹標本で，直径0.3〜2.5 μm の密集した均一な青紫色の円形の構造物として観察される．菌種により，ダニ由来培養細胞やヒト白血病細胞で増殖可能である（Dumler *et al.*, 2015）.

(1) 紅斑熱群リケッチア感染症

国内で患者報告数が多く，かつ死亡例も報告される最も重要なマダニ媒介性感染症の一つであり，世界中で感染者が確認されている．リケッチア感染症はその臨床症状（発熱を伴う全身症状，皮疹や感染部位の痂皮の出現）や感染病原体種により，紅斑熱群リケッチア症，発疹チフス群リケッチア症，リケッチア痘などに分けられるが，その病原体の多くがマダニ媒介性である（Parola *et al.*, 2013）．わが国で流行している日本紅斑熱，アメリカ大陸にみられるロッキー山紅斑熱，地中海沿岸からアフリカ大陸やインド西部に分布する地中海紅斑熱（ボタン熱）はいずれも紅斑熱群リケッチア症である．日本紅斑熱の病原体である *Rickettsia japonica* の媒介マダニ種は未確定であるが，植生上から採取されたマダニからのリケッチア分離・検出結果からチマダニ属，マダニ属，カクマダニ属 *Dermacentor* が媒介マダニ候補としてあげられている（安藤ほか，2013）．ヤマアラシチマダニ *Ha. hystricis* やタイワンカクマダニ *D. taiwanensis* は比較的温暖な地域に生息し，かつ，患者発生地域は媒介マダニ分布域とおおむね一致する．宮城県で報告された極東紅斑熱の病原体 *R. heilongjiangensis* は，*R. japonica* などと同じ紅斑熱群リケッチアである．極東紅斑熱患者の推定感染地で採取されたイスカチマダニ *Ha. concinna* から本リケッチアが分離されているが（Ando *et al.*, 2010），本種が生息する北海道道東では，本マダニ種からの病原体の分離，検出はなされていない．国内に生息するタカサゴキララマダニが媒介する *R. tamurae* は，ヒト感染例が報告されているものの，日本紅斑熱リケッチア病原体と比較して弱毒型であると推定されている．リケッチア痘病原体の *R. akari* はトゲダニの一種 *Liponyssoides* 属ダニが媒介する．

これまでにマダニから分離された紅斑熱群リケッチアは，保菌マダニ種に特異的であることが経験的に知られてきた（Ishikura *et al.*, 2002）．これは宿主であるマダニにおいて，リケッチアは垂直伝播（経卵伝播）によって維持されるために，進化の早いリケッチアが宿主マダニへ適合進化し，マダニの体内でより維持されやすい形質のリケッチアが自然選択されたためと推測されている．一方で，近年の研究から，*R. japonica* は，国内に生息する複数のマダニ種から分離・検出されるにもかかわらず，遺伝学的に均一な集団であることが明らかとなった（Akter *et al*., 2017）．*R. rickettsii* については，保菌させた媒介マダニを異種マダニと同時にかつ同所的に吸血させた場合，リケッチアが異種マダニへ取り込まれ，維持される現象が報告されている．これらの報告からリケッチアには，①マダニ宿主への特異性が高いリケッチア種と低いリケッチア種が存在する可能性，もしくは②マダニ宿主-リケッチア間の適合性は低いが，自然界での維持が垂直伝播のみで行われるリケッチア種と，*R. rickettsii* のように，吸血源動物の皮膚内水平伝播などによりマダニ間で移動しやすいリケッチア種が存在する可能性が考えられるが，結論は得られていない．

(2) アナプラズマ症，エーリキア症

近年，わが国では2013年にアナプラズマ症（Ohashi *et al*., 2013），2022年にエーリキア症（Su *et al*., 2022）患者が報告された．病原性アナプラズマは米国においては *I. scapularis* および *I. pacificus* が媒介マダニとなっている．他方，アジアでのアナプラズマ媒介マダニや患者の発生状況は現在も不明な点が多い．これまでの国内野外調査から，タカサゴチマダニ *Ha. formosensis*，フタトゲチマダニ，オオトゲチマダニ，タカサゴキララマダニ，ヤマトマダニ，シュルツェマダニがわが国におけるアナプラズマ症病原体の媒介マダニ種として，自然界における病原体の維持・伝播に関与している可能性が示されているが，いずれも実験的な検証はなされていない．このほかのアナプラズマ症として，*Anaplasma capra* 感染症が中国で報告されている（Li *et al*., 2015）．エーリキア病原体はタカサゴキララマダニやフタトゲチマダニからその遺伝子が検出されている（Gaowa *et al*., 2013）．ネオエーリキア属細菌感染症が欧州，中国で報告されている（Kernif *et al*., 2016）．特に，*Ehrlichia muris* 近縁種の感染例が米国で報告されているが（Pritt *et al*., 2011），わが国においても本菌種の常在が知られており，疾患の有無について今後の調査が待たれる．

c.　その他のマダニ媒介性細菌感染症

野兎病の病原菌である *Francisella tularensis* は，大きさ 0.2～0.7×0.2 μm，

短桿または球状のグラム陰性の通性細胞内寄生性菌である．増殖にはシステインを要求する．培養にはヒツジ脱繊血加ユーゴン寒天培地などが用いられている（藤田，2004）．

野兎病は，国外ではよく知られた感染症であり，そのほとんどで，感染動物もしくはこれら感染動物の斃死体，汚染食品の経口摂取などでヒト感染が起こると考えられているが（Komitova *et al.*, 2010；Faber *et al.*, 2018），米国では，野兎病菌はマダニによって媒介される可能性も示されている．（佐藤(大久保) 梢）

5.3.3 原　　虫

a. マダニが媒介する原虫病の特徴

医学・獣医学が対象とする寄生虫は，マダニのような外部寄生虫を除くと，蠕虫と原虫に分けられる．蠕虫は腸管に寄生するひも状のサナダムシ（条虫）のような多細胞生物であるのに対し，原虫はアメーバのような単細胞の真核生物である．また，蠕虫・原虫ともにウイルスや細菌などとは違い，マダニ・ヒトを含めた宿主体内で形態を変えながら複雑な生活史を維持している．マダニに限らず広くダニに関して見ると，馬や牛の条虫の中間宿主として，自由生活性のササラダニが知られている．一方，マダニが媒介する寄生虫病というと，ほぼアピコンプレックス類 Apicomplexa と呼ばれる原虫によるものに限られる．

アピコンプレックス類は細胞の先端に，その名前の由来となったアピカルコンプレックス（apical complex）と呼ばれる構造をもっており，これを用いて宿主細胞内に侵入するため，生活史の大半において宿主細胞の中に寄生している．ヒトの三大感染症の一つであるマラリアを引き起こすマラリア原虫がアピコンプレックス類の代表的な原虫として知られ，この原虫はおもにヒトの赤血球内に寄生し，蚊によって媒介される．マラリア原虫は赤血球内で無性生殖により増殖し，蚊の中腸内で有性生殖（ガメトゴニー）を行うが，これから紹介するマダニが媒介する原虫はいずれもマラリア原虫に近縁の原虫であり，動物やヒトの血球内に寄生し，マダニの中腸内で有性生殖を行う．中でもバベシア属ならびにタイレリア属の原虫はピロプラズマと呼ばれ，哺乳類に感染する種が多数知られており，近年ヒトへの感染が問題となっている（図 5.4）．白血球に寄生するステージの有無という違いがあるが，バベシア・タイレリアとも最終的には宿主の赤血球に

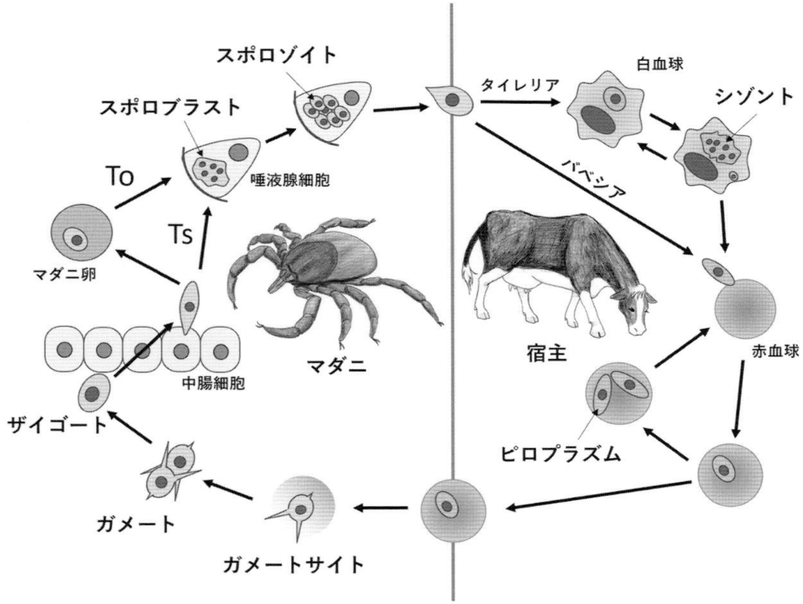

図 5.4 ピロプラズマの生活環
哺乳類宿主体内でバベシアは直接赤血球に侵入するが，タイレリアは最初は白血球に寄生し，増殖を行う．マダニにおいてバベシアは経卵伝播（To）を行うものが多いが，タイレリアはおもに経発育期伝播（Ts）を行う（口絵9）．

寄生し，感染した動物は発熱，貧血といったマラリアに似た症状を示す場合が多い．家畜のピロプラズマ病は世界各地の畜産業に多大な経済的被害をもたらしており，海外に分布する一部のピロプラズマ病は日本において家畜の法定伝染病に指定されている（板垣・藤﨑，2019）．歴史的には19世紀末に米国南部で放牧牛に大きな被害をもたらしていた，テキサス熱と呼ばれる病気がバベシアによるものであることが明らかとなり，マダニによって媒介されることが判明したが，これは原虫病が節足動物により媒介されるというはじめての発見であった（南・藤永，1986）．

b. バベシア症

牛，馬，犬のほか，げっ歯類に感染するバベシアがよく知られているが，野生の哺乳類や鳥類に感染する種も存在し，このうち数種がヒトにも感染する．動物への感染はマダニの刺咬により唾液腺内のスポロゾイトと呼ばれるステージの虫体が体内に入ることで成立し，原虫は赤血球に侵入する．赤血球に寄生した原虫は分裂してピロプラズム（メロゾイトとほぼ同義だが，ここではピロプラズムと表記する）となる．赤血球内には洋梨状や2分裂した双梨子状の原虫が観察されるほか，一部のバベシアでは4分裂した虫体もみられ，マルタクロスと呼ばれる．分裂した原虫はその後，感染赤血球を破壊して遊出し，新しい赤血球へと侵入することで増殖を繰り返すため，バベシア症を発症した宿主は発熱，貧血，脾腫のほか血色素尿や黄疸を示す．一部の原虫は再び別のマダニに吸血されることで，マダニ中腸内にて有性生殖を行うガメートサイト（生殖母体）となる．ガメートサイトにはミクロガメートサイトとマクロガメートサイトがあり，その後ガメート（配偶子）となって合体することにより受精し，ザイゴートが形成される．ザイゴートはマダニの中腸細胞に侵入し，運動性をもつキネートへと発育する．バベシアのキネートは無性生殖によって増殖しながら，各種臓器に侵入するが，雌のマダニでは卵巣を経て卵内へ侵入したキネートが次世代へと伝播する（経卵伝播）．キネートは孵化した幼虫の中腸内で増殖した後，マダニの成長に伴い唾液腺に移行し，スポロゾイトとなり再び動物への感染が可能となる．以上のようにバベシアは複雑な発育ステージをもっているが，経卵伝播を行うことで生涯宿主を変えない1宿主性のマダニによってもバベシアは伝播可能となる．また，マダニの種にもよるが，雌成虫の産卵する約3000個ともいわれる卵の数%に原虫が移行することで，原虫を有する次世代のマダニが大量に発生し，数年間吸血せずに生存できるというマダニの特徴とも相まって，バベシアは効率的に生活環を維持できる（辻・藤崎，2012）．

バベシア症が問題となる宿主は家畜，伴侶動物，そしてヒトである．このうち，牛に感染するバベシアは5種ほど存在し，*B. bovis*，*B. bigemina* が高病原性の種として知られている．両種は南米やオーストラリアをはじめ，アジア・アフリカの各国に分布しており，過去には南西諸島にも分布していた．1宿主性のマダニであるオウシマダニが主要なベクターとして知られ，沖縄県では殺ダニ剤を使用した徹底的なオウシマダニ対策事業が行われ，撲滅に成功している（コラム7参照）．現在日本に分布する牛のバベシアは大型ピロプラズマ原虫 *B. ovata* という低病原性の種のみであり，フタトゲチマダニによって媒介される．いずれのバベシア原虫も宿主に貧血をはじめとする症状を引き起こすが，*B. bovis* ではそれに加え，感染赤血球が脳毛細血管内皮細胞に接着することで血管を栓塞することにより，牛は神経症状（脳バベシア症）を示し，発症した牛の多くは死亡する．牛のバベシア症対策としては殺ダニ剤の牛体へのプアオン（牛の背中への滴下塗布）などマダニ対策が主体であり，その他に原虫をもったマダニを減らすための休牧が行われる．また，バベシア症の治療薬としてジミナゼンとイミドカルブが使われており，一部の流行国では弱毒生ワクチンも使用されている．同じく家畜で問題となっているのは馬のピロプラズマである．これは *B. caballi*, *T. equi*（旧称：*B. equi*）によるもので，カクマダニ属，イボマダニ属 *Hyalomma*，コイタマダニ属 *Rhipicephalus* のマダニによって媒介される．*T. equi* は *B. equi* と呼ばれていたが，リンパ球に寄生するステージが発見されたため，現在はタイレリア属に分類されている．感染した馬は発熱や貧血を示すほか，*B. caballi* では胃腸炎や後肢麻痺，*T. equi* では顕著な血色素尿がみられる．両種は世界的に広く分布しているが，日本での発生の報告はない．ただし，競走馬や競技用の馬は世界各国を移動するため，馬の輸入検疫において厳重に監視されている．

伴侶動物では犬のバベシア症が知られている．*B. canis* が世界的に分布しており，*B. canis* には *vogeli*, *rossi*, *canis* の3つの亜種が存在し，日本では *B. canis vogeli* が南西諸島に分布する．また，*B. gibsoni* が西日本や関東に分布する．*B. canis vogeli* はクリイロコイタマダニ *R. sanguineus* によって，*B. gibsoni* はおもにフタトゲチマダニによって媒介される．さらに，*B. gibsoni* ではマダニによる媒介のほか，輸血や闘犬間での直接伝播，胎盤感染も知られている．病原性は一般的に *B. gibsoni* より *B. canis* の方が高いとされ，アメリカ大陸などに分布する *B. canis rossi* は犬に致死的な低血圧性ショックを引き起こすことが知られているが，*B. canis vogeli* でも急性の経過を辿ると貧血を主体とした症状を引き起こし，治療を行わなければ致死的となる場合がある．予防にはフィプロニル製剤などによるマダニの駆除が行われており，治療にはジミナゼンが使用されるが，副作用が強く，治療後再発することも多い．

一方，ヒトのバベシア症は近年，新興感染症として問題となっている．ヒトを固有宿主とするバベシア種は知られておらず，げっ歯類に寄生する *B. microti*，牛に寄生する *B. divergens*，シカに寄生する *B. duncani* や *B. venatorum*，その

他 *B. crassa*-like などいくつかの種がマダニの刺咬や輸血を通じてヒトに感染することが知られている（Hildebrandt *et al.*, 2021）．ヒトのバベシア症は1957年にユーゴスラビアでの初報告以来，散発的な報告があったものの，近年北米や欧州を中心に報告が相次ぐようになり，米国においては毎年2000例以上の報告がある．*B. microti* によるバベシア症は米国北東部ならびに北中西部を中心に分布しており，患者は60代が最も多く，男性がやや多いとされる．また，近年米国西海岸において *B. duncani* 感染の報告が増加している．一方，欧州では *B. divergens* によるバベシア症が主であるが，近年 *B. venatorum* 感染が報告されているほか，*B. microti* による症例もみられる．ヒトに感染したバベシアの媒介マダニとしてはマダニ属が報告されている．日本では1983年に神戸近郊のアカネズミ *Apodemus speciosus* から *B. microti* 様のバベシアが検出され，1999年に輸血による人体症例がはじめて報告された．現在 *B. microti* は北海道から九州のノネズミに寄生していることがわかっている．なお，*B. microti* は分子系統学的にほかのバベシアとは離れており，伝播様式も経卵伝播ではなく，3宿主性のマダニによって幼・若虫が吸血により原虫を取り込み，それぞれ若・成虫となり新たな宿主に寄生した際に伝播する経発育期伝播とされており，今後分類が見直される可能性がある．

c.　タイレリア症

タイレリアはおもに有蹄類に寄生する原虫であり，牛や馬に寄生する種がよく知られている．バベシアとの生活環上の大きな違いは2点あり，マダニの刺咬により動物体内に入ったスポロゾイトが，最初は赤血球ではなく白血球（おもにリンパ球）に寄生する点と，マダニによる伝播は経発育期伝播が主体となっている点である．動物体内に入ったスポロゾイトは白血球に侵入し，無性生殖により増殖することでシゾントとなる．その後リンパ球より遊出した原虫は赤血球に侵入しピロプラズムとなる．また，幼虫あるいは若虫が感染動物から吸血した際タイレリアを取り込み，原虫はマダニ中腸内で有性生殖を行った後，キネートが唾液腺に移行してスポロゾイトとなり，若虫ないし成虫（雄雌とも）が新たな動物を刺咬した際に伝播が起こる（経発育期伝播）．

牛のタイレリアとして，高病原性の *T. parva* と *T. annulata*，低病原性の *T. orientalis* が知られている．*T. parva* は1898年に Robert Koch 博士により発見され，アフリカ東部において東海岸熱を引き起こす．媒介マダニとしてコイタマダニ属のマダニが知られる．また，*T. annulata* の分布は *T. parva* より広く，日本での報告はないものの，アフリカから南欧，アジアにかけて分布しており，媒介マダニはイボマダニ属が知られる．両種ともシゾントがリンパ球内で形成されるが，原虫は自身が増殖するのみならず感染リンパ球の分裂も促し，リンパ球はあたかもがん細胞のように無制限な増殖を行う．そこで，これらの原虫はトランスフォーミングタイレリアと呼ばれる．感染した牛には発熱やリンパ節腫脹がみられ，*T. parva* による急性感染では感染3〜4週後に70〜100％の牛が肺水腫による呼吸困難で死亡する．*T. annulata* の症状も同様だが，地域により病原性に差があり，致死率は5〜90％とされる．治療にはテトラサイクリンやブパルバコンなどが用いられるほか，予防にはシゾント期原虫を用いた生ワクチンが使用される．一方，低病原性の *T. orientalis* は世界に広く分布しており，日本では牛の代表的な放牧病である小型ピロプラズマ病の病原原虫として知られる．*T. orientalis* はフタトゲチマダニをはじめとするチマダニ属によって媒介され，流行地域では，春先に牛舎から放牧地に移された初放牧の牛が越冬した原虫保有マダニに刺咬され，一斉に発症する場合が多い．感染した牛は発熱や貧血を示すが，バベシア症と違い血色素尿はみられない．ただし，同じフタトゲチマダニによって媒介される *B. ovata* と混合感染すると重症化しやすい．また，*T. orientalis* のシゾントは単球に寄生するが，単球は巨大化するのみで分裂増殖は起こらない．治療には8-アミノキノリン製剤が使われたが，現在は製造が中止されているため，殺ダニ剤の牛体へのプアオンによる予防が主体となっている．

d. サイトークスゾーン症

サイトークスゾーン *Cytauxzoon* もピロプラズマに属し，米国において1970年代に猫に致死的なサイトークスゾーン症を引き起こす原虫として *C. felis* が報告された．米国南東部に分布し，キララマダニ属 *Amblyomma*，カクマダニ属のマダニが媒介する（Wikander and Reif, 2023）．生活環はタイレリアに類似していると考えられており，シゾントは単球に寄生した後ピロプラズムが赤血球内に寄生し，マダニ体内では経発育期伝播するとされる．ボブキャット *Lynx rufus* が自然宿主と考えられ，猫が感染した場合，発熱，貧血，肝脾腫を示し，急性感染では肺炎や循環障害を引き起こし，致死率は40〜100％に達する．治療にはアトバコン，アジスロマイシンが試みられているが，有効な治療法は確立されていない．

e.　ヘパトゾーン症

ヘパトゾーン *Hepatozoon* はアピコンプレックス類の中でもコクシジウムに属する原虫であり，哺乳類，両生類，鳥類，爬虫類に寄生する種が多数報告されている．ベクターもマダニのみならず，蚊，ヒルなど多彩であるが，問題となるのは，マダニが媒介し犬に寄生する *H. canis* と *H. americanum* である．*H. canis* は日本を含むアジアから欧州，アフリカにかけて広く分布し，*H. americanum* は北米に分布する（Baneth, 2011）．媒介マダニはクリイロコイタマダニのほか，キララマダニ属，コイタマダニ属のマダニが知られており，フタトゲチマダニも媒介の可能性が指摘されている（猪熊，2006）．犬へのヘパトゾーン感染はマダニによる刺咬ではなく，感染マダニを犬が経口的に摂取することにより始まる．犬の腸内でスポロゾイトが遊出し，小腸壁を通過して体内に移行すると，骨髄や肝臓などの臓器内の単球に感染する．原虫は無性生殖によりシゾントとなって増殖し，組織内でシストを形成するとともに，一部のメロゾイトは単球や好中球内でガメートサイトを形成する．ガメートサイトはマダニの吸血により中腸に取り込まれ，有性生殖を行う．その後ザイゴートはマダニの血体腔へ移動してオーシストを形成するが，オーシストの中には感染力のあるスポロゾイトが含まれている．不顕性感染が多いとされるが，症状は化膿性肉芽腫性炎による発熱や疼痛がみられる．治療に用いられるイミドカルブは，再発が起こりやすいとされる．また，猫のヘパトゾーン症も報告がある（Baneth, 2011）．

（麻田正仁）

5.4 微生物に対するマダニの免疫応答

マダニはウイルス・細菌・原虫といった多様な病原体を，吸血に際し脊椎動物宿主へ伝播する．近年，マダニは多様な共生微生物を保有していることがわかってきており（Nakao *et al.*, 2013），これらの内在性ならびに外来性の微生物を自身の生存のためにうまく制御する必要がある．そこで，本節ではマダニの微生物に対する免疫応答について述べる．

5.4.1 微生物に対する物理的障壁と中腸組織

微生物に感染した脊椎動物宿主がマダニに吸血された場合，微生物は物理的障壁である囲食膜（peritrophic membrane, PM）と中腸細胞を突破し，さらにマダニの免疫反応をかいくぐり，別の宿主への感染を成功させる必要がある（Kopácek *et al.*, 2010）．PM は中腸内腔と中腸細胞との間で代謝産物や低分子の輸送に関与する物理的障壁である．また，マダニなどの吸血性節足動物では，PM は微生物の中腸細胞への接着または通過に重要な役割を担っている（Francischetti *et al.*, 2009）．

一方，中腸はヘモグロビンを含む血液成分とそこに含まれる微生物が最初に接触する組織である．中腸でヘモグロビンは断片化されて抗菌活性を有する低分子を形成し，宿主由来の補体系タンパク質はマダニの腸内細菌叢を制御する（Hajdušek *et al.*, 2013）．

5.4.2 免 疫 系

一般的にヒトを含む脊椎動物は，自然免疫と獲得免疫の免疫系を有している．自然免疫は，侵入した異物を素早く認識し，迅速に排除する感染初期の免疫系である．獲得免疫は，遺伝子再編成を伴う抗原-抗体反応など特異的かつ記憶を伴う免疫系である．一方，昆虫やマダニなどの節足動物は獲得免疫をもたず，自然免疫のみで異物に対する防御を行っている（Lemaitre and Hoffmann, 2007）．

マダニの自然免疫は，ヘモサイトによる貪食，結節形成（昆虫におけるメラニン化）ならびにカプセル化による細胞性免疫（Ceraul *et al.*, 2002；Inoue *et al.*, 2001）と，ヘモサイトならびに脂肪体・中腸・卵巣・唾液腺で発現する抗菌ペプチド（antimicrobial peptide, AMP）などの体液性免疫（Hajdušek *et al.*, 2013）によって構成される（図 5.5）．

5.4.3 免疫応答におけるシグナル伝達経路

マダニを含めた節足動物の微生物に対する免疫応答経路の情報は，モデル生物であるショウジョウバエの研究からおもに外挿されている．ショウジョウバエにおいて知られている侵入微生物に対する主要な免疫応答経路は，Toll 経路，IMD 経路，JAK/STAT 経路，RNA interference（RNAi）経路である（Lemaitre

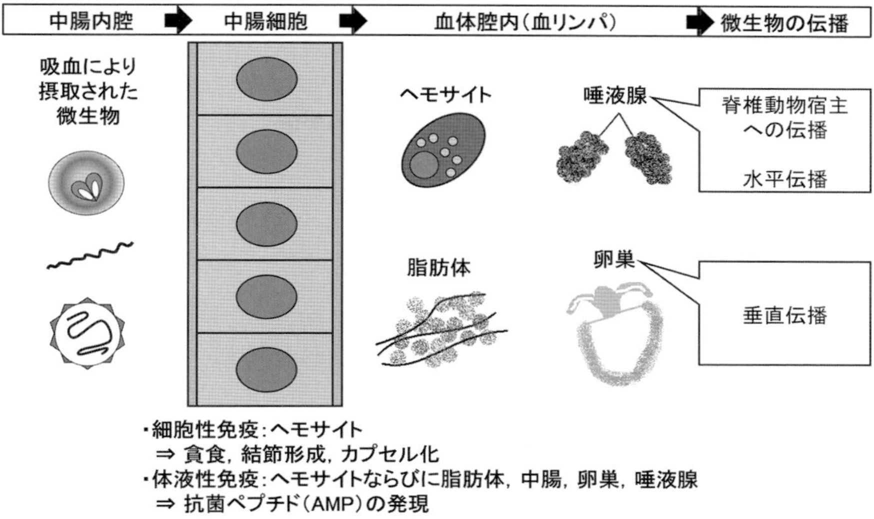

図 5.5　マダニの有する免疫系の概要図（Talactac *et al.*（2021）より作成）

and Hoffmann, 2007）．ショウジョウバエでは，Toll 経路はグラム陽性細菌および真菌を認識して活性化され，IMD 経路はグラム陰性細菌および特定のグラム陽性菌に応答する．また，JAK/STAT 経路は細菌および真菌に対する免疫応答に関与しているが，その役割は Toll 経路ならびに IMD 経路とのクロストークのみであるため，Toll 経路ならびに IMD 経路への補助経路であると考えられている（Myllymäki and Rämet, 2014）．さらに，RNAi 経路はウイルスに対する主要な免疫応答経路であると考えられている．

a.　Toll 経路

マダニにおける Toll 経路はいまだ不明な点が多いが，ショウジョウバエの Toll 経路構成要素のほとんどはマダニに保存されている．しかし，ショウジョウバエでは 8 つの Toll 受容体が存在するのに対し，*I. scapularis* には 4 つの Toll 受容体しか存在しない（Gulia-Nuss *et al.*, 2016）．オウシマダニ由来のマダニ細胞株である BME26 において，*A. marginale* ならびにロッキー山紅斑熱リケッチア *R. rickettsii* の感染に関与することが示されている（Rosa *et al.*, 2016）．特に，オウシマダニがベクターとなる *A. marginale* 感染では，Toll 経路の構成遺伝子群の発現が抑制され，さらに，IMD 経路ならびに JAK/STAT 経路においても同様の現象が見出されていることから，病原微生物がマダニに定着するために免疫経路を制御できることを示唆しており，ベクターと媒介病原体の特異性への関与が推察されている．

b.　IMD 経路

マダニにおける IMD 経路は，ショウジョウバエのものと比較していくつかの遺伝子が欠損していることがわかっている．しかし，マダニの IMD 経路は機能しており，*I. scapularis* において，アナプラズマ症の原因病原体である *A. phagocytophilum* ならびにライム病ボレリア *B. burgdorferi* は IMD 経路の活性化を制御することでマダニへ感染していることが示されている（Shaw *et al.*, 2017）．しかし，これらの2種の病原体の感染を制御する IMD 経路により調節されるエフェクター分子はいまだ同定されていない．一方で，オウシマダニにおいて，IMD 経路がマダニの中腸および唾液腺における *A. marginale* 感染制御因子であることが特定されており，AMP である microplusin が IMD 経路のエフェクター分子であると考えられている（Capelli-Peixoto *et al.*, 2017）．

c.　JAK/STAT 経路

マダニにおける JAK/STAT 経路は未解明な点が多く残っているが，その制御下にあるエフェクター分子の機能がいくつか明らかとなってきている．*I. scapularis* において，唾液腺とヘモサイトにおける 5.3-kDa ファミリーの AMP 発現が JAK/STAT 経路によって制御されており，*A. phagocytophilum* 感染の制御因子であることが示されている（Liu *et al.*, 2012）．また，*I. scapularis* においては脊椎動物宿主由来血液に含まれる INF-γ を吸血で取り込むことによって，JAK/STAT 経路を活性化させ，AMP である Dae2 を産生する．この Dae2 は，*B. burgdorferi* 感染を制御していることが報告されている（Smith *et al.*, 2016）．これらのエフェクター分子とは対照的に，マダニ JAK/STAT 経路の別のエフェクター分子である peritrophin-1 は，*I. scapularis* において *B. burgdorferi* 感染を促進することが示されているが，*A. phagocytophilum* 感染に対しては抑制することも明らかとなっている（Abraham *et al.*, 2017）．

d.　RNAi 経路

一般的に，長いウイルス二本鎖 RNA が Dicer によって認識され，21 ヌクレオチドの small interfering RNA（siRNA）に切断される．これらの siRNA は，標的 mRNA に対するエンドヌクレアーゼ活性を示す Argonaute を含む RNA-induced silencing complex（RISC）と結合する．siRNA の一本鎖だけが RISC に結合したまま残り，相補的なウイルス RNA の分解を誘導する．*I. scapularis* 由来 IDE8 細胞ならびに *I. ricinus* 由来 IRE/CTVM19 細胞において，マダニから分離されたフラビウイルス科の Langat ウイルス（LGTV）に対する抗ウイルス効果が確認されている（Weisheit *et al.*, 2015）．一方，LGTV およびダニ媒介脳炎ウイルスは subgenomic flavivirus RNA（sfRNA）を発現し，このマダニ RNAi 経路に対抗する防御機構を発達させている（Schnettler *et al.*, 2014）．この防御機構はフラビウイルス科のほぼすべての種によって確認されている（Asgari, 2014）．

（草木迫浩大）

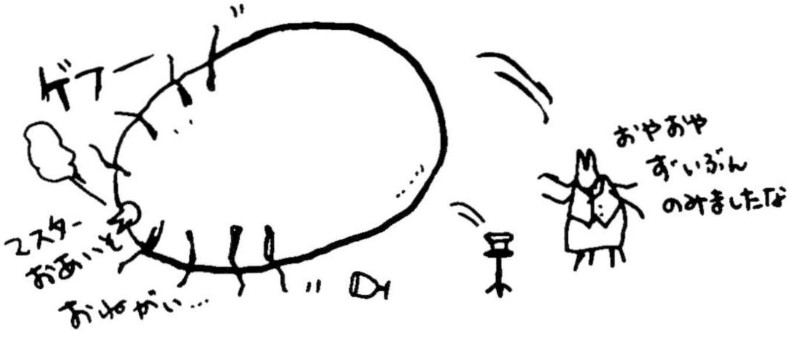

コラム６　エゾウイルスの発見と感染症の証明

エゾウイルスは日本ではじめて見つかったウイルスである．患者からでもマダニからでも，見つかったウイルスが未知のウイルスかどうかはとても重要である．既存のウイルスと一定の基準を超えて異なるのであれば新種ということになるし，既知のウイルス検査では見つけられない可能性や，既存のワクチンや抗ウイルス薬の効果がない可能性が出てくるためだ．この新種の基準として，かつては抗原性が異なること（あるウイルスに対する抗体が，新種と思われるウイルスに反応しないこと）が指標として用いられてきたが，近年はもっぱらウイルス遺伝子の塩基配列やウイルスタンパク質のアミノ酸配列が何割異なるかが基準となっている．エゾウイルスの場合は，最も近縁なウイルスがルーマニアのマダニから見つかったが，とても同一種とはいえないレベルで配列が異なっていたため，新種として認められた．ウイルスの分類は国際ウイルス分類委員会（International Committee on Taxonomy of Viruses, ICTV）が行っている．

新種となると名前をつける必要があり，ウイルスの場合もほかの生物と同様に発見者が命名することになる．生物と異なるのは，ウイルスの名前は発見者がつけるが，分類名はICTVが決めるということだ．また，病気の名前はWHOが地名や人名などの偏見につながる名前をつけないよう指針を出しているが，ウイルスの名前や分類名に対してWHOは関知しない．つまり，ウイルスの命名に権限のある機関は存在しないため，発見者がその分野の慣習にある程度基づいて命名する．エゾウイルスの場合，エゾウイルスが分類されるオルソナイロウイルス属 Orthonairovirus yezoense のウイルス名が慣習的に「地名」＋ウイルスとなっていたため，これに則り命名された．

患者から見つかったウイルスが新種とわかると，次に感染症を起こす病原ウイルスであることを証明しなくてはならない．もしかしたら，病気とは無関係のウイルスかもしれないからだ．この証明はKochの原則と呼ばれる以下の４つ

①同じ症状の人から同じウイルスが見つかる．

②ウイルスが純培養できる．

③培養したウイルスを動物に接種すると①と同じ症状がみられる．

④③の動物からウイルスが培養できる．

に従って行われる．実際に，エゾウイルスもこの４原則をほぼ満たしている．

（松野啓太）

6 マダニ刺症とマダニ媒介性感染症の対策

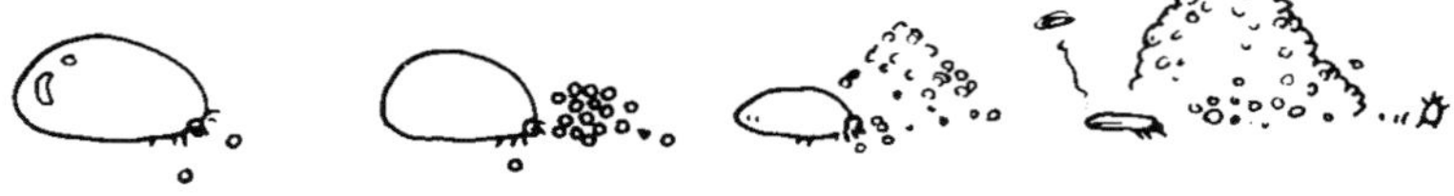

6.1 医学におけるマダニ刺症患者の診療

6.1.1 マダニの除去法

a. マダニ刺症の実態

日本に生息する約50種類のマダニのうち，ヒトへの嗜好性が強く，マダニ刺症の原因となるおもな種類として，10種類ほどが知られている（Natsuaki, 2021）．実際にはマダニ類の分布が南北で異なるため，地域によって原因マダニ種にも違いがある（高田ほか，2019）．北海道ではおもにシュルツェマダニ *Ixodes persulcatus*，東北地方ではヤマトマダニ *I. ovatus* やカモシカマダニ *I. acutitarsus*，シュルツェマダニなど，関東～中部地方ではヤマトマダニやタネガタマダニ *I. nipponensis*，シュルツェマダニなど，そして関東より西ではタカサゴキララマダニ *Amblyomma testudinarium* が最も多く，次いでフタトゲチマダニ *Haemaphysalis longicornis* が多い．たとえば，兵庫県でのマダニ刺症の統計によると，タカサゴキララマダニが約83%，フタトゲチマダニが約14%，ヤマアラシチマダニ *Ha. hystricis* が約1%で，そのほかにヤマトマダニ，キチマダニ *Ha. flava*，ヒトツトゲマダニ *I. monospinosus*，タネガタマダニ，ベルルスカクマダニ *Dermacentor bellulus*（旧名：タイワンカクマダニ *D. taiwanensis*）が原因となっていた（Inoue *et al.*, 2020）．ただし，これらのマダニ種はあくまでヒトへの刺症被害が多い種であり，それぞれの地域の野外調査で得られるマダニ相とは必ずしも一致しない．

マダニ刺症は多くのマダニの活動が活発になる春～夏の時期，特に5～7月に多いが，温暖な地域では，少ないながら晩秋～早春でもみられる（図6.1）．マダニが生息する雑木林の下草や笹藪，林縁部の畑や河川敷の草地などで人が野外レジャー，あるいは森林作業や農作業を行った際にマダニが皮膚や衣類に付着する．そして寄生する部位を探すために皮膚表面を徘徊し，口器（顎体部）を刺入して吸血を開始する．

マダニは幼・若・成虫のすべての発育期で吸血するが，種類によってヒトに寄生しやすい発育期が異なる．シュルツェマダニやヤマトマダニは成虫の雌による刺症が圧倒的に多いが，タカサゴキララマダニでは若虫刺症が多い（図6.2）．

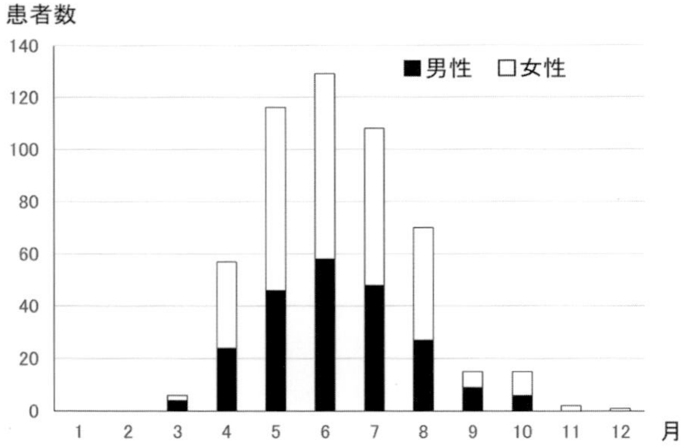

図6.1　兵庫県におけるマダニ刺症（2014～2018年）の月別患者数（Inoue *et al.*, 2020）

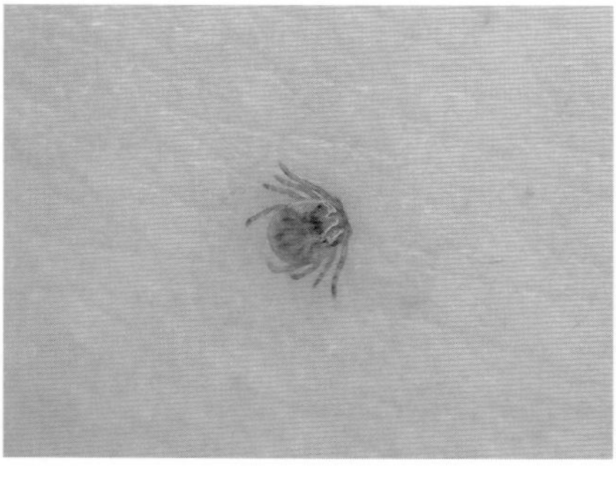

図6.2　ヒト皮膚表面に寄生するタカサゴキララマダニ若虫（口絵10）．

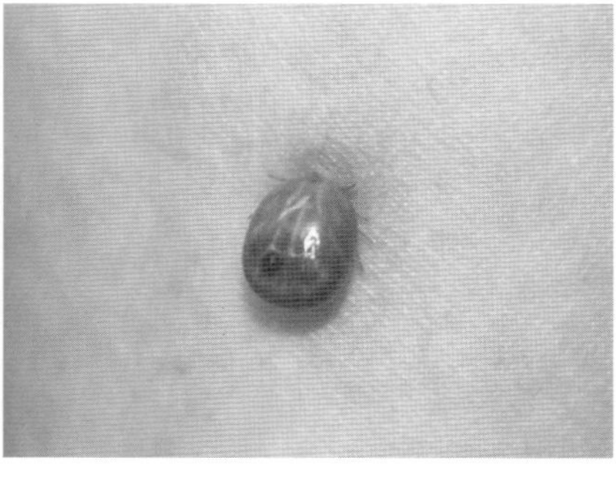

図6.3　飽血に近い状態のタカサゴキララマダニ若虫（口絵11）．

吸血期間は種類にもよるが多くの場合，幼虫で約3日，若虫で5～7日，成虫では7～14日程度である．十分に吸血すると腹部が膨大し（図6.3），飽血状態になると自然に脱落する（4.1.1項参照）．

b.　寄生したマダニの除去

マダニはウイルスやリケッチアなど，各種の病原体を保有する可能性があるが，通常，病原体保有率はきわめて低い．したがって，マダニ刺症に伴う感染症の発症について過剰な心配は不要であるが，マダニの吸血に伴って，注入される唾液腺物質に対するアレルギー性の炎症反応や，口器に対する異物反応などを生じる可能性を考慮すれば，早めに虫体を除去することが望ましい（Natsuaki, 2021）．

マダニ刺症の患者の多くは口器の刺入時に痛みを感じないため，マダニの寄生に気づかず，その後も自覚症状を欠くため，吸血によって腹部が膨大した時点ではじめて虫体の存在に気づくことが多い．特にマダニが背部や腰部，陰部などに寄生した場合は，飽血するまで虫体に気づかないこともしばしばである．

皮膚に寄生しているマダニを除去するには，先端の尖ったピンセット（あるいは異物鑷子）でマダニの顎体基部を挟んでゆっくり引き抜く（図6.4）．口器が短いチマダニ属 *Haemaphysalis* のマダニは容易に除去できるが，口器が長いマダニ属 *Ixodes* やキララマダニ属 *Amblyomma* のマダニの場合は，無理に引っ張ることで口器がちぎれる場合がある．マダニ除去用の器具（ティックツイスター（Tick Twister）など）を用いる場合は，マダニと皮膚の隙間に器具を挿入し，ゆっくりと1～2回転させて引き抜くとうまく除去できる可能性が高い．ただしマダ

図6.4　タカサゴキララマダニ雌成虫の顎体基部をピンセットで挟む．

ニ除去器具は，本来はペット用であり，ヒト用の医療器具ではないため，担当医の判断で患者の同意を得て実施する必要がある．

除去されたマダニはルーペや実体顕微鏡などで観察し，口器部分が欠損していないか確認する．口器が皮膚内に残存すると，皮膚の違和感を生じたり，後になって異物肉芽腫を形成したりする場合もある（夏秋，2017）．

最も確実な除去方法は，局所麻酔をして皮膚ごとマダニを切除することである．特に口器が深く食い込んだ状態ではピンセットなどでは除去できないことが多いので，皮膚科などで切除術を受けることになる．具体的には，パンチ生検用器具（皮膚トレパン），あるいはメスを用いて，マダニ寄生部位の皮膚を切除して縫合する．皮膚欠損が小さい場合は縫合せずにそのままガーゼをあてて創部の上皮化（傷の修復）を待ってもよい．

得られたマダニは専門家に同定を依頼し，マダニの種類や吸血の状態，刺された地域による感染症のリスク評価を行うことが望ましい．

6.1.2　マダニ媒介性感染症への対応など

a.　マダニ刺症とマダニ媒介性感染症

マダニは北海道や本州中部山岳ではボレリア感染症のライム病，西日本ではリケッチア感染症の日本紅斑熱やウイルス感染症の重症熱性血小板減少症候群（SFTS）などを媒介する可能性がある（夏秋，2019）．そのため，マダニ除去後1～2週間は念のために発熱や皮疹，消化器症状などの出現に注意する必要がある．マダニ除去後の抗菌薬の投与については，医師の間で統一された見解はない．しかし一般的に，実質的な感染リスクはきわめて低いこと，ウイルス感染には抗菌薬が無効であること，無駄な抗菌薬投与は副作用のリスクの方が問題になることなどを勘案すると，マダニ除去後，一律に予防的な抗菌薬投与を行うことは推奨されない．ただし北海道や本州中部山岳でのシュルツェマダニ刺症で，マダニが飽血状態にある場合はライム病の感染リスクを考慮して抗菌薬（ドキシサイクリン，あるいはアモキシシリン）を投与してもよい（夏秋，2017）．

ここで注意すべきことは，これまでの臨床報告例を見ると，日本紅斑熱やSFTSの症例で，医療機関受診時にマダニの寄生が確認された事例がきわめて稀である，ということである．言い換えると，マダニ刺症で受診された患者が，その後に日本紅斑熱やSFTSを発症した，という事例がほとんどないのである．一方で，ライム病に関しては，発症前にシュルツェマダニ刺症を経験している症例が少なくない．つまり，ライム病以外のマダニ媒介性感染症の症例の多くは，自分がマダニに刺された，という自覚がないままに発症しているのである．このことは，マダニ刺症と感染症の発症を考える上で重要な問題であり，マダニ刺症について一般市民や医療従事者に対する啓発を行う際にも注意が必要となる点である．

b.　マダニ刺症に伴うアレルギー反応

タカサゴキララマダニ刺症に伴って大きな紅斑を生じる症例（図6.5）はtick-associated rash illness（TARI）と呼ばれる（Natsuaki *et al.*, 2014）．TARIはマダニ唾液腺物質に対する遅延型のアレルギー反応と推定され，はじめてのマダニ刺症では出現せず，過去にマダニに刺された経験がある場合に出現しやすいとされる（Inoue *et al.*, 2020）．TARIはライム病でみられる遊走性紅斑と臨床像が類似するため，区別する必要がある．TARIではマダニ寄生後，数日で紅斑がピークとなり，その後，無治療でも1〜2週間で消退する．

マダニに繰り返し刺されることによって，その唾液腺に含まれる糖鎖抗原であるガラクトース-1,3-α-ガラクトース（α-Gal）に対するアレルギー反応が獲得される場合があることが知られているが，このα-Galは牛肉，豚肉などにも含まれており，これらの獣肉の摂取によってアナフィラキシー症状をきたす可能性がある（Chinuki *et al.*, 2016）．病歴上，牛肉などに対する即時型アレルギーが想定

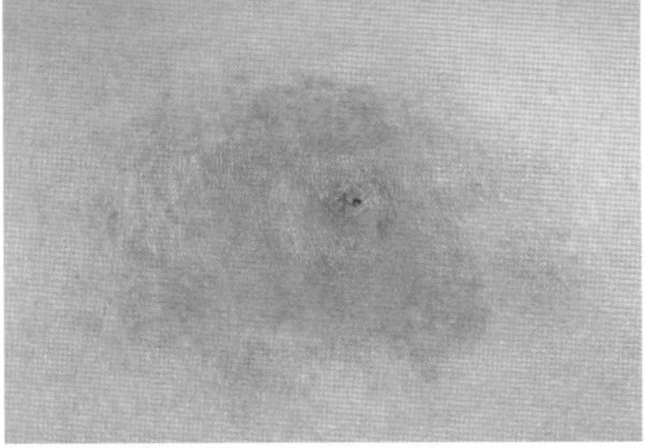

図6.5　タカサゴキララマダニ刺症に伴って生じた大きな紅斑．

される場合，血清中の牛肉特異的IgEを測定することが推奨される（Hashizume *et al.*, 2018）．また，α-Galに対するIgE抗体は，抗がん剤のセツキシマブの構造中に存在するα-Galと反応するため，セツキシマブの初回投与によってアナフィラキシーを来たす可能性が指摘されている（Chinuki and Morita, 2019）．

また，稀にマダニ刺症に伴ってアナフィラキシー症状を生じる例がある（藤川ほか，2020）．吸血中のマダニ腹部を圧迫することでマダニ由来の抗原性物質が皮膚に注入され，それによって強い即時型アレルギーの症状を来たす可能性があるので，注意が必要である．

6.1.3 マダニ媒介性感染症の蔓延地域（西日本）でのマダニ対策と医療体制

a. マダニ刺症の予防

日本紅斑熱，およびSFTSは関東以西の西日本での感染事例が多い疾患である．これらの感染症の予防対策として，マダニ刺症の予防がきわめて重要である．そのために，一般市民向けのマダニ対策啓発事業が重要となる．自治体のウェブサイトでもマダニ対策が呼びかけられているほか，テレビや新聞，インターネットなどで定期的に正しい情報を発信する必要がある．

マダニ刺症を予防するためには，野外活動の際に肌の露出を避けるように長袖，長ズボンなどの衣類を着用すること，マダニの多いけもの道や繁みの中にむやみに入らないこと，草むらや笹藪に入った後はマダニが衣類に付着していないか確認することなどがポイントとなる．そして最も有効なのは，虫除け剤の適切な使用である．国内ではジエチルトルアミド（ディート）とイカリジンの2種類の虫除け剤（忌避剤）が販売されており，いずれも吸血性節足動物に対して同等の忌避作用を有するので，活用すべきである（Natsuaki, 2021）．特に下腿付近は足元からマダニが這い上がってくる部位になるので，念入りに噴霧しておくとよい．衣類の上からでも噴霧できる商品であれば，靴や靴下，ズボンの裾などにも噴霧することで，マダニを寄せつけない効果が期待できる．個々の商品の使用上の注意に従って，適切に使用していただきたい．

b. マダニ刺症，およびマダニ媒介性感染症への医療者の対応

マダニ刺症は皮膚科を受診する機会が多い一方で，救急外来で当直医が除去を余儀なくされる事例も多い．そのため，マダニ刺症への対応について，医療従事

者側も情報を共有しておく必要がある．また，日本紅斑熱やSFTSは高熱が初発症状であることが多く，初期の対応は一般開業医や救急医であるのが通常で，マダニ媒介性の感染症を専門にする医師が対応するとは限らない．特にコロナ禍以降は，発熱といえばまず新型コロナウイルス感染症やインフルエンザなどを想定せねばならない．発熱や皮疹を認める疾患はきわめて多く，頻度の多い疾患から順番に想定し，除外診断を行うのが通例であり，日本紅斑熱やSFTSは鑑別診断の先頭にあがる疾患ではない．しかし野外活動後の急な発熱に対して，常にこれらの感染症を念頭に置いて医療を行う必要があり，そのために医療講演などを通じて医療従事者への教育を継続していくことも重要であろう．（夏秋　優）

6.1.4　地域医療におけるマダニ刺症－栃木県足利赤十字病院における症例集積および足利市内のタカサゴキララマダニとイノシシ

南方系のタカサゴキララマダニは，フタトゲチマダニとともに重症熱性血小板減少症候群（SFTS）ウイルスや紅斑熱群リケッチア，オズウイルス（Ejiri *et al*., 2018）を保有する可能性があり，2023年6月には，茨城県でオズウイルス感染症による死亡例がはじめて報告された．関東平野北部に位置する栃木県足利市は，市北部を足尾山地支脈の里山が形成し，市南部が関東平野に開かれている．市中心部に位置する足利赤十字病院では，2015年5月からマダニ刺症患者の受診が目立ち，同年内にタカサゴキララマダニ刺症が4例認められた．翌2016年は，5月から同年内のタカサゴキララマダニ刺症が7例となり，南方系のタカサゴキララマダニが，北関東でも刺症数を増加させている可能性があった．そのため，翌年からは全マダニ刺症の集積を行い，2017年は5～6月を中心にタカサゴキララマダニ刺症が22例に上ったことがわかった．この年までの当院のマダニの摘出方法は，切開切除が一般的であったが，刺症数の急増を受け，夜間の救命センターでも当直医の専門科にかかわらず，低侵襲で，安全かつ簡便にマダニを摘出できるよう2018年からtick remover（ティックツイスター，H3D Co., Lavancia, France）を導入した．2017～2019年の3年間のマダニ刺症集積では，タカサゴキララマダニ刺症は62例（若虫56，雌雄成虫各3）に上り，刺症推定地は，足利市北部里山地域の住宅地周辺（畑・庭）が主であることもわかった（島田ほか，2020）．

一方，2019年の栃木県内の網羅的マダニ調査では，タカサゴキララマダニの生息は確認されておらず，足利市においてタカサゴキララマダニ刺症を増加させている背景は何であるのか，という疑問があった．同時期，隣県の埼玉県では，県内ではじめてイノシシに寄生したタカサゴキララマダニが報告され（Takahashi *et al.*, 2021），足利市でも，イノシシを含む野生動物調査を行うことで，刺症患者発生の背景を明らかにできるのではないか，と考えられた．足利市付近のイノシシの増加は，1990年代に始まったとされ，イノシシによる農作物被害の発生には，住宅，耕作放棄地，後背森林が関係し（野元ほか，2010），足利市の里山地域は，イノシシの被害が出やすい環境となっている（図6.6）．2021年に栃木県猟友会足利中央支部による害獣駆除として捕獲されたイノシシとシカに寄生するマダニを調査した結果，イノシシ40頭に寄生していたマダニ種は，タカサゴキララマダニ333匹（若虫103，雌成虫112，雄成虫118）・他種539匹であり，シカ47頭に寄生していたマダニ種は，タカサゴキララマダニ37匹（幼虫1，若虫32，雌成虫1，雄成虫3）・他種1064匹であった．すなわち，足利市では，イノシシへのタカサゴキララマダニの寄生数がシカの約10倍認められた．また，イノシシの捕獲は，住宅地の庭や畑に設置された箱罠で行われており（図6.6），イノシシによるタカサゴキララマダニの住宅地への持ち込みが認められた．加えて，夜間の気温が氷点下となりうる1～2月にも，イノシシ14頭から77匹（若

図6.6 足利市北部里山住宅地付近に設置された箱罠によるイノシシ捕獲の様子
耕作放棄地と後背森林が隣接する．

虫 42，雌成虫 12，雄成虫 23）のタカサゴキララマダニが回収され，冬季の北関東でも，南方系のタカサゴキララマダニは，生活環を維持する雌雄成虫の吸血行動を維持しており，イノシシとともに足利市の里山地域に定着していることが示唆された（Shimada *et al*., 2022）．

足利赤十字病院では，2020 年以降も 5～6 月を中心に，タカサゴキララマダニを優占種とするマダニ刺症例の受診が続いており，2017～2022 年の合計では，タカサゴキララマダニによる刺症が，102 例（若虫 94，雌成虫 5，雄成虫 3）となった（ほかチマダニ属ダニ 17，ヤマトマダニ 2）（図 6.7）．そのため，2022 年末からマダニ刺症への注意喚起を目的としたプレスリリースや里山地域の住民への講

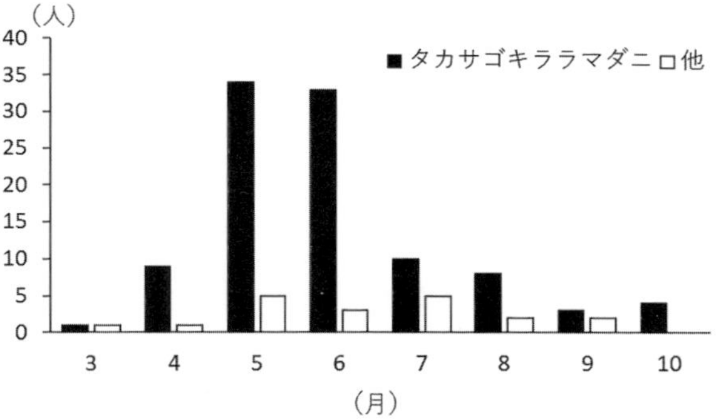

図 6.7　足利赤十字病院における 2017～2022 年の月別マダニ刺症者数（島田ほか，2020，2023）

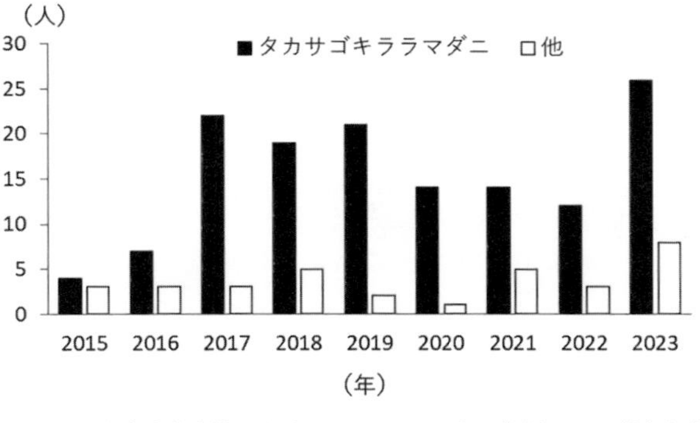

図 6.8　足利赤十字病院における 2015～2023 年の年別マダニ刺症者数（島田ほか，2020，2023）

演会を実施したが，翌2023年のタカサゴキララマダニ刺症による受診は，むしろ増加に転じた（図6.8）．

加えて，足利赤十字病院においてはじめてタカサゴキララマダニ刺症を確認してから4年後，複数回の刺症によるアレルギー性の所見とされる刺症部紅斑例（夏秋ほか，2013）が目立つようになった．紅斑がはじめて診療録に記載されたのは2019年で，1例に30 mmの紅斑が認められた（21例中）．その後の紅斑は，2020年に80 mmと40 mmが各1例（15例中），2021年に80 mmが1例と50 mmが2例（19例中），2022年は70 mmと30 mmが各1例（15例中）であった．2020年以降の紅斑の発生率は年13～16%（島田ほか，2023）で，西日本での紅斑発生率14%（Inoue *et al.*, 2020）と同程度となった．茨城県での手のひら大の紅斑の報告（加倉井ほか，2023）と合わせ，北関東でのタカサゴキララマダニ刺症は広く定着している．

タカサゴキララマダニによる刺症数が高止まりしている足利市および周辺地域において，マダニ媒介性感染症の発生は間近である可能性が高い．一方，地域住民はマダニ刺症に慣れるに従い，自らマダニを摘出するようになり，摘出目的には病院を受診しなくなる．そのため，今後も繰り返し地域へのマダニ刺症予防および刺症後の発熱についての注意喚起を行うとともに，医療機関側の対応として，マダニの摘出希望者が受診した際には，早期に適切な手法でマダニを除去し，摘出したマダニは，医療機関内で80%エタノールに浸して保管することを推奨する．加えて，医療者は，マダニ刺症後の発熱患者が受診した際には，丁寧な問診，体表の紅斑や刺し口の検索に努め，マダニが媒介する病原体の検索依頼方法についても，あらかじめ確認しておくことも推奨する．（島田瑞穂）

6.2 獣医学におけるマダニ対策法とマダニ媒介性感染症への対応

6.2.1 家畜・ペットにおけるマダニ対策と感染症への対応

a. 動物におけるマダニ対策の意義

家畜とペットは衣服を着ることもなく草むらに入っていき，また長い被毛にマダニが付着しやすいことから，人に比べると格段にマダニに寄生されやすい．もっとも，家畜のうち豚と鶏はそのほとんどが畜舎や鶏舎の中で飼育されており，マダニの生息環境とは無縁の場合もある．また，ペットは近年室内飼育されていることが多く，都市部の舗装された歩道を散歩するだけではマダニに遭遇する機会も少ない．マダニ寄生とマダニ媒介性感染症が問題となるのは，牧野に放牧されている牛や馬，あるいは自然豊かな地域で野外を散歩している犬や猫である．もちろん都市部においても緑地や公園はあり，油断はできない．

動物が被るマダニ寄生の被害についてはすでに第5章で紹介されているように，貧血などの直接的被害とマダニ媒介性病原体への感染という間接的被害がある．わが国の家畜とペットの健康に影響を及ぼす重要なマダニ媒介性感染症としては，牛ではタイレリア症（小型ピロプラズマ病，*Theileria orientalis* 感染症）のほか，アナプラズマ症（*Anaplasma marginale* 感染症，*A. centrale* 感染症），ペットでは犬のバベシア症（*Babesia gibsoni* 感染症）やライム病（ボレリア感染症）が問題になっている．特に牛のタイレリア症は，牛に重篤な貧血を起こし，育成牛の成長を阻害したり，雌牛に流産や死産を誘発したりすることで生産性に大きな影響を及ぼしている．また，屋外でマダニに寄生されたペットが日本紅斑熱，ダニ媒介脳炎，SFTS など，人にも重篤な疾患を引き起こすマダニ媒介性病原体を保有するマダニを，人の生活環境に持ち込むリスクが知られている．このように家畜とペットだけでなく，人の健康を守るという観点から，公衆衛生上も動物のマダニ対策は重要な課題である．

b. 動物における付着マダニの除去法

ペットに付着しているマダニを見つけた場合，少数であれば，まずは物理的に除去する方法が一般的である．体表への付着前あるいは付着直後（吸血していないので膨らんでいない）であれば手指で容易に除去できる．また，寄生直後はマダニ媒介性病原体の宿主への移行リスクも小さい．たとえば，バベシア *Babesia* はマダニが動物から吸血を開始するとマダニの唾液腺内で増殖するため，吸血開始から48時間以降にその感染リスクが急激に高まることが明らかとなっている．屋外から帰ってきた動物については，体表に付着しているマダニの有無をできるだけ早期に観察し，小さな幼・若虫を除去するためにもブラッシングなどのケアが望ましい．

マダニがある程度吸血した時点では肉眼的により検出しやすい．飽血した成虫は豆粒ほどの大きさなので比較的容易に見つけることができる．一方，飽血しても若虫は米粒程度，幼虫はゴマ粒大であり，検出が困難な場合も多い．ペットの場合には，「マダニが寄生している」あるいは「イボができた」という主訴で動物病院に相談される例も多い．付着後時間が経過して，口下片が完全に宿主皮膚に挿入された状態では，手指による物理的除去が困難な場合がある．特に口下片の長いシュルツェマダニやヤマトマダニ，あるいはタカサゴキララマダニなどでは，胴体部をつまんで引っ張ると，口器が皮膚内に残ってしまい，異物性肉芽腫を継発することがある．またつまんで引っ張る方法は，マダニ体内の病原体を宿主体内へ押し出すことになるため，ライム病や各種ウイルス性のマダニ媒介性病原体の感染リスクを高めるおそれがあるので勧められない．マダニが完全に固着しているのに気づいたら，引っ張って取ることは避け，先の細いピンセットなどを用いてマダニの顎体基部を挟んで引き抜くことができる．場合によっては皮膚の小切開が必要になることもあるため，獣医師の診察を受けることが推奨される．また，マダニが人に感染する病原体を保有している可能性もあるため，除去したマダニは自宅でつぶしたりせず，密閉できる容器に入れて獣医師に処理してもらうことが望ましい．

なお動物にマダニ寄生を認めた場合には，容易に発見されやすい顔面や体幹だけでなく，耳介の内側，股間，腋下，四肢の指の間などにも注意を払う必要がある．大量のマダニ寄生の場合，あるいは同時に検出されにくい幼虫や若虫が寄生しているリスクも考慮し，殺ダニ剤を用いた駆除を実施することもある．たとえ

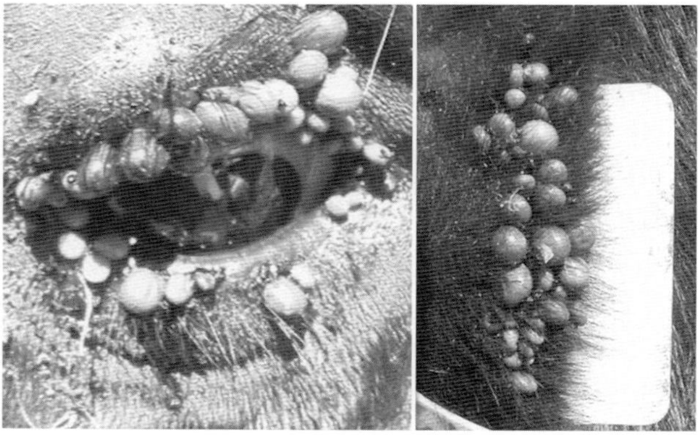

図 6.9　顔面に多量のマダニが寄生した牛（左：目の周囲，右：耳の周囲）（口絵 12）

ば，長時間山野を駆け回った大型の猟犬の場合には，殺ダニ剤（プロポクスル製剤など）を散布することもある．

一方，放牧されている大型家畜については，全身を触診することは容易ではなく，また体表面積も広く多頭数が飼育されていることがほとんどであるため，屋外において少数のマダニ寄生を検出することは事実上不可能である．しかしマダニが多い環境において毎日のように暴露されている個体では，至るところに各発育期のマダニが付着しており，容易にマダニ寄生を確認できる（図6.9）．家畜の場合には付着マダニを除去することはまず不可能であり，むしろマダニ寄生を防ぐことや，寄生しても吸血に至らないようにすることが重要となる．

c. マダニ媒介性感染症が疑われた，あるいは診断がなされた場合の対処法

家畜とペットのマダニ媒介性感染症の臨床徴候は病原体によってさまざまであるが，一般的には貧血や発熱がみられることが多いため，元気がない，食欲がない，体が熱いなどの臨床症状に飼い主が気づき，獣医師の診察を受けることになる．元気食欲不振などの徴候は疾患特異性が低く，それだけでは病気の種類を絞ることもできないので，正確な診断のために，マダニ寄生歴やマダニ駆除薬の使用の有無，屋外で活動する動物かどうか，海外旅行も含めた移動歴を聞かれることがあるかもしれない．多くのマダニ媒介性感染症は地域性や季節性があるため，地元のかかりつけ獣医師であれば，臨床症状や住所地などの情報から，疑わしい病気のリストに特定のマダニ媒介性疾患を優先的にあげて，確定診断に必要な検査が行われることとなる．たとえば，犬のバベシアであれば，採血して赤血球中の病原原虫を検出することである．この診断の流れは，牛などの家畜であってもペットの場合とまったく同じである．

確定診断がつく，あるいは状況証拠から特定の感染症がかなり疑わしい状況となれば治療が行われる．治療は病原体によって異なるが，原虫（バベシア，タイレリア）であれば抗原虫剤，細菌（アナプラズマ症，ライム病）であれば抗菌薬が投与される．ウイルス感染症の場合や全身状態が重篤な原虫・細菌感染症の場合には，全身状態に応じて，輸液や輸血などの対症療法が必要に応じて行われる．

d. 動物におけるマダニ寄生・マダニ媒介性感染症の予防法

マダニの付着を完全に予防するためには，マダニの生息する草むらや野山に動物を連れて行かない，散歩させないことが確実な方法である．それでも自然の豊

かな地方で飼育されている動物，中型・大型犬など長時間の運動が必要な動物，あるいは猟犬などは，マダニに暴露されるリスク以上に，野外で活動することが重要であり，完全隔離は現実離れしている．放牧される牛などの大型家畜も同様である．

マダニの活動が活発な時期にマダニ生息密度が高いと思われる場所へ入らないことも予防としては重要である．マダニの種類や生息環境（地形・野生動物など）は，地域によって大きく異なるため，マダニの活動が活発な時期や生息密度に関する情報は地域ごとに把握する必要がある．春先と秋口にはマダニの活動が活発化することが多い．唯一，犬を好んで寄生するクリイロコイタマダニ *Rhipicephalus sanguineus*（図6.10）は草むらではなく，犬舎や屋内の隙間などに生息しているため，外へ出ない犬にも寄生することがある．特にブリーダーなど多頭飼育している施設における大量寄生例が報告されている．

近年，持続性マダニ駆除薬が複数開発され，マダニ寄生あるいはマダニ感染症に対して予防的に用いられることが多くなっている．家畜でもペットでも薬剤の形状としては液剤を滴下するタイプ（プアオンタイプ）のものがよく用いられている．また，ペットの場合は月に1回の頻度で皮膚に滴下するスポイト型の外用剤のほかに，1～3ヶ月に1度を目安に使う経口剤など，多くの製品が利用できる．大型家畜では野外において頭部から尾根部までの背中線に均一に塗布する必要が

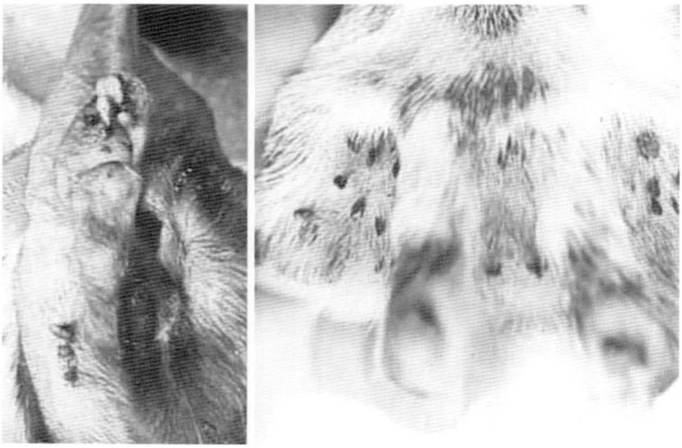

図6.10　ブリーダー犬舎においてクリイロコイタマダニに多数寄生された犬（左：耳介周囲，右：趾間）

あるが，滴下むらが生じやすい．また，投与量は体重当たりで換算されるため，体重の軽い育成牛は体表面当たりの薬剤量が減少し，さらに牛体を覆うことが難しくなる．また，降雨などにより牛体が濡れると薬剤が体表に拡散しづらくなることもあり，有効性にばらつきが出てくることが知られている．（猪熊　壽）

6.2.2　野生動物管理におけるマダニ対策

野生動物とマダニが切っても切れない関係にあることは想像に難くないだろう．むしろ，「野生動物管理におけるマダニ対策」は野生動物を扱うにあたって行うべきマダニ対策なのか，野生動物管理からアプローチするマダニ対策なのか，どちらの見方もできる時点で，野生動物とマダニの関係がいかに強いかを示しているといえるだろう．野生動物はマダニの主要宿主であり，本来のマダニの生活環は野生動物の吸血によって回っているといえる．近年では野生動物とマダニの関係性に着目する研究が徐々に増えており，いくつかの例とともに紹介したい．

a.　ライム病-マダニ-シカ-ノネズミ

こうした関係が大きく注目されたきっかけの一つに Ostfeld（2010）にまとめられたライム病研究をあげることができる．ライム病は米国で年間 47 万人が罹患することから，最も重要なマダニ媒介性感染症の一つとされている．ライム病を媒介する *I. scapularis* が主要な宿主とするオジロジカ *Odocoileus virginianus* であったことから，シカがライム病の増加の一因として疑われた．しかし，これに着目したシカの駆除実験ではマダニの数を減じることはできず，マダニにおける病原体保有率も下がらなかった．この研究から，ライム病の原因菌であるボレリアを保有するのはノネズミであり，マダニは幼虫期にこのノネズミを利用して病原体に感染するため，シカを駆除してもライム病を保有するマダニを減らす有効策にはならないことがわかった．この研究は感染症対策を目的とした野生動物管理の「失敗」ではあるが，野生動物がマダニと病原体の増減に複雑な関係性をもっていることを知らしめることになった重要な研究といえるだろう．

b.　野生動物管理における直接的・間接的マダニ暴露

近年，野生動物の問題はわが国の中でも重要かつ，うまく解決できていない問題の一つといえるだろう．特にシカとイノシシによる農林業被害は深刻である．加えて，都市部へ生息の場を広げつつあるタヌキ *Nycterutes procyonoides* やキ

ツネ *Vulpes vulpes* などのアーバンワイルドライフ，アライグマやノネコ *Felis silvestris catus* などの外来種など，山奥から人里まで多くの野生動物問題がある．こうした問題に対処するために，各地域では野生動物管理を目的として捕獲や外来種駆除を行っている．そして，捕獲や駆除を行う際に問題となるのは，野生動物に寄生しているマダニである．宿主が捕殺されると，マダニは宿主の体温低下を察知して脱落していく．筆者は研究中に動物の死体から「湧き出るように這い出てくる」マダニを見たほか，研究のために冷凍搬送された個体を入れたビニール袋の中に大量のマダニを見つけることができ，研究のためにこのマダニを集めている．野生動物管理に関わると，マダニに出合う確率が必然的に高くなる．

野生動物管理においては野生動物に触れることによる直接的暴露と野生動物の捕獲に伴ってばらまかれたマダニや病原体に接触して起こる間接的暴露が考えられる．直接的なマダニへの暴露は前述したとおり，野生動物に触れる際に起こる．また，狩猟での解体中に作業場所に這い出たマダニに困っているという話も少なくない．特に最近ではSFTSウイルスの伝播経路としてマダニをつぶしたときに生じた血液やマダニの体液から感染したと疑われている例が報告されており，狩猟鳥獣の解体や捕獲作業中に這い出たマダニの処理には手袋の着用などが必須である．

もう一方の間接的な暴露については，島嶼部におけるシカ捕獲がマダニに与え

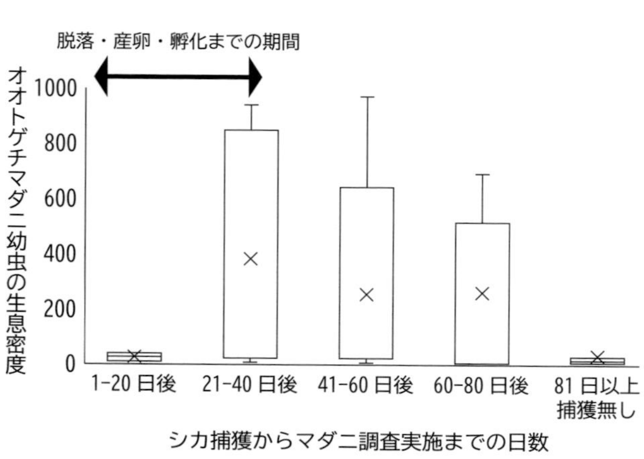

図6.11　シカの捕獲からマダニ採取までの経過日数とマダニ幼虫の生息密度

る影響を例に説明したい．筆者の研究（Doi *et al.*, 2020）では島嶼部に導入されたシカの駆除にあたって，マダニがシカの捕獲地点に限局して集中する傾向があることを報告した．シカ捕獲のために島内に仕掛けられたくくり罠の周辺でマダニを採取したところ，マダニの幼虫が局所的に増加している場所は約 21～40 日前にシカの捕獲があった場所であることが明らかになった（図 6.11）．つまり，シカの捕獲に伴ってシカが死亡すると，吸血していたマダニが脱落する．このマダニのうち雌成虫は脱落した場所の近傍で産卵すると考えられる．マダニの産卵から幼虫が孵化するまでの期間はおおむね 1 ヶ月ほどと考えられており，シカ捕獲から 21～40 日は飽血した雌成虫の宿主脱落から幼虫孵化までの期間であり，本来は散発的に脱落するはずが，宿主の捕獲によって一点に飽血した雌成虫が集中して脱落したことで，大量のマダニが集中してしまったと考えられる．厄介な点は野生動物管理を行ったことにより従事者が定期的に訪れる場所でマダニが増加してしまったことである．埋却や薬剤の使用がマダニの増加を抑制できるかもしれないが，地面の状態によっては埋設は難しく，沢が近い場合には薬剤による魚毒性が懸念され，常に対策を講じることは難しい．結局，従事者の個人防御対策が最も簡便で有用であることが現状といえる．特にマダニが多い地域では作業用ヤッケなどを着用し，作業後にビニール袋にヤッケを入れて，殺虫剤の噴射などを行うこともある．中にはあまりのマダニの多さに，皮膚に忌避剤ではなく殺虫剤を直接噴霧して，皮膚炎になったケースもあり，用法を守った使用が求められる．また，服の上を歩いている状態であれば，粘着カーペットクリーナーを使うことでまだ吸血していないマダニを効率良く除去できる．野外作業時も持ち運びやすく，簡易的に使える方法で，吸血前なので感染症の心配はない．

c. マダニの宿主特異性

マダニがつくのは当然シカだけではない．マダニが宿主に利用する動物は，種によって，さらには発育段階によって異なり，これを宿主特異性という．前述したライム病を運ぶ *I. scapularis* の幼虫がノネズミを好む一方で，成虫がシカを好む生態はこれに当たる．国内でイノシシとシカに寄生するマダニを比較した研究ではイノシシにはキチマダニ（49.1%）とタカサゴキララマダニ（36.7%）の 2 種が優占して寄生し，シカにはフタトゲチマダニ（39.6%），キチマダニ（28.0%），オオトゲチマダニ *Ha. megaspinosa*（24.9%）の 3 種が優占することが報告されている（Shimada *et al.*, 2022）．タカサゴキララマダニはヒトを吸血することが多いマダニとして知られており，人のマダニ被害にはイノシシが一役買っている可能性がある．どちらの動物からも多く取れたキチマダニは宿主特異性が弱く，アライグマやタヌキのほか，犬や猫も吸血する．いずれのマダニも発育期によって寄生する動物は異なるようで，マダニが好む食材のバリエーションはマダニと野生動物の関係性を複雑化しているようである．

d.　野生動物のマダニに対する反応

また，動物側のマダニに対する反応も多様である．筆者はアライグマとハクビシン *Paguma larvata* のマダニの寄生数を比べて，ハクビシンを吸血するマダニは少なく，アライグマでは圧倒的に多いことを発見した（図6.12）．北米に生息するヴァージニアオポッサム *Didelphis virginiana* が毛づくろいで体表に着いたマダニの90%以上を食べてしまうことが Keesing *et al.*（2009）に報告されてい

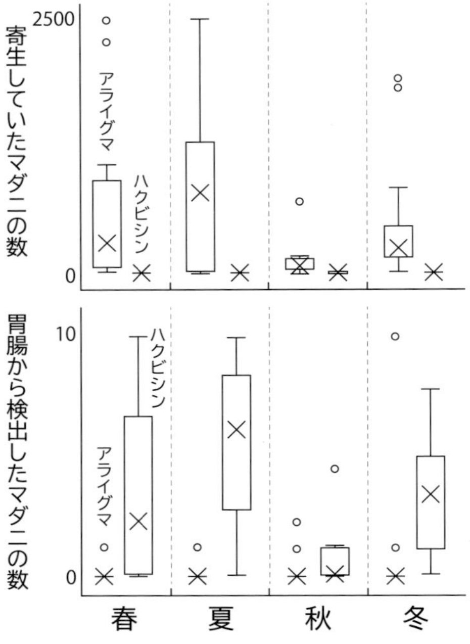

図6.12　アライグマとハクビシンに寄生していたマダニと食べられていたマダニの関係（Doi *et al.*, 2021を改変）

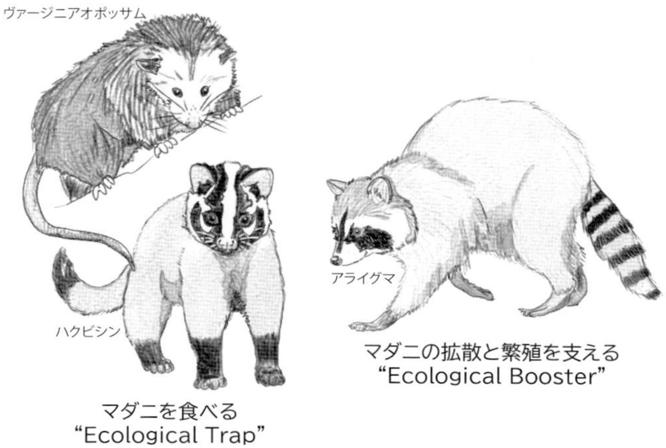

図 6.13　マダニにとっての ecological trap と ecological booster

ることから，筆者はハクビシンもマダニを食べているのではないかと思い，胃腸の中身を調べてみた．すると，ハクビシンの胃腸の中身から多くのマダニの断片が見つかり，マダニを食べていることが判明した（図 6.12）．

マダニは動物に吸血しながら運ばれて分布を拡大するため，吸血中にマダニを食べてしまう宿主は，マダニにとって罠のような存在であることから ecological trap と呼ばれる．逆に，アライグマのようにマダニを除去せずたくさんのマダニに血を提供しながら運ぶ動物は ecological booster と呼ぶ（図 6.13）．野生動物を吸血しながら広がっていくマダニの分布には ecological booster の存在が欠かせないのかもしれない．

e.　野生動物管理＝マダニ媒介性感染症対策

人間の生活圏で野生動物が増えないように棲み分けを管理する方法を野生動物管理ではゾーニングというが，ヒトを吸血するマダニを運ぶイノシシや，ecological booster であるアライグマに対してゾーニングを実施することは，マダニに吸血される被害を抑えるための有効な手段となるかもしれない．一方でイノシシやアライグマはすでに有害鳥獣対策として捕獲されるが，こうした動物を扱う際には，たとえ街中であっても手袋や忌避剤を使用して，マダニに備える必要がある．では ecological trap を増やしてはどうかという声も聞こえてきそうだが，ハクビシンはほかの病原体をもっている可能性がある上に，外来種であり在来生態系にも影響を与える生物である．さらに，野生動物管理はこれからの感染症予防に重要な対策の一つになると考えられるが，マダニ・野生動物・感染症の関係は複雑で，まだ謎も多い．さらなる研究が求められている．（土井寛大）

コラム7 マダニの撲滅は可能？―八重山群島のオウシマダニ撲滅事業

日本には世界に誇るマダニ撲滅の偉業がある．沖縄県オウシマダニ撲滅事業である．獣医系大学で採用されている教科書・参考書やインターネット検索から，この事業に関する情報を得ることは可能であるが，諸先生方・先輩方・関係者の方から伺った話や，当時の様子を記録した貴重な資料である牧野ダニ撲滅記録映画を拝見した筆者の経験を，僭越ながらここに記したい．

1931（昭和6）年，沖縄本島国頭郡と宮古群島で牛のバベシア症（5.3節参照）が大発生し，その際オウシマダニ（*R. microplus*；2.2節参照）の存在がはじめて確認された（実際にはオウシマダニは明治時代より沖縄県内に生息していたようである；那根，2015）．1934（昭和9）年には八重山群島においてもバベシア症の発生が確認され，放牧飼養を中心とした肉用牛生産において大きな障害となっていた．ベクターであるオウシマダニを駆除すべく，有機塩素系（DDT，γ-BHC），有機リン系（ネグホン，アズントール）製剤など（6.3節参照）を用いたありとあらゆる対策がとられたが，撲滅には至らなかった．その原因は，「薬剤抵抗性ダニが出現した」こと，「ダニの生理生態が十分に理解されていなかった」ことなどと記されている（那根，2015）．その後，オウシマダニの生活史，産卵数や孵化に至る日数などの生物学的性状が次々と明らかにされ，さらには，γ-BHCには産卵阻止および孵化阻止効果がないことなど，マダニ駆除を促進するための科学的知見が着実に積み重ねられていった．そして1989（平成元）年，ドイツで開発されたピレスロイド系新薬が国内で承認され，これがオウシマダニ撲滅の要となった．「『一頭もれなく』の鉄則を守り，打って一丸となって」「粘り強いダニ0作戦を展開」（那根，2015）した結果，各島でオウシマダニの撲滅が次々と達成され，1997（平成9）年にはオウシマダニがとうとう確認されなくなった．つまり草地からも牛体からもオウシマダニは見つからなくなった．「不可能とまで罵られたオウシマダニを一匹たりとも残らず滅ぼしたど根性と闘魂」（那根，2015）である．この新薬による牛体寄生オウシマダニの徹底的な駆除により，沖縄県における牛のバベシア症は終息し，オウシマダニ撲滅達成の記念碑が八重山各地に建立された（図1）．1971（昭和46）年に開始された一連の事業には13億7000万円が投じられ，完了までに28年間が費やされたのである．「島」という環境に加え，各島における畜産の特性を踏まえた，1宿主性マダニ（4.1

節参照）に対する「殺ダニ剤による牛体寄生ダニの駆除・検査・指導体制」を確立し，確実に推進したことによってオウシマダニ撲滅は達成された．本事業に関連する資料を拝見するたびに，当時のすさまじい熱量がひしひしと伝わってくる．なお，オーストラリアにおいてもオウシマダニの撲滅に成功した歴史があるが，こちらも離島での例である（Johnston *et al*., 1968）．これまでさまざまな国においてオウシマダニの撲滅を目指し，対策が講じられてきたが，地理的条件や野生動物侵入などの問題から，成功例はいまだにきわめて少ない．

図 1　石垣市内にある「八重山群島オウシマダニ撲滅之碑」

今，オウシマダニは沖縄県には生息していないが，国内の一部の地域にはまだ生息している．また，世界の熱帯・亜熱帯地域に広く分布し，牛のバベシア症などのベクターとして猛威を振るい続けている．したがって，牛・野生動物の移動や粗飼料などとともに沖縄県に再侵入する可能性がないとは言い難い．『獣医学教育モデル・コア・カリキュラム準拠・寄生虫病学』テキストにおいて，学習の到達目標の一つとして「フタトゲチマダニとオウシマダニを説明できる」と設定されているように（日本獣医寄生虫学会，2020），オウシマダニ再侵入リスク対策の一つとして，その生物学的特徴をあらかじめ理解しておくことはきわめて重要である．

（白藤梨可）

6.3 ● 海外でのマダニ対策と殺ダニ剤抵抗性の問題

6.3.1 畜産動物におけるマダニ対策の海外事情

a. マダニの制御が難しいのは何故か？

マダニの制御の難しさは，要因が複雑に絡み合う問題ではあるが，主として殺ダニ剤抵抗性の出現，野生動物の牧場内への侵入，遊牧による野生動物生息環境への近接，マダニの生息しやすい環境などが原因となる．本項では，北米，南米，オーストラリア，アフリカ大陸など畜産国にて顕在化した問題としての「殺ダニ剤抵抗性」について紹介する．

b. 殺ダニ剤の種類と作用点

おもな殺ダニ剤は，新旧あわせて大別すると以下のようになる．

①合成ピレスロイド系：電位依存性ナトリウムチャネルに結合し，活動から非活動状態への転換を阻害するため，神経細胞は持続的な脱分極（興奮）状態となり，マダニに麻痺を誘発する．

②有機リン系，カーバメート系：アセチルコリンエステラーゼに不可逆的に結合することで，シナプス間隙に分泌された神経伝達物質アセチルコリンの分解が阻害され，シナプス後神経は持続的な興奮状態が継続するため，麻痺が

図 6.14 ケニア・ナイロビ近郊の農場内に設置されている浸漬槽

誘発される．

③ホルムアミジン系：オクトパミン作動性Gタンパク質共役型受容体の作動薬で，非調節的な興奮状態は協調的運動を必要とする吸血，産卵，孵化などに行動異常を誘発する．

④イソキサゾリン系：犬や猫用として販売されている経口殺ダニ剤の成分であるフルラネルは，2022年初めにブラジル，メキシコにて牛への使用が承認された．マクロライド系やフェニルピラゾール系と同様，GABA作動性クロライドチャネルに結合し抑制系神経細胞を阻害することで，異常興奮状態を誘発し麻痺を引き起こす．

c.　殺ダニ剤の投与法

剤型により投与法が異なり，油性剤はプアオン，スポットオン，水溶剤はスプレー，薬浴，バックラバー，粉剤はダストバッグなどがある．筆者が訪問したケニアやウガンダでは，東海岸熱の原因病原虫 *T. parva* が流行していたため，欧州人入植者が欧州種の牛を導入するにあたり，20世紀初めから官主導にてマダニ防除対策を実施してきた．農場内に設置された薬浴のための浸漬槽（dipping tank；図6.14）はその名残である．

6.3.2　殺ダニ剤抵抗性マダニの存在

a.　抵抗性形質獲得機序とその診断

節足動物が殺虫剤抵抗性を獲得する要因は，おもに①薬剤の外皮透過性の低下，②薬剤標的分子（部位）の感受性低下，③薬物代謝関連酵素類の活性増大，の3つに区分されるが，交絡している場合もあるため，抵抗性の診断にあたってはマダニ生体を用いた感受性試験がもっぱら行われており，幼虫を用いたlarval packet test（LPT）と呼ばれる再現性に優れた接触試験法が推奨されている（FAO, 2004）．

b.　抵抗性マダニの報告例

Dzemo *et al.*（2022）は，1992～2020年の間に公開された文献をシステマティックレビューにより88報に選抜し，メタデータ解析により，世界中の牛に寄生するマダニ集団における殺ダニ剤抵抗性表現型の発現状況を再検討し報告している．これによると，3939群の牛に寄生したマダニ集団がLPT等の生物試験に供試されており，56.7%（ブラジル，メキシコ，インド由来）が抵抗性であることが示された．1宿主性マダニの代表格であるオウシマダニは3391群が供試されており，そのうち2013群が抵抗性であった．地域性，感受性試験の方法，使用殺ダニ剤の違い等によるデータの異質性が高いものの，世界的にオウシマダニにおける殺ダニ剤抵抗性形質獲得が問題となっていることは明らかである．1宿主性マダニは，約21日間宿主体表に寄生して生活し，その間に幼･若･成虫のステージを経る．長期間同一の殺ダニ剤を適切ではない用法や用量にて処方し続けることが，抵抗性形質の選抜と固定化を促進する要因と考えられる．　　　（八田岳士）

コラム8　鳥がマダニを奪っていく！？

1.　体表に固着したマダニは貴重なサンプル

殺ダニ剤抵抗性マダニの対策において，感受性試験は必須である．殺ダニ剤抵抗性の診断においては，larval packet testという幼虫を利用した手法が，時間はかかるが，再現性に優れている点で推奨されている．旗振り法などで野外マダニを採集した経験があれば，幼虫団子に出くわしても，それを使って試験，などと誰も思わないであろう．そこで登場するのが飽血雌成虫である．これらを採集し，実験室にて卵を産ませて，幼虫を孵化させて，ようやく薬剤感受性試験を行う．一回の試験でどれだけの規模の飽血雌成虫が必要なのか，FAO指針にはこのような記載がある．“collect as many engorged females as possible”（図1）．ヒトがマダニのように牛によってたかって，ほぼ飽血のマダニを1匹ずつ抜去する．

図1　大量の飽血雌成虫

できるだけ傷つけず，特に口器は産卵に重要な器官なので最大の注意を払って，かさぶたのようなセメント物質を爪でつまんで，一息に……．頭を上げると大群の牛の顔，顔，顔．いつ終わるの……？

2.　マダニは栄養豊富な食べ物

そんな釣果を期待して，農場の一角に集められた牛群を目指し頭上から照らす太陽の光を容赦なく浴びながら，歩き進むわれわれの頭上を数羽のきれいな白い鳥が飛んでいった．どうやら向かう先が一緒のようである．ニャンダルーア（ケニア）の獣医師が,「あれは天敵だ」と教えてくれた.見ていると牛の背に飛び乗り，われわれの獲物を横取りしているようである(図2)．マダニを引っこ抜く作業に，よりいっそうの気合が入る．「あれはわれわれにとっても天敵だ……」と．

（八田岳士）

図２　牛体表のマダニを狙う曲者たち

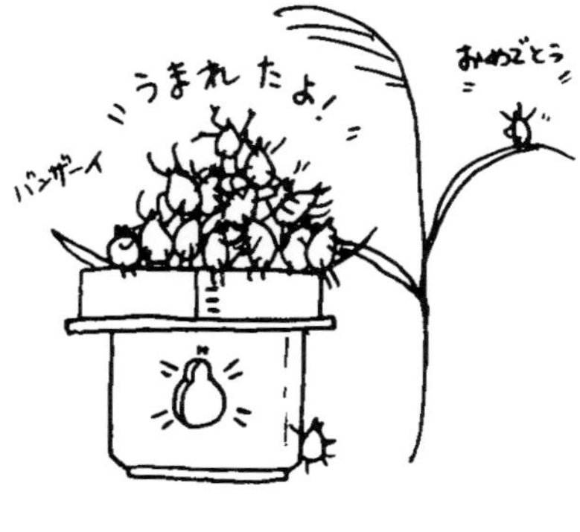

7 マダニ研究の現状

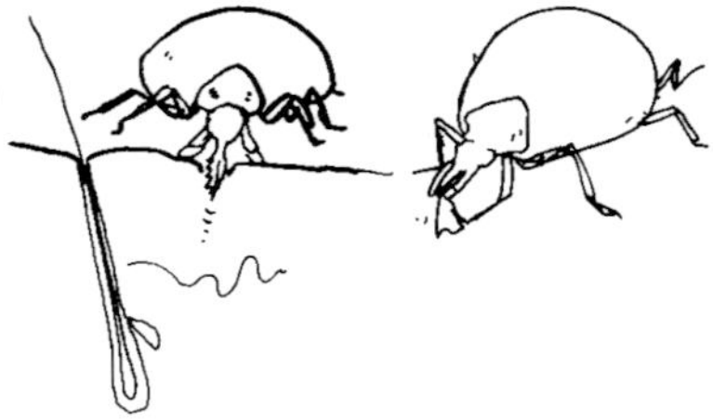

7.1 ● ゲノム・ミトゲノム

7.1.1 ゲ ノ ム

2004年，マダニ研究者の国際コンソーシアムが *Ixodes scapularis* ゲノムプロジェクトを立ち上げた．多くのマダニ種が存在する中で，ヒトのライム病，バベシア症，アナプラズマ症（5.3節参照）のベクターである，北米で最も重要なマダニが最初のゲノム解読対象とされた．ゲノム配列決定のためのDNAサンプルには，1996年より米国・コネチカット大学で飼育されてきた *I. scapularis* の実験室コロニー（Wikel株）が使用された（Hill and Wikel, 2005）．2016年にゲノムアセンブリについて報告され（Gulia-Nuss *et al.*, 2016），次いで，欧州に分布する *I. ricinus*（Charles River株）のドラフトゲノムアセンブリが行われた（Cramaro *et al.*, 2015, 2017）．*I. ricinus* はライム病ボレリアおよびダニ媒介脳炎ウイルス（5.3節参照）のベクターである．2018年には *I. scapularis* 細胞株（ISE6）のドラフトゲノムも取得された（Miller *et al.*, 2018）．獣医学上重要なマダニについては，1宿主性のマダニとしてはじめてオウシマダニ *Rhipicephalus microplus*（Deutsch株）のドラフトゲノムが2017年に報告された（Barrero *et al.*, 2017）．これら一連の解析により，ゲノムサイズは，*I. scapularis* は約1.8 Gb，*I. ricinus* は約2.7 Gb，オウシマダニは約7.1 Gbであると推定された．マダニのゲノムには反復配列が多く含まれており，塩基配列決定までに多大な時間と費用がかけられてきた（Cramaro *et al.*, 2017；Meyer and Hill, 2014；Ullmann *et al.*, 2005）．

上述のゲノム解読が行われる以前は，マダニのexpressed sequence tags

(EST) やトランスクリプトーム，プロテオーム解析における配列決定には，モデル生物のショウジョウバエ，カイコガ *Bombyx mori* などのデータが参照されることが多かった．その後，多くのマダニ種の EST 配列が登録され，さらに現在では，複数種のマダニの配列データの収集と公開が着実に進められており，「VectorBase」(https://vectorbase.org/vectorbase/app/) などで必要な情報を取得できる．たとえば上記以外では，*Amblyomma maculatum*，*Dermacentor andersoni*，*D. silvarum*，フタトゲチマダニ *Haemaphysalis longicornis*，*Hyalomma asiaticum*，シュルツェマダニ *I. persulcatus*，*R. annulatus*，クリイロコイタマダニ *R. sanguineus* (De *et al.*, 2023；Jia *et al.*, 2020) について，VectorBase 上でゲノム情報が公開されている (2024 年 8 月現在)．しかし，いずれも国外の研究成果である．

日本産マダニのゲノムについてはどのような状況だろうか．日本におけるゲノム解析の優先度が高いマダニ種は，医学上・獣医学上重要なフタトゲチマダニであると考えられる．さまざまな病原体を媒介するほか，4.4 節で述べたように，マダニとしては例外的に両性生殖と単為生殖の 2 系統が存在することから，フタトゲチマダニは学術的にもきわめて重要な種である．さらに，単為生殖系統 (岡山県由来) は 1961 年から，両性生殖系統 (大分県由来) は 2008 年から実験室内で累代飼育されてきた (Umemiya-Shirafuji *et al.*, 2019)．つまり，2024 年現在，岡山県由来フタトゲチマダニは 63 年以上，大分県由来フタトゲチマダニは 16 年以上，実験室内で安定的に維持されていることになる．上述の *I. scapularis*，*I. ricinus*，オウシマダニの実験室コロニーがゲノム解析に使用されたことから，筆者らは，フタトゲチマダニのゲノム配列を得るためには岡山県・大分県由来フタトゲチマダニの実験室コロニーが適すると考えた．そこで，2017 年に開始したプロジェクト (コラム 10 参照) において，まず両性生殖系統のゲノム解析に着手したが，折しも，ニュージーランドと中国からフタトゲチマダニのゲノム配列が公開された (Guerrero *et al.*, 2019；Jia *et al.*, 2020；Yu *et al.*, 2022)．ニュージーランドからは，野外で採集された雌成虫由来 (おそらく単為生殖) の卵を用いて塩基配列が決定され，7.36 Gb のゲノムが得られたと報告された．一方，中国からは，野外で採集された雌 1 個体由来の幼虫が解析に供され，推定ゲノムサイズは 2.55 Gb との報告だった．次いで，雄成虫と雌成虫の塩基配列が決定され，2.4

～2.8 Gb と 3.6 Gb のゲノムがそれぞれ作成された．さらに，同じく中国において，野外採集の雌雄1ペアから6世代を経て発生した雌成虫が解析に用いられ，3.16 Gb のゲノム配列が決定された．各国のフタトゲチマダニのゲノムサイズは一致しておらず，その理由は不明である．次項に後述するが，各種データを利用する際は，解析に用いられたマダニの由来を必ず確認しておく必要がある．なお，フタトゲチマダニ両性生殖系統の雌成虫を用いた筆者らの解析では，2.48 Gb，98529 コンティグからなるドラフトゲノムが得られ，これが日本産マダニとしてはじめての報告となった（Umemiya-Shirafuji *et al.*, 2023）．

7.1.2 ミトゲノム

ミトコンドリアはほとんどの真核生物がもつ細胞内小器官の一つである．1個の細胞の中に，数百個のミトコンドリアが含まれており，エネルギー産生などの重要な機能を担っている．好気性細菌の α プロテオバクテリアがミトコンドリアの起源とされており，細胞がもつ核とは別に，ミトコンドリア自身も独自のゲノム DNA（ミトゲノム）をもつ．ミトゲノムの大きさ，形状，コードされる遺伝子数は生物種により異なっている．

マダニのミトゲノムは1個の環状 DNA で構成されており，そのサイズは約 15 kb で種によって多少ばらつきがある．コードされる遺伝子数は共通で，2個のリボソーマル RNA 遺伝子（12S rDNA と 16S rDNA），13個のタンパク質コード遺伝子（*ATP6*, *ATP8*, *COI*, *COII*, *COIII*, *CYTB*, *ND1*, *ND2*, *ND3*, *ND4*, *ND4L*, *ND5*, *ND6*），22個の転移 RNA 遺伝子（tRNA）で構成されている．そのほかに，マダニ種間で変異に富むコントロール領域（CR）というノンコーディング配列があり，ミトコンドリア遺伝子の転写や増幅の調節機能を担っているとされる．ミトゲノム内での遺伝子の並び方は，ヒメダニ科 Argasidae，ニセヒメダニ科 Nuttalliellidae, Prostriata グループと Metastriata グループに二分され，それぞれのグループ内ではゲノム構造が保存されていると考えられてきた（図 7.1）．

近年，ミトゲノム解読法の進歩（後述）に伴い，より多くのマダニ種のミトゲノム情報が蓄積され，マダニのミトゲノム構造についても新しい知見が得られつつある．たとえば，ガーナから日本に輸入された爬虫類寄生マダニ *Amblyomma*

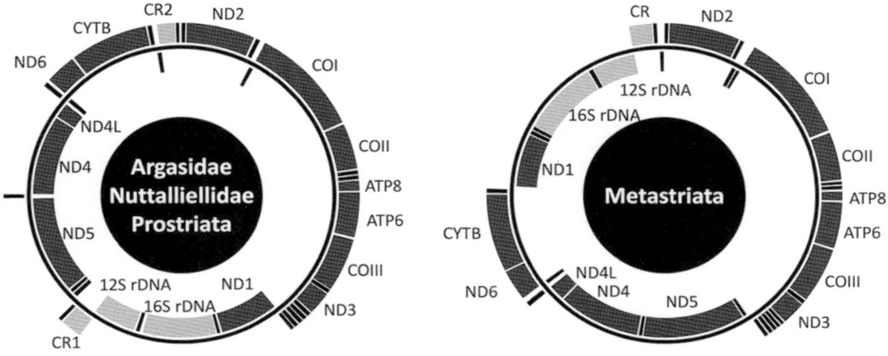

図 7.1　マダニのミトゲノム構造の模式図

左：ヒメダニ科，ニセヒメダニ科，Prostriata グループ，右：Metastriata グループで共通にみられる遺伝子の並び．タンパク質コード遺伝子は濃灰色，リボソーマル RNA 遺伝子およびコントロール領域は薄灰色，転移 RNA 遺伝子は黒色で示す．外周はプラス鎖，内周はマイナス鎖にコードされる遺伝子．

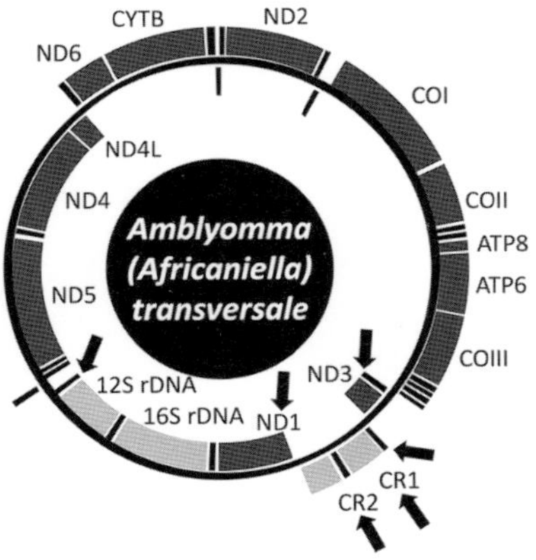

図 7.2　*Amblyomma*（*Africaniella*）*transversale* のミトゲノム構造

3 つの転移 RNA 遺伝子，*ND1* 遺伝子，2 つのコントロール領域（CR）のリアレンジメントがみられる（図中の矢印）．

（*Africaniella*）*transversale* のミトゲノムには，これまで報告されているゲノム構造（図 7.1）とは異なり，複数の遺伝子のリアレンジメント（ゲノム内での位置変化）が見つかった（Kelava *et al.*, 2021）（図 7.2）．また，ヒゲナガチマダニ *Ha. kitaokai* など複数のチマダニ *Haemaphysalis* 属のミトゲノムには，16S rRNA 遺伝子の 3′ 末端領域配列と相同性の高い挿入配列が存在することも明らかになった（Kelava *et al.*, 2021）．これらの事実は，マダニのミトゲノムは進化の過程でダイナミックに変化してきたことを示している．

ミトコンドリア遺伝子の配列は，マダニの分子同定（DNA バーコーディング），分子系統解析，集団遺伝解析などの分野に応用されている．マダニの分子同定には，一般的に COI や 16S rRNA 遺伝子が対象として用いられてきた．国内においては，39 種の国内マダニ種の 16S rRNA 遺伝子の部分配列が解読され，データベースとして公開されている（Takano *et al*., 2014）．同データベースの配列を利用することで，国内のほとんどのマダニ種（ヤマトチマダニ *Ha. japonica*，オオトゲチマダニ *Ha. megaspinosa* など一部の近縁種を除く）の分子同定が可能である．一方で，世界的には上記のような信頼できる遺伝子データベースの構築が進んでいないのが現状である．各々の研究者が十分な形態的な種同定を行わずに，間違った種情報とともに遺伝子配列を GenBank 等の公共塩基配列データベースに登録している場合が散見される．この問題に対する当面の解決策は，公共データベース上の情報を鵜呑みにせず，その信頼性を複数の角度から検証して自ら取捨選択することである．マダニの分子系統解析や集団遺伝解析にも，ミトコンドリア遺伝子の部分配列が用いられてきたが，ミトコンドリア遺伝子の限られた領域の配列解析では，種間および種内の変異を十分に解析できない場合も多く，より情報量の多い解析手法が必要である（コラム 9 参照）．

短時間に大量の塩基配列を解読することのできる次世代シーケンス（next-generation sequencing, NGS）技術の普及に伴い，ミトゲノム解読効率も飛躍的に向上した．従来の手法では，ミトゲノムを複数のオーバーラッピング PCR で増幅した後に，PCR 産物を Sanger シーケンス法によるプライマーウォーキングにより解読していたため，時間と手間を要していた．一方で，NGS を活用することで，たった数日間で多数のマダニ種の完全長ミトゲノムを解読することが可能となった．NGS を活用したミトゲノム解読法の一般的な方法は，低カバー率ゲノムシーケンスとゲノムスキミング法を組み合わせた手法である．すなわち，マダニから抽出したゲノム DNA を材料に NGS で網羅的に解読後，得られた配列を *de novo* アセンブルし，最終的にミトゲノムに由来するコンティグ配列を既知ミトゲノム配列との相同性比較により選び出すことができる（Mans *et al*., 2015）．細胞内のミトゲノムのコピー数が核ゲノムに比べて相対的に多いため，ミトゲノム由来のコンティグ配列が高いカバー率で回収できることを利用した手法であり，論理的にはすべてのマダニ種に応用可能である．しかしながら，1 検体当たりの解析コストが高額であること，*de novo* アセンブリや相同性検索等の情報解析に時間がかかることがネックである．これらの弱点を補う方法として，ミトゲノムをオーバーラッピング PCR 等によりエンリッチし NGS で解読するという手法も開発され，安価に多検体のミトゲノムが解読できることが報告されている（Mohamed *et al*., 2022；Kneubehl *et al*., 2022）.

多くのマダニ種のミトゲノム全長配列が利用可能となったことで，分子系統解析や集団遺伝解析についても，高い精度で実施可能となった．たとえば，ヒメダニ科の系統分類についてはいくつかの学説があり，属および亜属の取扱いについて長年研究者間で意見が分かれていた．最近になって，80 種を超えるミトゲノムが新たに解読され，ヒメダニ科の系統関係が体系的に整理された（Mans *et al*., 2019）．その結果，形態的特徴を用いた分類結果と大きくは異ならないものの，いくつかの亜属が属へ変更されるなどし，体系的な整理が飛躍的に進んだ．また，多くのマダニ種のミトゲノムを比較することで，形態的には区別が困難であるが別種である，いわゆる隠蔽種（cryptic species）がいくつか存在することが明らかとなった．たとえば，*Ornithodoros moubata* 複合種（species complex）グループには少なくとも 5 種のマダニ種が含まれており，国内の実験室コロニーについては *Or. compactus* と共通のクレードに分類される．マダニの生物性状の研究には実験室コロニーの存在が不可欠であるが（7.2 節参照），それぞれの国や研究機関で維持されている株の遺伝的背景を明確にし，情報共有することが求められている．

ミトゲノム情報はマダニの集団遺伝解析にも応用されつつある．タカサゴキララマダニ *Am. testudinarium* は東南アジアから東アジアにかけて広く分布し，国内でも関東以南の温暖な地域に分布する．国内の 22 地点で捕獲された 39 個体のミトゲノムを解読して，その遺伝子構造を比較したところ，採集地域と遺伝子型の間に明確な関連性はみられず，マダニの移動・拡散が国内で日常的に行われている可能性が示唆された（Mohamed *et al*., 2022）．また，国内分布種はタイや中国等から報告されたものと遺伝的に大きく異なることから，タカサゴキララマダニについても，複合種を構成することが示唆された．最後に，ミトコンドリアは母性遺伝するため，そのバイアスを考慮する必要があり，より詳細な集団遺伝解析については核ゲノムを対象とした手法が推奨される．（中尾　亮・白藤梨可）

7.2 ● 採集法・飼育法・実験法

7.2.1 採　集　法

マダニを採集する方法はいくつか考案されており，調査･研究の目的やターゲットとするマダニ種の特性を考慮して最適なものを選択する必要がある．また，マダニの季節消長や調査地の地理的特徴なども考慮することで，適切な時期と場所を選ぶことがきわめて重要である．現在広く用いられているマダニ採集手法は大きく，①旗振り法，②動物体表からの回収法，③ツルグレン法，④炭酸ガス発生装置によるトラップ法に大別される．それぞれについて，以下に概説する．

a. 旗振り法

環境中の未吸血マダニを採集する方法であり，一辺が50～100 cm程度のフランネル生地の布を取りつけた旗を利用する．植生上(背の低い草木や落ち葉の上)で，吸血源となる宿主を待ち伏せする（クエスティングする）マダニの行動を利用したものである．フランネル布を植生上に這わせることで，動物が通過したと勘違いしたマダニを布に絡めとることができる（図7.3）．

海外ではより大きな面積のフランネル布を一定時間引きずる旗ずり法も用いられるが，その原理は同じである．布に付着したマダニは，布面の目視観察で見つけ素早く保管容器等に移す．布に付着したマダニはそのままとどまるわけではなく，物理的衝撃などにより布から容易に落下するため，布面の目視観察の頻度は

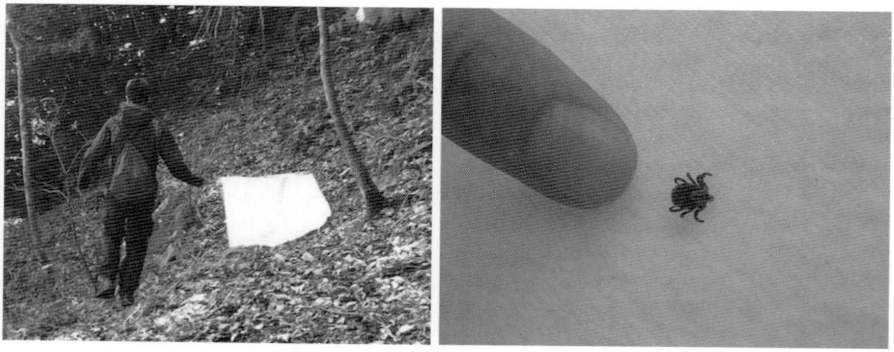

図7.3　左：野外での旗振りの様子，右：フランネル布に付着したマダニ

多い方がよい．雨天時など植生が水で濡れている場合は，フランネル布も水分を吸収しマダニが付着しにくくなるため，マダニ捕獲効率が極端に落ちる．また，植物の種子などがフランネル布に付着しやすい秋季には，布面のマダニと種子等の区別が困難となり採集効率が落ちることもある．環境中のマダニ密度を調査する場合は，あらかじめ調査区域を設定して，一定の条件（時間や人数）でサンプリングすることで定量的な比較が可能である．

b. 動物体表からの回収法

吸血のために宿主体表に付着したマダニを直接回収できる．動物種によって多少の差異はあるが，頭部（口周囲，眼周囲，外耳道，耳介など），腹部（腋窩，乳房周囲など），尾部（肛門周囲，尾など）にマダニが寄生していることが多い．動物が死亡してから時間が経過すると，部分吸血マダニが体表から離れることがあるため注意する．マダニはセメント物質で動物皮膚に強固に付着しているため（4.2 節参照），無理やり引っ張るとマダニ口器が皮膚内に残り形態が破壊されてしまう．先曲がりピンセットやティックツイスターなどの器具は，口器を保持したままのマダニを回収することに有効である（図 7.4）．

ノネズミなどの小型の動物から回収する場合は，水の入った受け皿の上で動物の死体を数日間懸垂することで，落下するマダニを回収することができる（懸垂法）．動物体表から回収したマダニのほとんどは部分吸血状態であるため，その

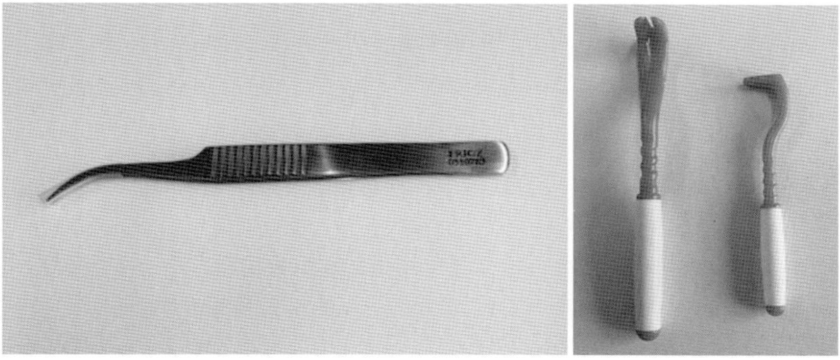

図 7.4 マダニを動物体表から引き剥がす際に有効な器具の例
左：先曲がりピンセット，右：ティックツイスター．両方ともマダニと動物皮膚の隙間に器具を差し込み，ゆっくりと回転させながら引き剥がすとマダニが口器ごととれる．

図 7.5 ツルグレン装置を用いたマダニの回収風景

体内に動物の血液が残っていることがしばしばであり，マダニから病原体等の遺伝子を検索する場合は，そのことを留意して結果を解釈する必要がある．

c. ツルグレン法

土壌動物を採集するために広く用いられるツルグレン装置（図 7.5）を用いる．鳥の巣や動物の巣穴に潜む留巣性のマダニの採集に有効である．巣材や巣穴近辺の土壌等の材料をツルグレン装置のロート上部に静置し，さらにその上から電球を照射し熱源とする．ロート下部には水やエタノールを満たした回収容器を設置する．光や熱・乾燥からマダニが逃避する性質を利用したもので，回収容器内にマダニが落下するのを数時間〜数日間かけて待つ．マダニ以外の土壌動物なども同時に多く回収されることもあり，実体顕微鏡などを用いてマダニを選り分ける必要がある．

d. 炭素ガス発生装置によるトラップ法

マダニが炭酸ガスに誘引される性質を利用した採集法である．ドライアイスが炭酸ガス発生源としてよく用いられる．トラップの構造はさまざまなものが報告されているが，一般的には炭酸ガス発生装置を中心にし，その周囲にフランネル布や粘着シートを設置することで，誘引されるマダニをトラップする（図 7.6）．一旦トラップを設置すれば数時間放置できるため，手間が少ないというメリット

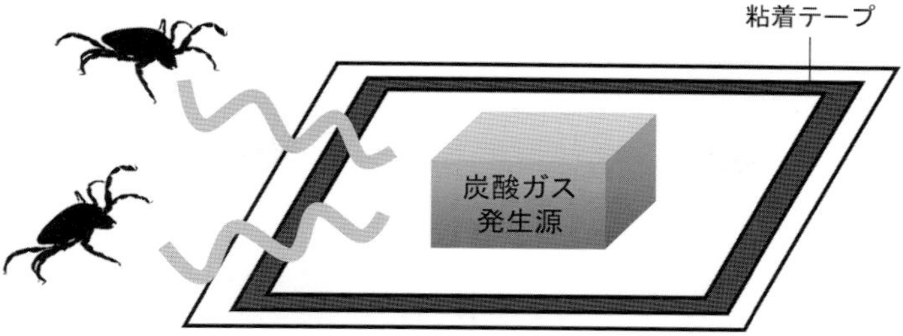

図 7.6 炭酸ガス発生装置を用いたトラップ法の模式図

がある．海外では多様なマダニ種（*I. ricinus*, *I. scapularis*, *Am. americanum*, *D. andersoni* など）への応用報告があるが，マダニ種やステージによって誘引効率は異なる．また，風や地形などの環境要因によって炭酸ガスの滞留・拡散状況も変化するため，設置場所の選定は重要である．日本国内での炭素ガス発生装置によるトラップ法の応用報告はほとんどないため，国内マダニ種に対する有効性は今後検証する必要がある．

7.2.2 飼 育 法

a. 研究用マダニコロニーの重要性

ある場所に出向けば，嫌というほどマダニを採集できてしまう．しかし，採集したマダニは何らかの病原体を保有していたり，少し吸血していたり，発育不全だったり，（疫学調査以外の）実験に使用するには不安定・不確定要素が多い．マダニとマダニ媒介性病原体の防除法開発のための研究においては，実験室内で安定的に飼育された「研究用マダニ」が必要不可欠であり，医学上・獣医学上重要なマダニ種のコロニー（ここでは，実験室条件下における同一のマダニ種あるいは系統で構成される集団を指す）を維持することの重要性を強調したい．実際，さまざまなマダニ種の実験室コロニーが世界各地の研究施設で樹立・維持されており，マダニの生物学・生理学研究の進展に大きく寄与してきた（Levin and Schumacher, 2016）．実験室コロニーを用いることにより，マダニが媒介する病原体の伝播・維持の仕組み，感染性，病原性などを検証することが可能であり，特に，病原体フリーのマダニコロニーは，マダニと病原体の相互作用に関する実験のリファレンスとして不可欠なものとなっている（Battsetseg *et al.*,

2001；Fujisaki, 1978；Ikadai *et al*., 2007；Patel *et al*., 2016；Tonetti *et al*., 2015；Umemiya-Shirafuji *et al*., 2017）．ほかにも，殺ダニ剤の効果検証や抗マダニワクチン候補分子の探索・評価などにおいて，実験室内で安定的に飼育されているコロニーが必須である．また，同一実験区内の個体差に起因するデータのばらつきを可能な限り抑えられるという利点がある．したがって，実験室コロニーの飼育管理は，われわれマダニ研究者にとっては最優先の業務である．

b. 累代飼育

マダニはほかの吸血性節足動物に比べ，吸血，消化，産卵などの生理現象の速度がきわめて遅い．さらに，数ヶ月〜数年もの長期間の飢餓状態にも耐えられ，諸説あるが，すべての発育期において休眠することが可能であるという．このような特異な生物を飼育するにあたり，「意外と放置しておいても大丈夫」と思われるかもしれないが，あながち間違いではないにしても配慮すべき点は多々ある．本項目では，マダニ科 Ixodidae（hard ticks）の飼育法について可能な限り紹介する．なお，マダニの飼育管理については，近山ほか（2008）の資料にも詳しく記載されているので，そちらも参照していただきたい．

(1) 動物を用いた吸血法

マダニコロニーの維持，実験に必要な数のマダニの確保，吸血に対する影響を検証する実験実施のためには，吸血源となる動物を準備する必要がある．動物実験に該当するため，所属研究機関等におけるガイドラインを遵守し，動物実験関連の教育訓練を受講するとともに，その実験計画は，動物実験に関する委員会等で承認を受けたものでなければならない．ここでは，動物を用いた吸血法については文献を引用しての簡単な記述にとどめ，主として，マダニを飼育する上での注意事項，飽血マダニの飼育法，未吸血マダニの保管法などについて紹介する．

動物を用いたマダニの吸血法にはさまざまな方法がある．羊や牛など中〜大型動物の場合，動物の背中に帽子のような形をした綿生地の袋（図7.7）や適当なサイズに加工した容器やマットを接着剤で固定し，その中にマダニを放虫する方法が採用されている（Heyne *et al*., 1987）．カイウサギ（日本白色種またはニュージーランドホワイト種）やモルモット *Cavia porcellus* の背部が使用されることもある（Jones *et al*., 1988；Almazán *et al*., 2018）．動物の大きさによるが，同一宿主上で複数の実験区を置くことが可能である．マダニを放虫した後は，毎日（最

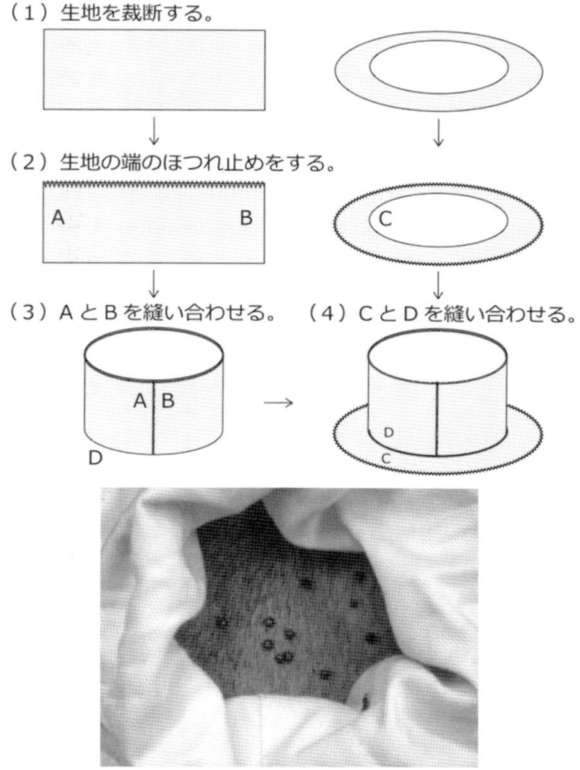

図 7.7　宿主背面に接着させる袋の作成例

動物の大きさや吸血させるマダニの数に合わせ，布を裁断する．厚すぎず薄すぎない，綿100%の生地を使用する．生地の端の糸がほつれないよう縫うか，ほつれ止め剤を使用する（ジグザグ線の部分）．吸血中のマダニの様子を確認する際は，写真のように袋の上部を開けて観察し，観察し終えたら袋の上部を折りこんでサージカルテープ等でしっかり閉じる．

低1回/日)，接着部分の剥離の有無，袋の破損の有無を確認し，袋を開けて宿主の皮膚の様子と吸血中のマダニの様子を観察する．幼虫と若虫は小さいため，万が一，袋に穴や裂け目があると飽血ダニがそこから落ちてしまうことがある．また,吸血期間中は血液の未消化成分を多く含む排泄物が大量に袋内に溜まるため,マダニの排泄物をなるべく取り除く．排泄物は暗赤色や赤褐色の細かい粒状であり，パラパラとしているので，適当なトレーやバットに回収する．この排泄物は水に溶けやすく，トレーに水が入ってしまうと薄い血液のように見える．また，袋が湿ってしまうと排泄物が溶け，袋全体が赤黒く染まったり，排泄物の塊ができたりするので，前述のとおりできる限り袋の中をきれいにする．4.1節で述べたが，マダニの吸血日数は発育期ごと，種ごとに異なるため，それを踏まえた上で吸血試験の計画を立てる．飽血し，宿主皮膚から離れたマダニを毎日回収する．回収したマダニは7.2.2項cの方法で飼育する．

次に，ウサギを用いた耳袋法(ear bag method；Kamio *et al.*, 1987)を紹介する．国内でおもに実施されている方法であり，ウサギ1羽当たり2つの実験区を置くことができる．Kamio *et al.* (1987) の論文には，耳を覆う袋状の「耳袋」の図があるが，現在は，綿生地を筒状に作成し，耳に被せ，根元をサージカルテープで固定し，マダニを放虫した後に上部を折りたたみ，サージカルテープで閉じる，という方法にしている．耳袋は，ウサギの耳よりやや大きめのサイズで作成する．背に袋をつける方法と同様に，毎日ウサギとマダニの状態を確認する．サージカルテープの剝離や耳袋の破損がないか，注意深く確認する．耳袋の上部を開けて宿主の皮膚の様子と吸血中のマダニの様子を観察する．なお，サージカルテープをきつく貼りつけると耳が浮腫んでしまうことがあるため，その場合はテープを貼り直す．耳袋内のマダニの排泄物をできるだけ取り除き，飽血に至るまで毎日観察し，自然落下したマダニを回収する．

(2) 人工吸血法

マダニの口器形状や吸血行動（動物嗜好性や皮膚係留装置など）の多様性は，マダニ種ごとといっても過言ではない，多種多様な人工吸血法を世に生み出すこととなった（八田，2020）．しかしながら，殺虫剤試験や病原体感染を目的として吸血させる場合がほとんどで，累代飼育に適用するためにはさらなる改良が求められている．

c. 回収した飽血マダニの飼育

飽血マダニを回収した後は，マダニ表面に排泄物や宿主の体毛，フケなどが付着していることがあるため，精製水で軽く洗浄する（図7.8）．あまり汚れていない場合は洗浄不要である．サイズの異なるバットを用意し，内側の小さいバット内で作業する（図7.8E）．筆者は，マダニを観察しやすいよう全体が白いホーローバットを用いている．なお，マダニの数が少ないときは目が行き届くが，数が多い場合や，比較的動きが速いクリイロコイタマダニなどを扱う際は注意する．

マダニは水を避けるので，大きい方のバットに水を張ったり，逃亡防止用に両面テープやガムテープなどを大きなバットの周囲に張りつけたりしてもよい．

マダニを入れたサンプル瓶に直接精製水（PBSでもよい）を注ぎ，水を弾いて浮かぶマダニ（図7.8A, B）を水中に沈める（図7.8C, D）．排泄物が付着している場合は，しばらくすると溶け，水が赤みを帯びてくる．マダニを水中に沈めていてもすぐに死ぬことはない（3.5節参照）．ティッシュやペーパータオルにマダニを取り，汚れと水滴を除去する（図7.8F）．飽血雌成虫の場合，必要に応じて電子天秤（図7.8G）で体重を測定し，個別にサンプル瓶に移し，回収した

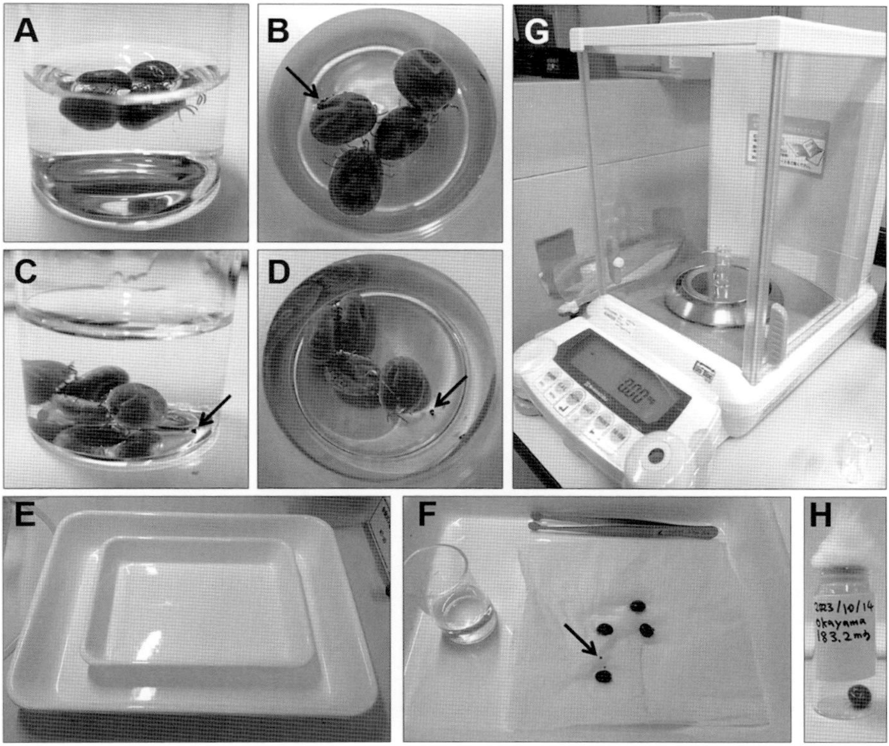

図7.8　飽血雌成虫（写真はフタトゲチマダニ）の洗浄と体重測定
マダニは水に浮かんでしまうため（A, B），水中に沈めて付着物を落とす（C, D）．水中からマダニを取り出す際はバットを2つ重ねた内側で作業する（E, F）．洗浄済みの飽血雌成虫の体重を電子天秤（G）で測定し，サンプル瓶には日付などの情報を記載したラベルを貼る（H）．矢印は体表面に付着していたマダニの排泄物を示す．

日付と体重などを記したラベルを貼りつける．青梅綿を小さく丸めたものやスポンジなどでサンプル瓶の栓をする（図7.8H）．精製水を入れたガラス製の大きな飼育容器（腰高シャーレ）内にサンプル瓶を置き，蓋をし（湿度は飽和状態になる；図7.9A, B），25℃，連続暗期のインキュベーター内で維持する．飽血幼・若虫の場合は脱皮して次発育期になるまで，雌成虫の場合は産卵し，卵が孵化するまでこの条件で飼育する．マダニ種によっては明暗条件の設定が必要である（Fujisaki *et al.*, 1976）．

なお，雌成虫の飽血時体重の測定は，回収後できるだけすぐに，インキュベーターに入れる前に行う．体の表面に付着物があると測定値に影響が出るため，精製水による洗浄は必ず行う．飽血した幼・若虫においても，必要に応じて洗浄する．また，血液成分をうまく吸えなかった個体や飽血前に離脱した小さな個体が回収される場合がある（図7.9D）．そのような個体は除外する．図7.9Cには，直径約3cmのガラスカップが並んでいるが，ここに飽血ダニを入れすぎても良

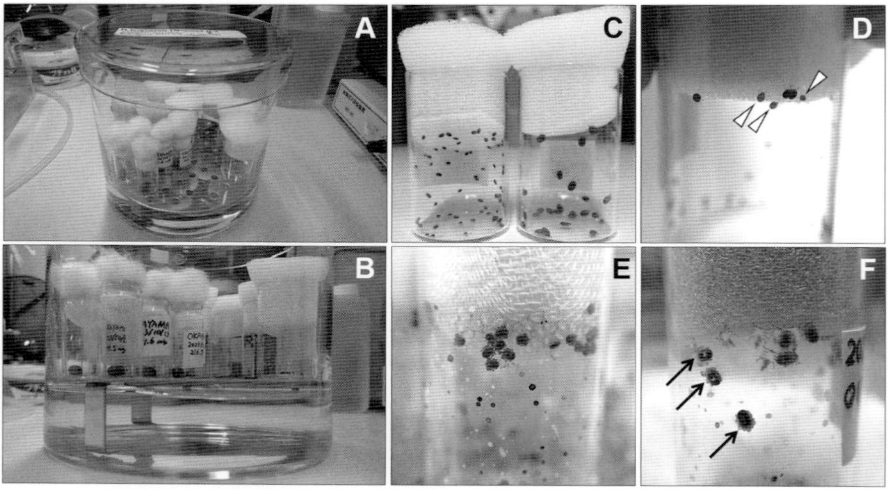

図7.9　マダニ飼育の様子（A〜C, E, Fはフタトゲチマダニ，Dはヤマトチマダニ）
A, B：ガラス製飼育容器．特大の腰高シャーレには高湿度を維持するため精製水を入れ，ステンレス板を置き，その上にガラスカップを並べる．プラスチック製容器などでも代用できる．C：（左）飽血幼虫，（右）飽血若虫．D：飽血幼虫．白矢頭は吸血不全の個体．E：飽血幼虫が脱皮し，多くの脱皮殻と新生若虫が見える．容器の内壁には白色と黒色の排泄物が付着している．F：矢印は脱皮直後の成虫を示す．体色はまだ薄い．右上には脱皮間近の個体が見られる（口絵13）．

くない．3.3 節で述べたように，飽血ダニは集合するため，容器内に数多く存在すると排泄物で互いに汚れたり，集合した結果，局所的に湿気が増して排泄物が溶けたり，死骸にカビが発生したりするなどで，ガラスカップ内が真っ黒くなってしまう．劣悪環境を避けるため，筆者はいつも図 7.9C の程度にとどめている．

d.　未吸血マダニの飼育

未吸血個体の生存を長期間維持するためには，常に高い湿度下に保つことが必要条件であるが，上述の飼育容器に入れたまま数ヶ月放置していると，やがて死んでしまう．そこで，別の飼育容器を準備する．長さ 30 cm の試験管の中に脱脂綿を 1/3 程度入れ，精製水で湿らせ，滅菌する．オートクレーブ滅菌後は余分な水分を含んでいるため，マダニを入れる前に必ずティッシュ等である程度の水分を除去する．水分が多いと試験管内に結露が生じ，カビが発生しやすくなる．試験管内に適当数のマダニを入れ，綿やスポンジなどで栓をする．チマダニ属の多くは，15℃，連続暗期のインキュベーターで数ヶ月～数年維持可能である．

7.2.3　実　験　法

a.　成虫の解剖

(1)　目的

臓器別の DNA，RNA，タンパク質の抽出と精製や細胞・組織・臓器の微細形態学的観察等に必須の手技である．

(2)　道具（図 7.10）

- 解剖実体顕微鏡
- 落射式光源
- 解剖台と固定剤

研究者各々の解剖手技に応じて器具素材が異なる．台座には，ガラス時計皿，コルク，パラフィンなどを利用することが多い．固定剤には，グルーガン，瞬間接着剤，両面接着テープ，インセクトピンなどさまざまである．筆者は，ガラス時計皿に少量滴下した瞬間接着剤にマダニを固定させることで不動化を図る方法が得意であるため，本手法を紹介する．なお時計皿はガラスシャーレを台座として用いることで安定化させている．

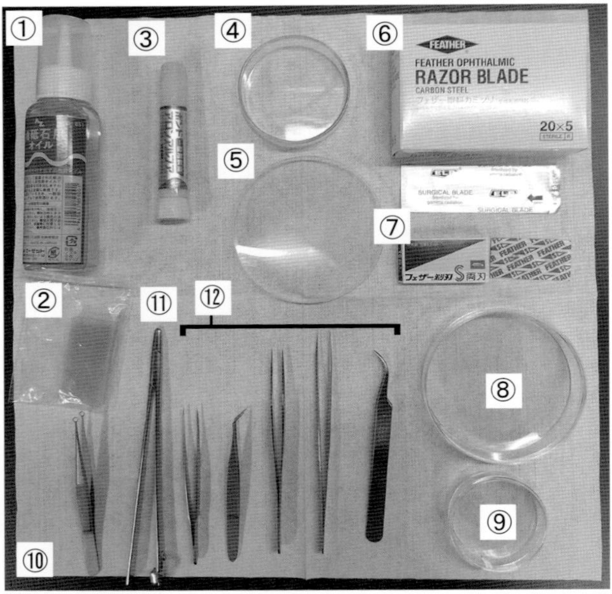

図 7.10　マダニ解剖道具セット

①油砥石用オイル，②オイルストーン，③瞬間接着剤，④ガラス製小型シャーレ，⑤時計皿，⑥眼科用カミソリ，⑦安全カミソリ，⑧プラスチックシャーレ（大），⑨プラスチックシャーレ（小），⑩マダニ把持用ピンセット，⑪ブレードホルダー，⑫解剖用ピンセット（左から，外皮剝離用／特に飽血中腸，発達卵巣採取／各種臓器採取／各種臓器採取／外皮剝離用）

• メス刃

医療用替刃メスは，全長約5 cmと長く使用頻度は少ない．おもな理由としては，刃が大きく形状を加工できないこと，高価なことなどである．フェザー眼科用カミソリは，切れ味が衰えた場合に簡単に交換できることや，刃形状が調節しやすいため，最適である．ワセリンコートされた安全カミソリも刃の加工がしやすく使いやすいが，アルコール類で脱脂してから使用する必要がある．

• ブレードホルダー

外科手術で用いられる替刃メスハンドルは，平板細長の形状であるため，角度の微調整を手元で行う作業には不向きである．筆者はレザーブレードホルダーを使用している．ホルダーは，ケニス（株），（株）夏目製作所など各社が販売しており，長さや形状など好みに応じて選ぶことができる．

- ピンセット

先端が微細であること，形状が手にフィットしていることなど基本的な点がクリアできていれば，どのようなメーカーのものであっても，高価でなくとも作業に問題はない．オイルストーンと油砥石用オイルを使用し先端を鋭利にすることも普通に行っている．さらに筆者は，飽血成虫の背側外皮剥離と中腸臓器採取に使用するピンセットはそれぞれ専用のものを使用する．マダニそのものを把持するピンセットと解剖用ピンセットは分けて保管するなど，気をつけることは多い．

- プラスチックシャーレ
- 滅菌リン酸緩衝液（1×PBS）
- アイスバケツとクラッシュアイス

(3) 方法

臓器の採取順序には，研究者ごとに，また吸血ステージごとに「やりやすさ」があるため，本稿での紹介は一例である．自身にとってのやりやすい方法を模索されたい．なお，顕微鏡下にて行うマダニ解剖の様子を動画ファイルにて閲覧することができる（図7.11，動画7.1）

- プラスチックシャーレ（採材する臓器の数分用意するとよい）に滅菌PBSを入れる．解剖前のマダニの外皮洗浄（大シャーレ）と採取した臓器の洗浄用（小シャーレ）の2種類の用途があるので区別して使う．大きさの違いは，見た目で区別しやすいから分けている．
- 時計皿の中央で瞬間接着剤を適量滴下し，薄く伸ばす．
- マダニをPBSで軽くゆすぎ，キムワイプなどで余分な水気を吸い取る．完全に乾かす必要はないが，雫が滴るようでは接着が困難となる．

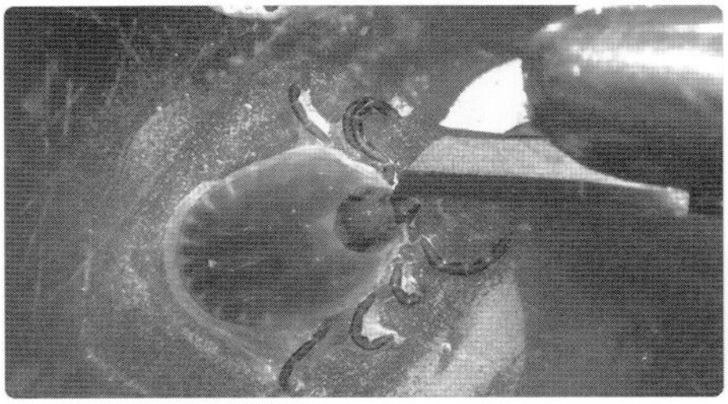

図7.11　成虫の解剖（動画7.1）

- マダニの腹側面を接着剤にのせ，軽くピンセットで時計皿に押しつける．解剖作業に慣れ，早くこなすことができるようになると，一度に3~5匹のマダニを時計皿に接着させて解剖することも可能である．
- 氷上に時計皿を置き，1~2分放置後，呼気を吹きかける．これにより生じた水蒸気が瞬間接着剤の固化を促進する．
- 実体顕微鏡のステージ中央にガラス製シャーレ（蓋は除く）を置き，マダニが接着した時計皿を設置する．
- マダニ背面が沈む程度に冷PBSを注ぐ．解剖途中の不動化を目的としている．
- ブレードホルダーにて，メス刃を挟み，鋭利な形に折りとる．
- 右第I脚付近の背側と腹側外皮の境界に刃の先端を刺し，もう一方の手で時計皿を回しつつ，胴体部側面の切開を進める．
- 外皮の顎体基部と尾端をピンセットで摘まみ，持ち上げつつ剝ぎとる．
- この状態で，臓器表面に付着している表皮細胞層，気管（に付着した脂肪体），マルピーギ管を採取できる．
- 気門板から臓器へと張り巡らされた気管を可能な限り取りきる．各臓器と密接に付着しているため，穏やかに剝がすように採取する．
- 総神経球の口器側にピンセットを進め，食道を把持し，背側方向に少し持ち上げてから尾端方向に引っ張ると，総神経球と中腸の前方憩室および中央憩室を同時に体部から持ち上げることができる．このとき，総神経球を採取できる．
- 中腸の一部が尾端側に移動すると，露出した唾液腺の採取が可能となる．
- 中腸中央憩室と直腸嚢をつなぐ，非常に細い後腸の一部を切断する．これにより，U字状を呈する卵巣（未吸血，吸血途中は非常に微小）が露出するため，貯精嚢や卵管などの付属器官より切除することで採取しやすくなる．
- 中腸中央憩室と後方憩室の付着部にピンセットを通し，すくいあげるように胴体部から徐々に引き剝がし，中腸を採取する．
- グアニンやヘマチンを包蔵する後腸・直腸嚢を採取する．
- 時計皿に付着した胴体部外皮には，生殖器付属器官，筋肉，表皮細胞層が付着しているため，目的に応じて採取するとよい．

b.　成虫へのマイクロインジェクション法

(1)　目的

化合物の注入，病原体の人為的感染，dsRNA の注入による RNA 干渉実験などに用いる手技である．インジェクション装置には，手動，自動，空圧式，油圧式などさまざまある．インジェクションホルダー（ホルダーキャップ付き），チューブ，チューブ用金具については購入する必要はあるが，練者であればテルモ（株）などの注射シリンジでもまったく問題ない．しかし，インジェクターやマニピュレーターを使用すれば，インジェクション時のマダニが被る損傷を最低限にできるため，初心者でもマダニの注射後生存率が劇的に向上し，実験の成功率が格段に高くなる．本項の紹介では，この点に注視して道具や方法の解説を行う．なお，経皮インジェクションの様子についても動画ファイルにて閲覧できる（図 7.12，動画 7.2）．

(2)　道具（図 7.13，図 7.14）

- 実体顕微鏡（図 7.13①）
- マグネットスタンド（GJ-1, Narishige；図 7.13⑤）
- 手動マニピュレーター（MN-152, Narishige；図 7.13⑥）
- インジェクションホルダー（HI-9, Narishige；図 7.13⑦）
- インジェクションホルダーキャップ（HIC, Narishige；図 7.13⑧）
- チューブ（CT-4, Narishige；図 7.13⑨）
- 1次元油圧マイクロマニピュレーター（MMO-220 C, Narishige；図 7.13⑩）
- 空圧インジェクター（IM-12, Narishige；図 7.13⑪）
- 鉄板（IP-5, Narishige；図 7.13⑬）

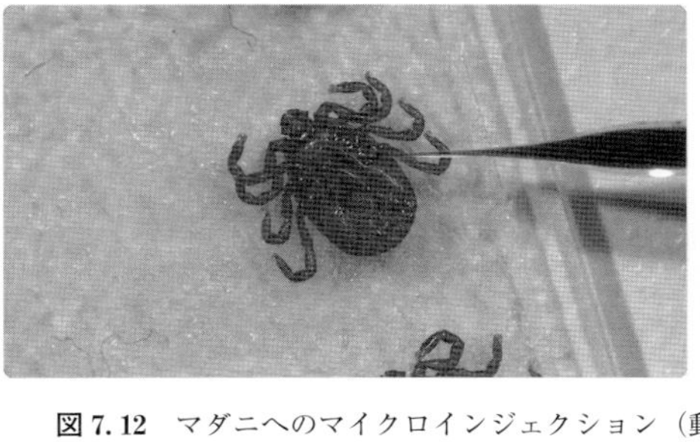

図 7.12　マダニへのマイクロインジェクション（動画 7.2）

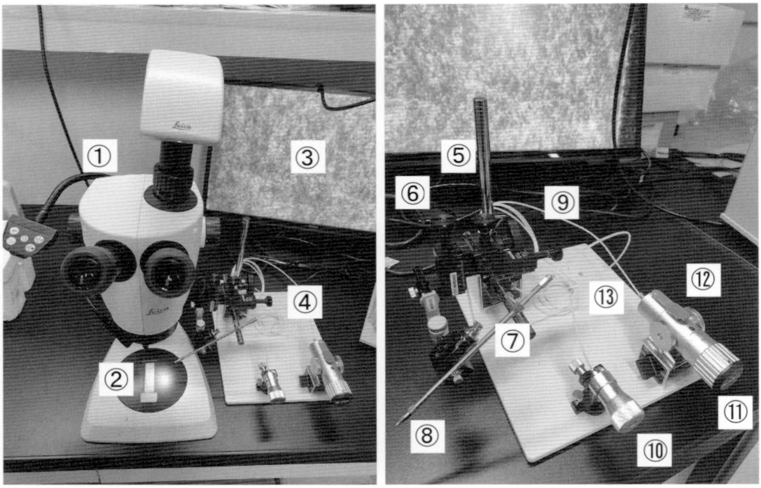

図 7. 13　インジェクション装置一式（左）とインジェクターほか手回り品一式（右）
①実体顕微鏡，②スライドグラス，③モニター，④インジェクターほか一式，⑤マグネットスタンド，⑥手動マニピュレーター，⑦インジェクションホルダー，⑧インジェクションホルダーキャップ，⑨チューブ，⑩１次元油圧マイクロマニピュレーター，⑪空圧インジェクター，⑫圧力開放弁，⑬鉄板

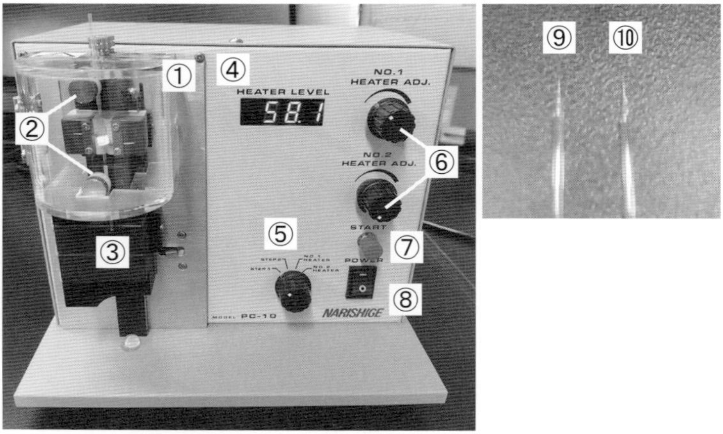

図 7. 14　縦引き型プラー
①アクリルカバー，②キャピラリー押さえつけネジ，③重り，④ヒーターレベル表示窓，⑤段引きモード選択，⑥ヒーター温度調節ダイヤル，⑦スタートボタン，⑧メインスイッチ，⑨キャピラリーニードル（上側），⑩キャピラリーニードル（下側）

- 縦引き型プーラー（PC-10, Narishige；図 7.14）
- 超音波洗浄済みガラス管（G-1, Narishige）
- ピンセット
- マイクロピペット
- チップ
- パラフィルム
- スライドグラス
- 両面テープ
- 投与したい溶液

(3) 方法

インジェクションシステムの準備

利き手によって，実体顕微鏡とインジェクションシステムの配置を逆にすることも可能だが，1 次元油圧マイクロマニピュレーターのホルダー固定部を切り替える必要がある．本項では右設置の仕様にて解説する．

①実体顕微鏡に対して，右側に鉄板を配置する．

②マグネットスタンドを設置し，手動マニピュレーターを設置する．XYZ 軸は厳密である必要はないが，極端にずれていると不自然な動きとなるため注意が必要である．

③顕微鏡を覗きながら，丁度よい位置となるよう，1 次元油圧マイクロマニピュレーターを鉄板に固定する．

④同様に，操作性のよい位置に，空圧インジェクターを配置し，鉄板に固定する．

キャピラリーニードルの準備

①プーラーの電源を入れ，No. 1 ヒーターの温度を調節する（筆者は 55 を使用）．

②重りを 4 個セットする．

③ガラス管（直径 1～3 μm など種類があるが，インジェクション時の傷口を小さくするため，筆者は直径 1 の G-1 を使用している）をセットし，アクリルカバーでヒーター部を覆う．

④スイッチを押し，短時間待つ．

⑤上部と下部キャピラリーニードルでは，先端の形状に違いがあり，上部は針先が短く弾力があり，下部は長く柔軟な針となる．使用者の癖や好みにもよ

るが，筆者は針先にコシのある上部側キャピラリーを使用している．ニードルは，予備用を含め，1回の実験に10本程度は作製しておく．

⑥インジェクションホルダーキャップの先端側より，ニードルを差し込み，外れないようにキャップを締めつける．

⑦インジェクションホルダーを1次元油圧マイクロマニピュレーターのホルダー固定部に設置する．

⑧手動マニピュレーターのダイヤルを操作し，ニードルの先端が，顕微鏡で覗ける位置に来るよう移動させる．

⑨顕微鏡を覗き，ニードルの先端部分に焦点を合わせる．

⑩顕微鏡でニードル先端を観察し，成虫の第IV脚転節または腿節の幅の半分程度の太さの部分を目安にピンセットでつまみ折る．先端形状が多少粗くても刺入に問題ない．

⑪マイクロピペットにて，パラフィルムに注入したい溶液を滴下する．フタトゲチマダニ単為生殖系統成虫の場合，未吸血時では約0.5〜1.0 μL程度注入することができる．

⑫ニードルの先端を，液滴に差し込む．空圧インジェクターの圧力開放弁を押下し開放することで，毛細管現象による溶液の吸引が容易に行える．

⑬シリンジサイズは，最大に調整しておく．溶液を吸引した後に調整し忘れていたことに気づいても，圧力開放弁を押しながらであればシリンジサイズを調整することができる．

(3) 成虫の準備

①スライドグラスに両面テープを貼る．数回マダニの接着が可能だが，粘着力が少しでも落ちると，ニードルを刺すタイミングでマダニがテープ面より剝がれることがあるため，こまめにテープを貼り替えた方がよい．筆者は1回で貼り替えている．

②成虫の背側面（経皮投与，経肛門投与の場合）または腹側面（経口投与の場合）を両面テープに貼りつける．

③ニードルの準備が整うまで，9 cmプラスチックシャーレにスライドグラスを入れておく．これにより，マダニがテープ面より剝がれても逃走を防止できる．

(4) インジェクション，投与

経皮インジェクション

①実体顕微鏡の視野上部にマダニ顎体部，下部に尾端となるようスライドグラスを配置する．視野を拡大し，中央にマダニ第 IV 脚基節と転節の関節部が映るように配置する．第 IV 脚基節-転節関節部は，外皮表面とは異なり硬度が柔らかいため，血体腔への溶液注入に最適である．慣れると，第 II 脚や第 III 脚の関節部を使用することも可能となるが，唾液腺や中腸憩室が位置しているので，刺入深度に気をつける必要がある．理論上，外皮にメス刃の先端など利用して微小に切開すれば，どの方向からでもニードルを刺入できるが，注入後の漏出が顕著となるため推奨しない．

②ピンセットを使用し，第 IV 脚末節，前末節，脛節部分を外側に伸展させつつ両面テープに貼りつける．その他の脚についても同様に貼りつける．刺入前に脚がテープから外れた場合は，貼り直す．

③粗動マニピュレーターと 1 次元油圧マイクロマニピュレーターを使用し，露出させた関節部にニードルの先端を配置する．

④マイクロマニピュレーターを回転させつつ関節部外皮にニードルを突き刺す．

⑤基節中央部の外皮直下血体腔にニードルの先端が位置するよう刺し込む．落射光が LED 白色光であれば，基節内部の構造が透けて見えるため，ニードル先端の視認は容易である．

⑥空圧インジェクター内の空気は，ハンドルの回転数に応じてシリンジサイズが短縮するため，圧縮され内圧が高くなる．未吸血マダニの血体腔内圧は高いことから，シリンジサイズは半分以上短縮することを目安にハンドルを回転させる．溶液の注入が始まった時点で回転を一度止める．

⑦目視にて注入速度を観察する．早すぎる場合は，ハンドルをわずかに逆回転させる．一方遅い場合は，少し回転を進めることで対処する．注入が進むと，マダニの動きが活発化し，脚部がテープ面より外れるが，むしろ好都合であるため気にする必要はない．

⑧視野のニードル先端に注入溶液表面が観察され，ほぼ全量が注入されたことを確認できたら，わずかにハンドルを逆回転させて注入を停止する．あるい

は，圧力開放弁を押してインジェクターの内圧を常圧に戻す．

⑨ 1次元油圧マイクロマニピュレーターを操作して，関節部よりニードルを引き離し，手動マニピュレーターのX軸またはZ軸ネジを回してニードルを引き上げる．このときわずかに血リンパが漏れるが，ピンセットで第IV脚転節と腿節部を体軸方向に戻してやることでニードルの刺入により開いた穴を塞ぐ．10数秒間その状態を維持する．

⑩刺入部からの漏出がないことを確認したら，マダニを顎体部側よりテープ面から穏やかに剝がす．このとき，マダニの脚や胴体部をピンセットでつまむと，血体腔内圧が高まり刺入部の創傷が再度開き血リンパの漏出が生じるため，避けなければならない．

⑪インジェクションを終えたマダニは，未注入のマダニとは異なる別の容器に入れる．注入後のマダニを入れた容器は，室温条件の遮光した保湿箱内に静置する．室温がマダニ種の至適温度の範囲外である場合は，ただちに適温に設定したインキュベーターに入れる．

⑫キャピラリーニードルへの溶液充填とマダニの準備を行い，次の注入作業を行う．ニードルは，10匹以上連続使用が可能である．しかし，血リンパを吸い込んでしまったニードルは，先端が詰まりやすく，注入速度調節が困難となり余計な時間がかかることから，新しいものに交換する．

⑬注入を終えたマダニは，インキュベーター中に一晩静置することで創の回復を促し，各種実験に供試する．

経肛門インジェクション

①実体顕微鏡の視野右側にマダニ顎体部，左側に尾端となるようスライドグラスを配置する．視野を拡大し，中央に肛門が映るように配置する．

②肛門開口部に針先を刺入する．

③経皮インジェクションと同様の方法により溶液を注入する．

④インジェクションを終えたマダニは，未注入のマダニとは異なる別の容器に入れ，室温条件の遮光した保湿箱内に静置する．室温がマダニ種の至適温度の範囲外である場合は，ただちに適温に設定したインキュベーターに入れる．

⑫キャピラリーの溶液とマダニの準備を行い，次の注入作業を行う．

⑬注入を終えたマダニは，創傷がないことから必ずしもインキュベーター中に

一晩静置することはないが，実験目的に応じて変更する．

経口投与

①マダニは，腹側面を両面テープに接着させる．
②実体顕微鏡の視野右側にマダニ顎体部，左側に尾端となるようスライドグラスを配置する．
③視野を拡大し，中央に口器の鋏角が映るように配置する．
④鋏角基部にニードルを配置する．
⑤視野に口器と背板が見えるよう，実体顕微鏡を弱拡大にする．
⑥空圧インジェクターの圧力開放弁を押すことにより，毛細管現象とマダニ自身の飲作用により溶液が経口的に摂取され，背板越しに口部から中腸へ向かう食道の蠕動運動を確認できる．ただし摂取される液量は微量であり，ある程度の量を投与するには長時間を要する．人工吸血実験系の適用が可能なマダニ種を実験材料として用いるのであれば，その方が効率的である（八田，2020）．

（白藤梨可・八田岳士・中尾　亮）

コラム９　マダニ研究に用いられる最新の技術

マダニの生態や病原体との関係などの解説は本文に譲り，このコラムでは近年のマダニ研究に用いられている最新の技術について紹介する．

生物の種同定には，いわゆる「修行」と呼ばれる対象生物を見慣れる訓練が必要であり，経験が浅い時期では正確な同定が困難なことがある．しかし，自分に付着していたマダニが危険な病原体を媒介する種なのかどうかを即座に識別したいということも少なくないだろう．そこで，誰でも迅速にマダニの種同定を可能にするために，近年発展してきた機械学習やディープラーニングの技術を用いて，マダニの写真から種同定を実行してくれるプログラムの開発が試みられている（たとえばJusten *et al*., 2021）．すでに教師データとして画像情報が大量に蓄積されている種については，かなりの精度で同定が可能となっている．今後，スマートフォンでマダニの種同定が可能になる未来もそう遠くはないかもしれない．

またマダニのゲノム解析についても，技術の進展が目覚ましい．マダニは，その小さな体躯とは裏腹にゲノムサイズが大きく，遺伝的な解析のためにさまざまな最新の技術が利用されている．たとえば，集団中の多個体についてゲノム全体を広く浅く塩基配列解読し，エラーを統計学的に処理して検出された変異を解析する low-coverage whole genome sequencing 法があり，大規模なマダニ集団について，遺伝的多様性や集団構造解析が明らかになった（Jia *et al*., 2020）．ほかにも，解析に必要な領域をあらかじめ PCR により増幅し対象領域のみから変異を読み取る縮約ゲノム解析として multiplexed ISSR genotyping by sequencing（MIG-seq）法や genotyping by random amplicon sequencing-direct（GRAS-Di）法などがあげられる．筆者は，フタトゲチマダニについて縮約ゲノム解析を実施しており，従来の DNA 解析では識別が不可能であった日本と海外の集団における遺伝的な違いを見出すことに成功しつつある．さらに，フタトゲチマダニにみられる単為生殖系統と両性生殖系統の間における遺伝的な関係についても明らかになりつつある．詳しくは 4.4 節で述べたが，縮約ゲノム解析から，単為生殖系統が複数の起源を有する可能性や両性生殖系統から完全に独立した系統ではない可能性を示唆する結果が得られている．このように，最新の技術によりマダニ研究から新たな生命現象が明らかになってくる可能性が大いに秘められていると考えられる．（尾針由真）

7.3 国内外におけるマダニ研究動向

7.3.1 マダニ研究のためのツール

7.2.2 項で述べたように，マダニコロニーは，マダニとマダニ媒介性感染症に対する防除法の開発に不可欠な研究資源である．マダニの生物学・生理学を理解するために，また，マダニが媒介する病原体の伝播，維持，感染性，病原性などを解析するために，準自然条件下で研究することができる（Levin *et al*., 2016）．これまでに実験室内での飼育が報告された日本産マダニ種について表 7.1 に示す．なお，国内既知種のうち，ヤマトチマダニはロシアで，*D. silvarum* は中国で採集され実験室内での飼育に成功している（Liu *et al*., 2005；Riabova, 1977；Yu *et al*., 2010）．

2009 年にはマダニのセルバンクが設立され，提供されている細胞株はマダニ研究の推進に不可欠なツールとなっている（Bell-Sakyi *et al*., 2018）．マダニ科の細胞株は，キララマダニ属 *Amblyomma*，カクマダニ属 *Dermacentor*，イボマダニ属 *Hyalomma*，マダニ属 *Ixodes*，コイタマダニ属 *Rhipicephalus*，ウシマダニ亜属 *Boophilus* で樹立されており，ほとんどが発育胚由来である．なお，チマダニ属の細胞株は現在のところ樹立されていない（中尾，2019）．これらの細胞

表 7.1 実験室内での飼育が報告された日本産マダニ種

マダニ種	採集地	供試動物	文献
Am. testudinarium タカサゴキララマダニ	鹿児島	ウサギ	1
Ha. campanulata ツリガネチマダニ	千葉	ウサギ	1
Ha. concinna イスカチマダニ	北海道	ウサギ	1
Ha. cornigera ツノチマダニ	東京	ウサギ	1
Ha. flava キチマダニ	神奈川	ウサギ	1
Ha. formosensis タカサゴチマダニ	鹿児島	ウサギ	1
Ha. histricis ヤマアラシチマダニ	鹿児島	ウサギ	1
Ha. kitaokai ヒゲナガチマダニ	神奈川	幼・若虫：乳飲みマウス 成虫：子牛または雌牛	1
Ha. longicornis フタトゲチマダニ	両性生殖系統：茨城，大分[a] 単為生殖系統：岡山[b]	ウサギ	1
Ha. mageshimaensis マゲシマチマダニ	鹿児島	ウサギ	1
Ha. megaspinosa オオトゲチマダニ	神奈川	幼・若虫：ウサギ 成虫：子牛または雌牛	1, 2
Ha. pentalagi クロウサギチマダニ	鹿児島	ウサギ	1
Ha. yeni イエンチマダニ	鹿児島	ウサギ	1
I. ovatus ヤマトマダニ	神奈川[1]，埼玉[3~5]	幼虫：成熟マウス 若・成虫：ウサギ	1, 3〜5
I. persulcatus シュルツェマダニ	群馬[1]，埼玉[3~5]，北海道[7]	ウサギ[1,6]，ハムスター[7]	1, 6, 7
R. microplus オウシマダニ	熊本	子牛または雌牛	1
R. sanguineus クリイロコイタマダニ	沖縄	ウサギ	1

[a] 両性生殖系統のドラフトゲノム解析に使用（Umemiya-Shirafuji *et al*., 2023）
[b] 単為生殖系統の EST データ取得に使用（Umemiya-Shirafuji *et al*., 2021）
[1]Fujisaki *et al*., 1976；[2]Saito, 1969；[3]Fujimoto, 1989；[4]Fujimoto, 1990；[5]Fujimoto, 1994；[6]Fujimoto, 1993；[7]Konnai *et al*., 2008

株は，マダニの自然免疫，マダニ–病原体相互作用，共生菌などに関する研究に活用されている．*I. ricinus* と *I. scapularis* については，それらの細胞株を使用してゲノム配列が決定されている（Bell-Sakyi *et al.*, 2018；Murgia *et al.*, 2019）．細胞株はマダニ研究の優れたツールであるが，*in vitro* 実験で得られた結果を自然条件に適用することが困難な場合がある．実験実施上のさまざまな制限があるかもしれないが，*in vitro* ならびにマダニコロニーを用いた *in vivo* の両方の実験系を活用してデータを得ることが理想的である．

次に，“TickEncounter”（https://web.uri.edu/tickencounter/）について簡単に紹介したい．TickEncounter は，米国・ロード・アイランド（Rhode Island）大学と提携しているアウトリーチ部門で，マダニによる刺咬と媒介感染症を予防するための啓蒙活動を多角的に展開している．ウェブサイトの“Field Guide”より“Additional Resources”に進むと，（米国の情報ではあるが）マダニ種を同定する際の観察ポイントや，吸血による形態の変化，マダニと昆虫との違いなどが，美しい画像でわかりやすくまとめられている．

7.3.2　PubMed 文献数トレンドから俯瞰するマダニの研究

PubMed とは，NLM（National Library of Medicine，米国国立医学図書館）内の，NCBI（National Center for Biotechnology Information，米国国立生物工学情報センター）が作成しているデータベースである．データベース統合検索システム Entrez（NCBI 作成）の一部として提供されており，世界の主要医学系雑誌等に掲載された文献を無料で検索することができる．MEDLINE と Non-MEDLINE（MEDLINE に収載されないもの，データ整備前のレコード，出版社が直接提供するレコード等）がデータソースとなっている．本項目では，データベースの重複を避けるため，PubMed 検索から得られる文献数をトレンドとして紹介することとする．そこで，まずはじめにマダニの研究トピックを階層的に分類した（各見出しを参照）．次に検索ワードを複数指定し，これらの AND 検索により得られた結果を紹介することで，今般のマダニ研究トレンドを簡単に俯瞰したい（2024年2月集計）．なお検索結果件数は，検索目的との関連が薄い文献や査読前のプレプリントを除外しており，AND 検索による縛りの強い選抜がかかっている点に注意されたい．

a. 野外マダニを用いた調査研究

(1) マダニ，マダニ媒介性病原体の分布調査

- 検索ワード：(((tick) AND (pathogen)) AND (distribution)) AND (survey)
- 検索結果件数：214
- Timeline Results by Year：図 7.15

直近 10 ヶ年の文献数だけで 166 件ある．PCR・DNA 配列解析を基盤とした分子疫学は現在でも主流の調査法だが，次世代シーケンサーによる病原体相の包括的調査や数理モデルによるマダニとマダニ媒介性感染症の分布予測が最近注目されている研究分野といえる．特にマダニベクターの分布については，"VectorNet"（Wint *et al.*, 2023）を紹介したい．"European Centre for Disease Prevention and Control"（https://www.ecdc.europa.eu/en/disease-vectors/surveillance-and-disease-data）で公開されている公衆衛生学・獣医学上重要なマダニを含む主要な節足動物ベクターの分布図であり，欧州とその周辺地域に限局的だが，昆虫学者らによる現地調査および専門家による十分な検証がなされており，非常にわかりやすい．

(2) 殺ダニ剤感受性調査

- 検索ワード：(((tick) AND (acaricide)) AND (resistance)) AND (field)
- 検索結果：31

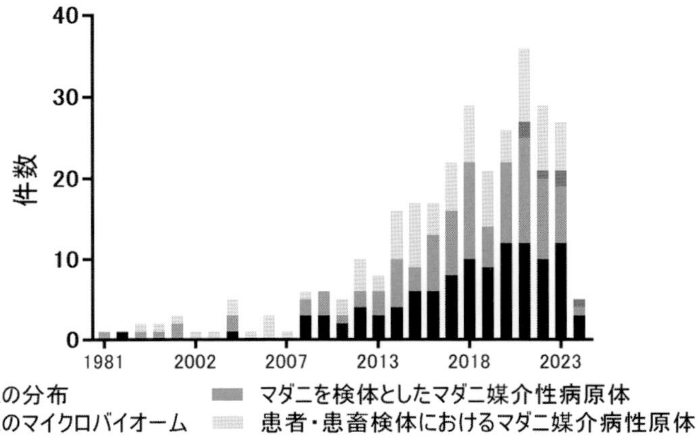

図 7.15 マダニ，マダニ媒介性病原体の分布調査に関する文献数

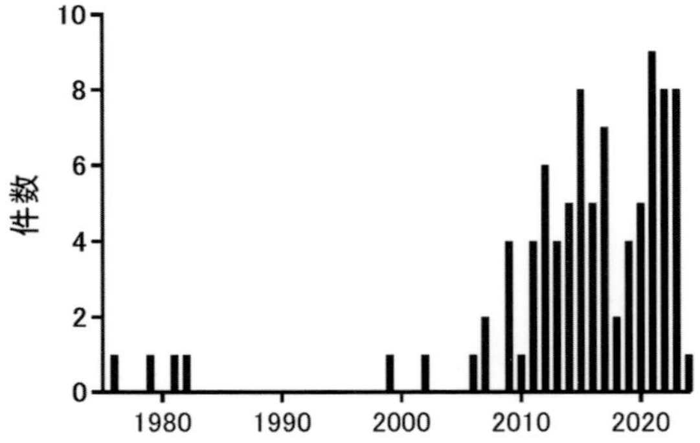

図 7.16 殺ダニ剤感受性調査に関する文献数

- Timeline Results by Year：図 7.16

農場や患畜に寄生するマダニ，あるいはその次世代幼虫を用いた殺ダニ剤感受性試験は毎年報告される．興味深い点は，直近 20 年で二峰性の文献数のピークがあり，最初のピークでは，合成ピレスロイド，有機リン剤，アミトラズなどの主要な殺ダニ剤の生物活性評価を中心に報告されており，抵抗性系統が出現し続ける現状に新たな対処法の模索がなされていたことである．直近のピークでは，既存殺ダニ剤を代替する手法としての植物精油など天然物を用いた殺ダニ活性評価に関する文献が多く認められる．

b. 実験室継代マダニを用いた研究

(1) マダニの分子機能解析

- 検索ワード：((tick) AND (molecule)) AND (function)
- 検索結果：423
- Timeline Results by Year：図 7.17

累代飼育マダニを材料とした研究の中でも，マダニの分子機能に関する研究は，①マダニ体内で働く分子，②宿主体内で働く分子，③媒介／非媒介性微生物（細菌・ウイルス・原虫）と相互作用する分子，④マダニ／宿主／媒介性病原体の相互関係に関する分子を主題とすることが多い．これをマダニそのもの（①）とそれ以外（②③④）に分け，文献数を集計しトレンドを示した．2000 年以降，遺伝子クローニングの技術がマダニに適用され，RNA 干渉という逆遺伝学的解析手法を基幹とした「マダニの分子生物学」や「マダニワクチン学」が世界中で展

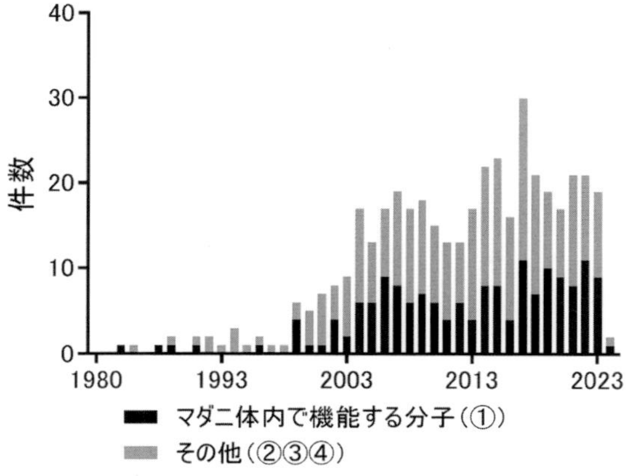

図 7.17　マダニの分子機能解析に関する文献数

開されている．最近ではゲノミクスなどのオミックス研究手法も導入され，マダニ／宿主／マダニ媒介性病原体の分子論的相互関係を包括的に取り扱う研究も数を増やしている．ただし，分子生物学が導入されるまでに蓄積された細胞形態学や生化学的解析による膨大な基礎的知見（Obenchain and Galun, 1982；Sonenshine, 1993）は，現在であってもマダニ生物学やワクチン開発における重要な標柱である．

(2)　マダニ唾液物質の医療への応用

- 検索ワード：((tick) AND (saliva)) AND (bioactive molecule)
- 検索結果：31
- Timeline Results by Year：図 7.18

検索ワードで得られた結果より，マダニ唾液タンパク質が有する抗凝固，免疫調節，抗腫瘍，血管新生抑制，血小板凝集抑制をキーワードとして選抜した．マダニ刺咬部位における宿主応答のあらゆる階層に作用する多様な唾液分子は，特に止血異常，免疫介在性炎症性疾患，および悪性腫瘍に対する「薬」として利用可能であることを示唆する．現在最も有力とされる唾液分子は OmCI であり，カズキダニ属 *Ornithodoros* の *Or. moubata* の唾液腺より同定された補体系阻害物質で，β バレル形成タンパク質のリポカリンファミリーに属する 150 アミノ酸（17 kDa）の非グリコシル化タンパク質である（Hepburn *et al.*,

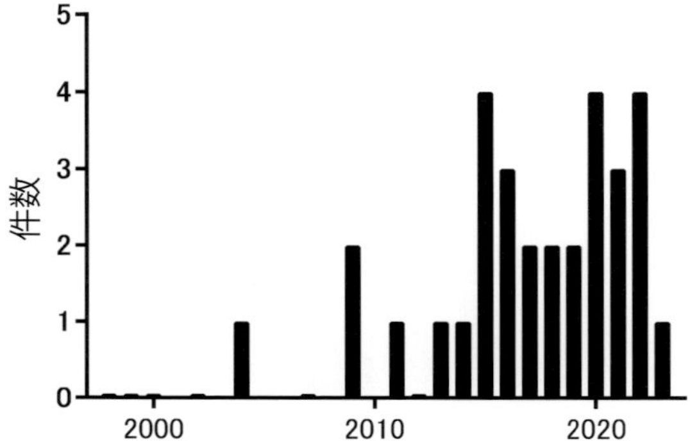

図 7.18　マダニ唾液物質の医療への応用に関する文献数

2007). 補体系の C5 に特異的に高い結合活性を有しており，このことから補体介在性疾患の標的治療薬として期待されている．実際，Nomacopan（Akari Therapeutics, London, UK）という品名の組換え OmCI タンパク質が，水泡性類天疱瘡をもつ高齢患者に対する臨床試験として処方された（Phase IIa，試験 ID：ClinicalTrials.gov：NCT04035733）．非ランダム化比較試験ではあるが，患者は Nomacopan を経口摂取することにより，急性な増悪が抑制された（Sadik *et al*., 2022）．マダニの唾液分子はタンパク質性であるため，長期間の投与に伴う中和抗体の出現に対する懸念はあるが，臨床応用可能性のある唾液分子のほとんどは，いまだに創薬を目的とした解析が十分に行われていない．マダニの唾液分子の機能的必須構造を巧妙に模倣したヒト化分子を合成することで，免疫原性を回避するような方法も考案されている．新薬開発における創薬モダリティの一つとなりうるか，今後さらに注目していきたい．　　　　（八田岳士・白藤梨可）

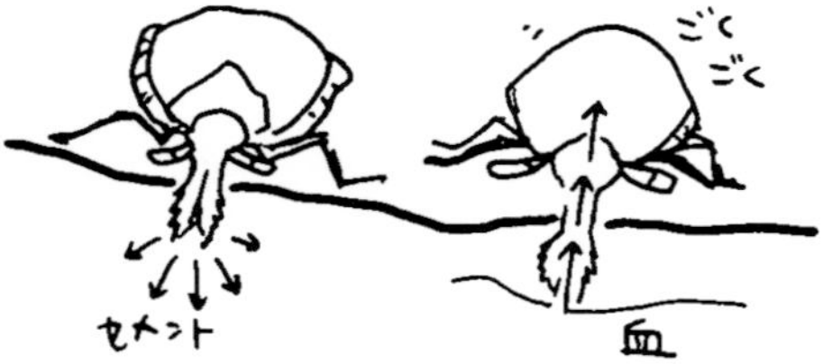

コラム 10　マダニバイオバンク

共同利用・共同研究拠点事業による「とかちマダニじてん」紹介サイト

国外においては多くのマダニ種のコロニーならびに細胞株が樹立されており，重要な研究ツールとなっている（Levin and Schumacher, 2016；Bell-Sakyi *et al*., 2018）．医学・獣医学上重要なマダニ種については，ゲノム，トランスクリプトームなどのオミクス解析も実施されており，それらのデータは着実に蓄積され，公開されている（Giraldo-Calderón *et al*., 2022）．しかし，日本産マダニについては，そのようなデータベースやバイオバンクが十分に整備されていなかった．バイオバンクとは，研究用試料ならびにそれに付随するデータを収集・保管し，研究資源として提供するための基盤のことで，ここではマダニのコロニーとその遺伝子などのデータを含む．そこで，帯広畜産大学原虫病研究センターでは，共同利用・共同研究拠点事業「マダニバイオバンク整備とベクターバイオロジーの新展開（2017～2021 年度）」を足掛かりに，マダニのバイオバンク構築に取り組んでいる．なお，共同利用・共同研究拠点とは，国公私立大学の附置研究所・施設のうち，大型の研究設備や大量の資料・データ等を，個々の大学の枠を越えて全国の研究者が共同で利用，共同研究を行うことができる研究拠点である．原虫病研究センターは 2009 年に共同利用・共同研究拠点として文部科学省に認定され，現在に至る．事業開始より複数種のマダニの累代飼育を試み，併せて，すでに安定的に飼育していたフタトゲチマダニ（単為・両性生殖系統；7.1 節参照）については遺伝子などに関するデータ収集を進めている．2024 年 8 月現在，6 種 7 系統のマダニを維持しており，一部の系統については，研究機関や企業に提供し，さまざまな試験・研究に活用されている．データとしては，フタトゲチマダニ単為生殖系統の EST（expressed sequence tag）配列，両性生殖系統のゲノム情報を公開している（Umemiya-Shirafuji *et al*., 2021, 2023）（7.1 節参照）．

一方で，このようなバイオバンクの存在意義，マダニの重要性を社会へ発信するため，2017 年にリーフレット「とかちマダニじてん」を作成した．北海道十勝のローカル情報を含むが，小さな子どもも読めるように漢字にルビを付し，表紙の写真が苦手な方向けにイラスト版を作成し（開いてびっくり？），英語版も追加作成し，さらには PDF でダウンロードできるようにウェブサイトで案内している．工夫を詰め込んでいるので，ぜひお手に取っていただきたい．

（白藤梨可）

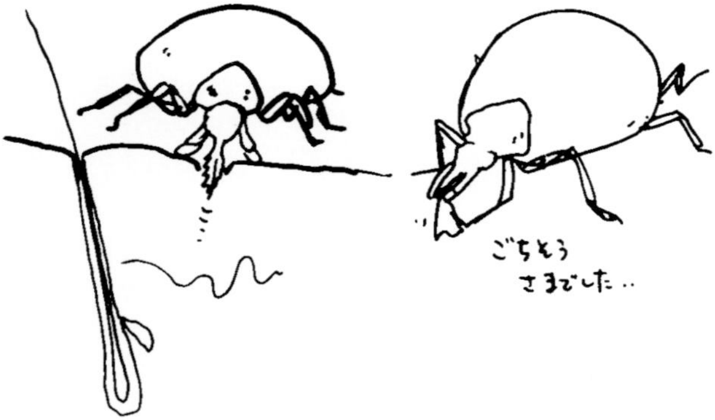
ごちそう
さまでした…

分類表　マダニ目 Ixodida (Metastigmata)

	学名	和名
	Parasitiformes Reuter, 1909 (sensu Krantz & Walter, 2009)	**胸穴ダニ上目**
	Ixodida Leach, 1815 (Metastigmata)	**マダニ目**
	Ixodoidea Dugès, 1834	**マダニ上科**
	Nuttalliellidae Schulze, 1935	**ニセヒメダニ科**
	***Nuttalliella* Bedford, 1931**	**ニセヒメダニ属**
*	*Nuttalliella namaqua* Bedford, 1931	ナマカニセヒメダニ
	Argasidae C. L. Koch, 1844	**ヒメダニ科**
	***Argas* Latreille, 1795**	**ヒメダニ属**
*	*Argas brumpti* Neumann, 1907	
1	*Argas japonicus* Yamaguti, Clifford & Tipton, 1968	ツバメヒメダニ
*	*Argas reflexus* (Fabricius, 1794)	
*	*Argas transversus* Banks, 1902	
2	*Argas vespertilionis* (Latreille, 1796)	コウモリマルヒメダニ
	***Carios* Latreille, 1796**	**マルヒメダニ属**[a]
	***Ornithodoros* C. L. Koch, 1844**	**カズキダニ属**
*	*Ornithodoros brasiliensis* Aragão, 1923	
3	*Ornithodoros capensis* Neumann, 1901	クチビルカズキダニ
*	*Ornithodoros compactus* Walton, 1962	
*	*Ornithodoros coriaceus* C. L. Koch, 1844	
*	*Ornithodoros lahorensis* Neumann, 1908	
*	*Ornithodoros moubata* (Murray, 1877)	
*	*Ornithodoros papillipes* (Birula, 1895)	
*	*Ornithodoros parkeri* Cooley, 1936	
*	*Ornithodoros savignyi* (Audouin, 1827)	
4	*Ornithodoros sawaii* Kitaoka & Suzuki, 1973	サワイカズキダニ
*	*Ornithodoros talaje* (Guérin-Méneville, 1849)	
	***Otobius* Banks, 1912**	**ハリゲカズキダニ属**
*	*Otobius megnini* (Dugès, 1883)	
	Ixodidae Dugès, 1834	**マダニ科**
	***Amblyomma* C. L. Koch, 1844**	**キララマダニ属**
*	*Amblyomma americanum* (Linnaeus, 1758)	
*	*Amblyomma birmitum* Chitimia-Dobler *et al.*, 2017	
*	*Amblyomma cajennense* (Fabricius, 1787)	
5	*Amblyomma geoemydae* (Cantor, 1847)	カメキララマダニ
*	*Amblyomma hebraeum* C. L. Koch, 1844	
*	*Amblyomma maculatum* C. L. Koch, 1844	
6	*Amblyomma nitidum* Hirst & Hirst, 1910	ウミヘビキララマダニ
*	*Amblyomma sculptum* Berlese, 1888	
7	*Amblyomma testudinarium* C. L. Koch, 1844	タカサゴキララマダニ
*	*Amblyomma transversale* (Lucas, 1845)	
*	*Amblyomma variegatum* (Fabricius, 1794)	

分類表　つづき

	学名	和名
	***Dermacentor* C. L. Koch, 1844**	**カクマダニ属**
*	*Dermacentor andersoni* Stiles, 1908	
8	*Dermacentor bellulus* (Schulze, 1935)	ベルルスカクマダニ[b]
*	*Dermacentor nitens* Neumann, 1897	
*	*Dermacentor nuttalli* Olenev, 1929	
*	*Dermacentor reticulatus* (Fabricius, 1794)	
*	*Dermacentor silvarum* Olenev, 1931	
*	*Dermacentor variabilis* (Say, 1821)	
	***Haemaphysalis* C. L. Koch, 1844**	**チマダニ属**
*	*Haemaphysalis bispinosa* Neumann, 1897	
9	*Haemaphysalis campanulata* Warburton, 1908	ツリガネチマダニ
10	*Haemaphysalis concinna* C. L. Koch, 1844	イスカチマダニ
11	*Haemaphysalis cornigera* Neumann, 1897	ツノチマダニ
*	*Haemaphysalis cretacea* Chitimia-Dobler, Pfeffer & Dunlop, 2018	
12	*Haemaphysalis flava* Neumann, 1897	キチマダニ
13	*Haemaphysalis formosensis* Neumann, 1913	タカサゴチマダニ
14	*Haemaphysalis fujisana* Kitaoka, 1970	フジチマダニ
15	*Haemaphysalis hystricis* Supino, 1897	ヤマアラシチマダニ
*	*Haemaphysalis inermis* Birula, 1895	
16	*Haemaphysalis japonica* Warburton, 1908	ヤマトチマダニ[c]
17	*Haemaphysalis japonica douglasi* Nuttall & Warburton, 1915	ダグラスチマダニ[b]
18	*Haemaphysalis kitaokai* Hoogstraal, 1969	ヒゲナガチマダニ
19	*Haemaphysalis longicornis* Neumann, 1901	フタトゲチマダニ
20	*Haemaphysalis mageshimaensis* Saito & Hoogstraal, 1973	マゲシマチマダニ
21	*Haemaphysalis megalaimae* Rajagopalan, 1963	
22	*Haemaphysalis megaspinosa* Saito, 1969	オオトゲチマダニ
23	*Haemaphysalis pentalagi* Posplova-Shtrom, 1935	クロウサギチマダニ
24	*Haemaphysalis phasiana* Saito, Hoogstraal & Wassef, 1974	キジチマダニ
25	*Haemaphysalis wellingtoni* Nuttall & Warburton, 1908	ウェリントンチマダニ
26	*Haemaphysalis yeni* Toumanoff, 1944	イエンチマダニ
	***Ixodes* Latreille, 1795**	**マダニ属**
27	*Ixodes acutitarsus* (Karsch, 1880)	カモシカマダニ
28	*Ixodes angustus* Neumann, 1899	トガリマダニ
29	*Ixodes asanumai* Kitaoka, 1973	アサヌママダニ
30	*Ixodes columnae* Takada & Fujita 1992	ハシブトマダニ
*	*Ixodes crenulatus* C. L. Koch, 1844	
31	*Ixodes fujitai* Hornok & Takano, 2023	
32	*Ixodes fuliginosus* Hornok & Takano, 2023	
33	*Ixodes granulatus* Supino, 1897	ミナミネズミマダニ
34	*Ixodes kerguelenensis* André & Colas-Belcour, 1942	
35	*Ixodes lividus* C. L. Koch, 1844	ツバメマダニ

分類表　つづき

	学名	和名
36	*Ixodes monospinosus* Saito, 1967	ヒトツトゲマダニ
37	*Ixodes nipponensis* Kitaoka & Saito, 1967	タネガタマダニ
38	*Ixodes nipponrhinolophi* Hornok & Takano, 2023	
39	*Ixodes ovatus* Neumann, 1899	ヤマトマダニ
*	*Ixodes pacificus* Cooley & Kohls, 1943	
40	*Ixodes pavlovskyi* Pomerantzev, 1946	パブロフスキーマダニ
41	*Ixodes persulcatus* Schulze, 1930	シュルツェマダニ
42	*Ixodes philipi* Keirans & Kohls, 1970	フィリップマダニ
*	*Ixodes ricinus* (Linnaeus, 1758)	
*	*Ixodes scapularis* Say, 1821	
*	*Ixodes siamensis* Kitaoka & Suzuki, 1983	
43	*Ixodes signatus* Birula, 1895	ウミドリマダニ
44	*Ixodes simplex* Neumann, 1906	コウモリマダニ[d]
45	*Ixodes tanuki* Saito, 1964	タヌキマダニ
46	*Ixodes turdus* Nakatsudi, 1942	アカコッコマダニ
47	*Ixodes uriae* White, 1852	フサマダニ
48	*Ixodes vespertilionis* C. L. Koch, 1844	コウモリアシナガマダニ[d]
	***Hyalomma* C. L. Koch, 1844**	**イボマダニ属**
*	*Hyalomma aegyptium* (Linnaeus, 1758)	
*	*Hyalomma anatolicum* C. L. Koch, 1844	
*	*Hyalomma asiaticum* Schulze & Schlottke, 1929	
*	*Hyalomma dromedarii* C. L. Koch, 1844	
	***Rhipicephalus* C. L. Koch, 1844**	**コイタマダニ属**
*	*Rhipicephalus annulatus* (Say, 1921)	
*	*Rhipicephalus appendiculatus* Neumann, 1901	
*	*Rhipicephalus evertsi evertsi* Neumann, 1897	
49	*Rhipicephalus microplus* (Canestrini, 1888)	オウシマダニ[e]
50	*Rhipicephalus sanguineus* (Latreille, 1806)	クリイロコイタマダニ

日本産の分類群と本文中に取り上げられている海外産の分類群を掲載した.
*本文中に取り上げられているが日本に生息していない分類群にアスタリスクを付した.
属より下の分類群はアルファベット順に配置した.
マダニ目の上位分類群はBeaulieu *et al.* (2011)に従い，属以下の分類階級はアルファベット順に配置した.
和名があるものは，高田ほか（2011）に従い記した.

[a] 本文表 2.3（Guglielmone *et al.*, 2010）とは，異なる分類体系を用いた場合，コウモリマルヒメダニ（日本にも分布）が所属することがある.

[b] 従来，日本産の本種は，タイワンカクマダニ *Dermacentor taiwanensis* Sugimoto, 1936 とされていた.

[c] 高田ほか（2019）に従い，ヤマトチマダニの北海道産亜種とした.

[d] 日本に分布しない可能性が高いが，古い記録があるため，暫定的に本目録に含めた.

[e] 従来，*Boophilus* 属として扱われていた.

（山内健生・島野智之）

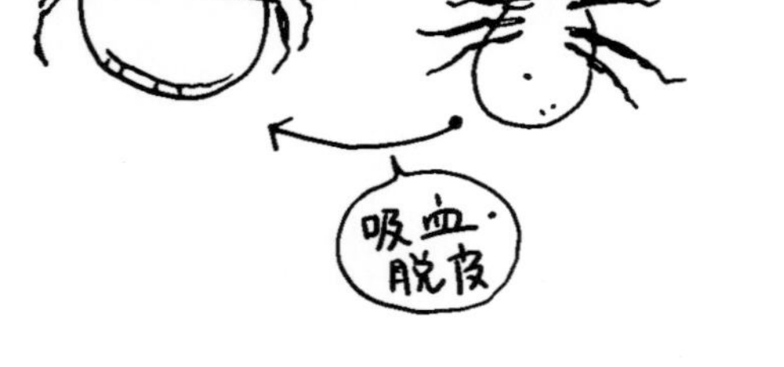
幼虫
吸血・脱皮
吸血・脱皮

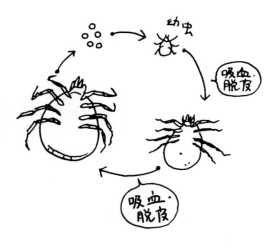

索　引

事項索引

欧数字

ア　行

カ 行

サ 行

タ　行

ナ　行

ハ　行

マ 行

ヤ 行

ラ 行

ワ 行

生物名索引（学名）

生物名索引（和名）

ア　行

カ　行

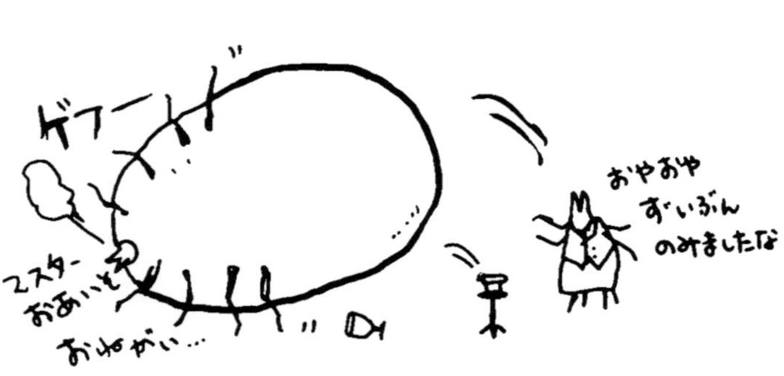
ゲフー
マスター
おあいそ
おねがい…
おやおや
ずいぶん
のみましたな

編集者略歴

白藤梨可（しらふじ りか）

1978年　福島県に生まれる
2008年　岐阜大学大学院連合獣医学研究科博士課程修了
現　在　帯広畜産大学原虫病研究センター准教授
博士（獣医学）

八田岳士（はった たけし）

1978年　京都府に生まれる
2007年　岐阜大学大学院連合獣医学研究科博士課程修了
現　在　北里大学医学部准教授
博士（獣医学）

中尾　亮（なかお りょう）

1981年　和歌山県に生まれる
2011年　北海道大学大学院獣医学研究科博士課程修了
現　在　北海道大学大学院獣医学研究院准教授
博士（獣医学）

島野智之（しまの さとし）

1968年　富山県に生まれる
1997年　横浜国立大学大学院工学研究科博士課程修了
現　在　法政大学自然科学センター／国際文化学部教授
博士（学術）

マダニの科学
—知っておきたい感染症媒介者の生物学—　定価はカバーに表示

2024年11月1日　初版第1刷
2025年1月25日　第2刷

編集者　白藤梨可
八田岳士
中尾　亮
島野智之
発行者　朝倉誠造
発行所　株式会社　朝倉書店
東京都新宿区新小川町6-29
郵便番号　162-8707
電話　03（3260）0141
FAX　03（3260）0180
https://www.asakura.co.jp

〈検印省略〉

教文堂・渡辺製本

ISBN 978-4-254-17194-5 C 3045　Printed in Japan

ハダニの科学 —知っておきたい農業害虫の生物学—

佐藤 幸恵・鈴木 丈詞・笠井 敦・伊藤 桂・大井田 寛・日本 典秀・島野 智之 (編著)

A5 判／248 頁　978-4-254-17193-8 C3045　定価 4,950 円（本体 4,500 円＋税）

ハダニ類の生物学的側面に重点をおきつつ，モデル生物としての重要性，近年の害虫ハダニ類の防除手法や外来種問題，実験手法などについても最新の情報をまとめたコンパクトな専門書.〔内容〕ハダニとは／ Q&A ／分類と系統進化／形態／生活史／生理・生化学／行動・生態／遺伝／農業被害と防除／外来種問題／実験法／コラム

ダニのはなし —人間との関わり—

島野 智之・高久 元 (編)

A5 判／192 頁　978-4-254-64043-4 C3077　定価 3,300 円（本体 3,000 円＋税）

人間生活の周辺に常にいるにもかかわらず，多くの人が正しい知識を持たないままに暮らしているダニ．本書はダニにかかわる多方面の専門家が，正しい情報や知識をわかりやすく，かつある程度網羅的に解説したダニの入門書である.

寄生虫のはなし —この素晴らしき，虫だらけの世界—

永宗 喜三郎・脇 司・常盤 俊大・島野 智之 (編)

A5 判／168 頁　978-4-254-17174-7 C3045　定価 3,300 円（本体 3,000 円＋税）

さまざまな環境で人や動物に寄生する「寄生虫」をやさしく解説.〔内容〕寄生虫とは何か／アニサキス・サナダムシ・トキソプラズマ・アメーバ・エキノコックス・ダニ・ノミ・シラミ・ハリガネムシ・フィラリア・マラリア原虫等／採集指南

動物寄生虫病学 （四訂版）

板垣 匡・藤﨑 幸藏 (編著)

B5 判／368 頁　978-4-254-46037-7 C3061　定価 13,200 円（本体 12,000 円＋税）

獣医学系のための寄生虫病学テキスト，最新情報が盛り込まれた四訂版.〔内容〕総論／原虫類（肉質鞭毛虫類，アピコンプレックス類，繊毛虫類，微胞子虫類）／蠕虫類（吸虫類，条虫類，鉤頭虫類，線虫類）／節足動物（ダニ類，昆虫類）

小児感染免疫学

日本小児感染症学会 (編)

B5 判／792 頁　978-4-254-32259-0 C3047　定価 19,800 円（本体 18,000 円＋税）

すべての小児科医，さらには小児感染症認定医・専門医の必携書.〔内容〕I. 感染症総論（サーベイランス，免疫，診断，治療，抗菌薬，予防接種，法）／II. 臓器別感染症（上気道・口腔・頸部，下気道，心血管，中枢神経，泌尿生殖器，消化管，骨関節，眼など）／III. 特殊な状況下での感染症（外的要因，新生児，胎内，移植関連，学校，輸入など）／IV. 原発性免疫不全症候群（複合免疫不全症，免疫不全を伴う特徴的な症候群など）

上記価格は 2024 年 12 月現在